Los Diálogos

Los Diálogos

Conversaciones sobre la naturaleza del universo

Clifford V. Johnson

Prólogo de Frank Wilczek
Traducción de Marcos Pérez Sánchez

DEBATE

Papel certificado por el Forest Stewardship Council®

Título original: *The Dialogues*

Primera edición: febrero de 2019

Printed in Spain — Impreso en España

ISBN: 978-84-9992-993-4
Depósito legal: B-28.882-2018

Compuesto en M.I. Maquetación, S.L.
Impreso en Gómez Aparicio, s.L.
Casarrubuelos (Madrid)

C 9 2 9 9 3 A

Penguin
Random House
Grupo Editorial

Para mi madre, que siempre me dio
espacio para descubrir todo mi potencial.

Para mi hijo, un explorador.

Índice

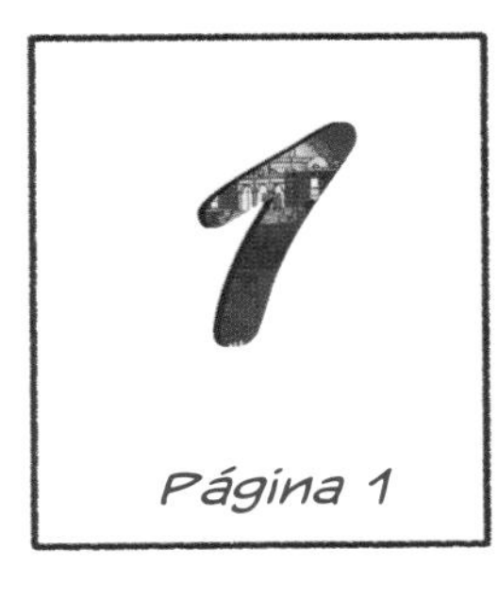

Prólogo

Frank Wilczek ocupa la cátedra Herman Feshbach en el Massachusetts Institute of Technology, es director científico del Wilczek Quantum Center, en la Universidad Jiao Tong de Shangai, distinguido catedrático de Origins en la Universidad Estatal de Arizona, y profesor de física en la Universidad de Estocolmo. Compartió el Premio Nobel de Física de 2004 con David J. Gross y H. David Politzer por el descubrimiento de la libertad asintótica en la teoría de la interacción nuclear fuerte. Ha escrito muchos libros y ensayos, el más reciente de los cuales es *El mundo como obra de arte. En busca del diseño profundo de la naturaleza* (Barcelona, Crítica, 2016).

* * *

I

Los diálogos fueron el medio que Platón eligió en su época para reflexionar sobre debates filosóficos que persisten en la actualidad. David Hume adoptó la misma estrategia en sus brillantes *Diálogos sobre la religión natural*. Su obra es un clásico de la filosofía de la ciencia, así como de la filosofía de la religión, y su discusión acerca de la cosmología conserva hoy su originalidad y relevancia.

Galileo, gran admirador de Platón, empleó la forma del diálogo en dos de sus obras maestras. En *Diálogo sobre los dos máximos sistemas del mundo*, dos filósofos naturales —Simplicio, un aristotélico tradicional, y Salviati, un copernicano— compiten por convencer a Sagredo, inteligente pero desconocedor de la materia. El personaje de Sagredo está basado en una persona real, Giovanni Francesco Sagredo, amigo de Galileo. El debate científico entre la física aristotélica (y su astronomía ptolemaica, que situaba la Tierra en el centro) y la de Galileo, ahora denominada «clásica» (y su astronomía copernicana, con el Sol en el centro) quedó zanjado hace ya mucho tiempo. A pesar de que el análisis de los detalles concretos que aparecen en el texto ha quedado desfasado, y toda la discusión en torno a las mareas es profundamente errónea, el *Diálogo* de Galileo sigue estando vivo, y no ha dejado de ser una lectura enriquecedora, porque nos presenta personajes humanos entrañables, sumados a la fabulosa y sugerente interacción que ocurre entre ellos, que no solo los lleva a intercambiar ideas en las que creían con profunda convicción, sino también a cuestionarlas.

El *Discurso en torno a dos nuevas ciencias* de Galileo es una obra puramente científica, en la que expone ideas innovadoras sobre lo que ahora llamaríamos «resistencia de materiales» y «dinámica básica». La ciencia es brillante, aunque ha quedado, como era previsible, superada. Sin embargo, el *Discurso* sigue siendo una obra literaria hermosa y emocionante, gracias al atractivo de la cultura que nos muestra, que aquí se refleja en la interacción entre la ciencia fundamental y la práctica de la ingeniería o, en un sentido general, entre la teoría y el experimento. En este libro, los protagonistas de Galileo, aunque también se llaman Simplicio, Sagredo y Salviati, son en realidad el propio Galileo en distintas fases de su desarrollo intelectual. A través del debate entre ellos, nos muestra cómo evolucionaron sus ideas.

II

«Muéstralo, no lo cuentes» es un consejo que suelen recibir los dramaturgos y novelistas noveles. Cuando se hace bien, da lugar a obras que nos interpelan como la vida misma. Platón, Hume y Galileo siguieron ese consejo, con excelentes resultados. Para los científicos modernos que aspiran a que su trabajo llegue al gran público a través del texto impreso, se trata de un consejo espinoso, puesto que su material está, por lo general, muy alejado de la vida cotidiana de la gente corriente.

En el libro que tienes en las manos, Clifford Johnson —científico en ejercicio que trabaja en las fronteras de la física y la cosmología— ha logrado superar el reto. Johnson ha aportado dos innovaciones sumamente creativas.

En primer lugar, y lo que es más impresionante, ha llevado el «diálogo» a otro nivel, enriqueciendo el texto con gráficos que representan a los protagonistas y su entorno. Las novelas gráficas se han vuelto muy populares en los últimos años. Lo que tenemos aquí son diálogos gráficos.

Los diálogos gráficos añaden nuevas e importantes dimensiones a la forma del género. Recuperan parte de la riqueza de la comunicación cara a cara. Las reacciones «se muestran, no se cuentan». El contexto social y cultural de las conversaciones es, necesariamente, explícito. Las expresiones faciales y el lenguaje corporal tienen aquí gran relevancia. Johnson sitúa a sus interlocutores en entornos físicos interesantes y realistas. Sus paisajes urbanos están dibujados con mano diestra y cuidadosa.

Es muy fácil olvidar, en las desapasionadas historias que se cuentan *a posteriori*, que la nueva ciencia es a menudo el producto de personas jóvenes y atractivas, que disfrutan de la compañía de sus colegas. Esta faceta oculta de la vida científica ocupa un lugar preeminente en los diálogos gráficos de Johnson.

En segundo lugar, ha descargado los detalles científicos más arduos en las breves notas que cierran cada capítulo. Dichas notas proporcionan, a quienes deseen profundizar más en cada uno de los temas tratados, indicaciones bien fundamentadas hacia fuentes exhaustivas fácilmente accesibles.

Los diálogos en sí son coloquiales. Contienen, como cualquier diálogo digno de ese nombre, un intercambio realista de pareceres sobre cuestiones que aún no se han zanjado, y respecto de las cuales es posible mantener opiniones diversas.

¿Puede existir una teoría del todo? ¿Tiene sentido el concepto del multiverso? ¿Es útil o verdadero? ¿Qué valor tiene la investigación radicalmente exploratoria, impulsada por la curiosidad y por parámetros estéticos, en lugar de estarlo por objetivos tangibles?

Hablemos de ello...

Frank Wilczek
Cambridge, Massachusetts
Marzo de 2017

Prefacio

Una invitación

A nuestro alrededor, la gente tiene conversaciones sobre todo tipo de temas, lo que refleja la diversidad de sus intereses y preocupaciones por el mundo que los rodea. Es probable que hayamos oído fragmentos de esas conversaciones, y aunque no tenemos por qué entender absolutamente todo lo que se dice (por falta de contexto o de conocimiento sobre la materia), quizá estaremos de acuerdo en que puede resultar fascinante. A veces esas conversaciones tratan sobre ciencia. No es de extrañar, puesto que forma parte de nuestro mundo y de nuestra cultura, y tiene repercusiones muy importantes en nuestra vida. De manera que debería figurar en el menú, junto al arte, la música, la política, el deporte, las compras, los famosos y todas esas cosas de las que hablamos. La ciencia es también una fantástica fuente de belleza y asombro. ¡No hacen falta más motivos para hablar de algo!

A pesar de todo eso, las conversaciones cotidianas sobre ciencia parecen invisibles para gran parte del arte, la literatura y otras formas de entretenimiento. Apenas figuran siquiera en la mayoría de las presentaciones que se hacen de ciencia. Es algo extraño, puesto que tales conversaciones son fundamentales para todo el que participa en ellas: para desentrañar el significado o la importancia de algún aspecto de la ciencia, o simplemente para familiarizarse con algún tema o ganar soltura a la hora de hablar de él, ayuda comentarlo con alguien. Cuando los científicos intentan entender el trabajo de sus colegas, o descubrir alguna nueva verdad sobre el funcionamiento de la naturaleza, hablan. Cuando intentan comunicar ideas o conocimiento científicos al gran público, a menudo la mejor manera de hacerlo es conversando.

Este libro es, pues, una invitación. Por una parte, una invitación a abrir los oídos en conversaciones sobre ciencia. Como todos los diálogos, a veces son vagos, están incompletos y no son del todo coherentes. Sin embargo, pueden ser interesantes, y quizá nos animen a profundizar más y a informarnos sobre alguna de las cosas que se comentan. Por otra parte, es una invitación a participar en la conversación. Las conversaciones sobre ciencia no deberían ser exclusivas de expertos o entusiastas de la ciencia, sino algo abierto a todo el mundo. Nadie pone nota si alguien se equivoca, hace preguntas, aventura una hipótesis o tiene una opinión. Cuando salgas por ahí, recuerda estas conversaciones, ten presente que están sucediendo a tu alrededor continuamente, e inicia una por tu cuenta y participa en ella. Puede que a alguien le despierte la curiosidad, comience su propia conversación y prolongue así la cadena.

Sobre este libro

Permíteme comentar unas cuantas cosas sobre este libro, puesto que en cierta medida se sale de la norma. Mientras lees una de las conversaciones, o después de hacerlo, puedes consultar las notas que encontrarás al final de cada una de ellas. Son opcionales, pero a veces contienen comentarios sobre algún tema de la conversación, y a menudo proporcionan referencias para profundizar en las cuestiones. Recuerda también que en internet puedes encontrar una cantidad ingente de información, a la que puedes llegar si introduces en el buscador un fragmento de texto de alguna de las conversaciones. Al hacerlo, como de costumbre, sé precavido con las fuentes que encuentres. He incluido unas cuantas referencias de internet, pero por lo general me he centrado en los libros. No deberías dar por supuesto que los libros que incluyo son los que creo que contienen las mejores perspectivas (o las más actuales). Son simplemente una mezcla de algunos de mis favoritos con otros que me llamaron la atención, o que parecían adecuados para ayudar a crear puntos de acceso a un tema en particular. Lee muchísimas fuentes, y procura que expongan puntos de vista variados: recuerda que la ciencia es una actividad humana, así que puede que un libro escrito por un científico sobre un tema en concreto no te resuene tanto como otro de otro autor sobre ese mismo tema. Esto es como preferir la manera que tiene un poeta de evocar un día de verano frente a la de otro.

Verás que este es un libro ilustrado, o novela gráfica, o cómic, o como se diga. (No existe un consenso universal respecto a la terminología.) La manera más precisa (pero menos afortunada) de definirlo es decir que se trata de un conjunto de «arte secuencial»; esto es, una serie de imágenes que forman (leídas siguiendo un orden convencional) un relato, como sucede con una frase o una serie de frases. Pero el arte secuencial —la forma gráfica— puede hacer mucho más que las frases compuestas de palabras. De hecho, es particularmente apropiado para debatir sobre ciencia, en especial sobre física, que es de lo que tratan la mayoría de los diálogos de este libro. Esto va más allá del hecho evidente de que puedo mostrar con facilidad formas y objetos que en un libro de ciencia tradicional, por lo general, tendría que describir con palabras; asimismo, de que ver a los interlocutores y el entorno en que se mueven puede facilitar la entrada en la conversación. Recordemos que el espacio y el tiempo son parte intrínseca de casi cualquier faceta de la física. De hecho, la investigación sobre la naturaleza del tiempo y el espacio se centra hoy en la posibilidad de que sean el resultado de las relaciones entre los objetos. El espacio, el tiempo y la relación entre los objetos constituyen una parte fundamental de cómo funcionan los cómics: imágenes (a veces, aunque no siempre, contenidas en viñetas) organizadas en una secuencia para facilitar que el lector infiera de ellas un relato que implique la sensación de movimiento, del paso del tiempo, y demás. En este sentido, los cómics son, básicamente, física. Visto así, si lo pensamos un poco, resulta asombroso que esta forma gráfica no se haya usado más para hablar de física ni para comunicar lo que sucede en el fascinante mundo de la investigación en ese ámbito. Espero que este libro contribuya a cambiarlo. Aunque lo he hecho con mucha menos frecuencia de lo que podría, presta atención a las partes del libro donde he jugado con la relación entre la física que se discute y la disposición de las imágenes en la página. En las notas no me he resistido a señalar algunos de los ejemplos (quizá) más destacables.

Por último, también verás que en el libro hay ecuaciones. En las presentaciones de ideas científicas dirigidas al público general, existe la costumbre de ocultar al lector las dos herramientas más potentes que usamos los investigadores: los dibujos y diagramas que garabateamos y las ecuaciones que escribimos. Gran parte de los razonamientos que hacemos en física son visuales, y la mayoría de las ideas surgen inicialmente así. A pesar de toda la información que esas herramientas encapsulan en un lenguaje visual, los editores procuran que los autores las sustituyan por palabras, lo que en la práctica infantiliza a los lectores al protegerlos de las temidas matemáticas. No es de extrañar que algunos asuntos sigan siendo misteriosos, oscuros o confusos. Asimismo acaba por perpetuar ese temor y desconocimiento de las ecuaciones que tienen algunas personas. Eliminar por completo las ecuaciones y los diagramas (o reducir el número de los que se incluyen) en un libro sobre física es como escribir un ensayo sobre música y no atreverse a mostrar ningún instrumento musical o a hablar sobre ellos. Se puede hacer, qué duda cabe, pero a costa de ofrecer una imagen de la física que deja fuera buena parte de cómo es en realidad, al ocultar aquello que resulta atractivo a la mayoría de quienes se dedican a ella. Así pues, no dejes de mirar las ecuaciones, y no te preocupes si no acabas de entenderlas. Aprecia lo que puedas. Verlas en la página hará que te vayas acostumbrando a ellas, y esa familiaridad quizá te lleve a echarles un segundo, un tercer vistazo... y a lo mejor cada vez entiendas un poco mejor su significado.

Agradecimientos

No soy el primero en señalar cuán especializados estamos en nuestros respectivos trabajos. A veces es cuestión de pura necesidad, y muy a menudo se debe a que, al parecer, nos tranquiliza poder etiquetar a una persona en tal o cual categoría, así que todos nos sumamos al juego de la clasificación y acabamos levantando muros. La gran distancia aparente entre mi trabajo «oficial» como profesor de física y las demás cosas en las que hago mis pinitos (ciertas facetas de las artes visuales y las humanidades) y que acabaron confluyendo en este libro ha tenido como consecuencia que la mayoría de mis amigos y colegas ni saben ni han entendido de verdad a qué me he dedicado, ni por qué. En algunos casos, ha sido porque me costaba encontrar la manera de explicárselo, así que opté por trabajar en ello para que llegase cuanto antes el día en que pudiese mostrarles el producto final. En ese sentido, me gustaría expresar mi gratitud a todo aquel que (aunque no lo entendiese del todo) me dio su apoyo o su aliento, o que simplemente confió en mí lo suficiente para darme espacio (y tiempo) para trabajar en esta idea (¡que tiene ya más de siete años!) hasta llevarla a buen término.

Tengo la gran fortuna de trabajar en una institución (la Universidad del Sur de California, USC) dotada de abundante personal y profesorado que contribuyen a mantener vivo un espíritu de genuina exploración interdisciplinar, cosa que les agradezco. En particular, por sus palabras de apoyo e interés, me gustaría destacar a Aimee Bender, Leo Braudy, K. C. Cole, Allison Engel, Karin Huebner y M. G. Lord. Quiero dar las gracias a los miembros y amigos del Los Angeles Institute for the Humanities de la USC por preservar el maravilloso entorno que facilita sacar adelante proyectos como este, y a la Sidney Harman Academy for Polymathic Study de la USC (en especial a Kevin Starr, ya fallecido, que contribuyó a su creación y orientación) por ofrecerme la oportunidad de inspirar a una nueva generación de exploradores. Ambas instituciones me permitieron presentar el libro mientras aún estaba trabajando en él. Agradezco a Amy Rowat sus útiles consejos sobre fuentes adicionales de bromatología para incluir en el libro, y a Tameem Albash por escuchar con paciencia mi cháchara sobre cómics. Debo un agradecimiento especial a Nancy Keystone por su entusiasta apoyo desde el momento en que supo lo que tenía entre manos. Es todo un placer dar las gracias a Jessie y Robin French por permitir que me instalase ocasionalmente en un rincón de su casa mientras trabajaba en el libro. Un agradecimiento especial también para Tim Morris, que dirigió mi tesis doctoral hace ya casi treinta años. Recordé la historia que me contó de cierta vez que fue a la feria con su padre, y su interpretación de lo que sucedió. Tim me dio permiso para usarla, y la historia que se cuenta en la última conversación del libro es una interpretación libre de su relato. Gracias al Aspen Center for Physics (sobre todo a Jane Kelly) por ser un excelente lugar de recogimiento donde puedo detenerme a pensar en proyectos atípicos. He completado este libro durante un año sabático que fue posible gracias a la beca que me concedió la Simons Foundation, motivo por el cual quiero expresar mi agradecimiento.

Fue todo un desafío adentrarme en el mundo editorial para buscarle acomodo a este proyecto tan peculiar. Debo agradecerles a Stephon Alexander y Cecil Castellucci por ayudarme poniéndome en contacto con varias personas, aunque sus buenos oficios no fructificasen. He sabido después que es menos habitual de lo que habría imaginado que a uno le presenten desinteresadamente a agentes y editores, y es de justicia agradecerlo. Alice Oven fue la primera editora adjunta que de verdad me escuchó y «lo entendió» cuando la conocí y le expliqué lo que estaba intentando hacer, y este libro posiblemente no habría llegado a imprenta sin su entusiasta defensa del proyecto en el seno de IC Press, por lo que me siento muy agradecido. Quiero dar gracias a Jermey Matthews por la iniciativa y el entusiasmo que dio como resultado que el libro encontrase un hogar en MIT Press, y a todo el personal de la editorial por su amabilidad y su profesionalidad mientras trabajamos en las últimas etapas del libro.

Aunque no los veo tan a menudo como querría, mi madre, Delia, y mis hermanos, Robert y Carol, me acompañan en cada proyecto que emprendo, y se lo agradezco. Ellos tres, junto a mi padre, Reginald (ya fallecido), han contribuido a hacer de mí quien soy. Esto incluye, creo, haber sido indulgentes y comprensivos con mi naturaleza exploratoria toda mi vida. También tengo que agradecer a Robert que fuese (probablemente) el culpable de que entrase en contacto con los cómics, al compartirlos conmigo y ayudarme a conseguirlos en una época en que esa no era una tarea fácil, hace casi cuatro décadas en aquella isla diminuta que tanto añoramos todos.

Queda lo más importante: mi mujer y mejor amiga, Amelia French. Me es difícil expresar como es debido la gratitud que siento hacia ella. Es todo un cliché decir que sin ella este proyecto no habría llegado a buen puerto, pero es la verdad. Quiero darle gracias por ser la más maravillosa compañera que hubiera podido soñar, y por darme amor, humor, ideas, además de un apoyo incondicional y una flexibilidad generosa que nos han permitido negociar un calendario satisfactorio para los dos que (quiero creer) nos permitió dedicar el esfuerzo debido a nuestros respectivos proyectos, al mismo tiempo que reforzó los vínculos que unen a la maravillosa familia que hemos creado. El libro es infinitamente más rico gracias a habernos conocido.

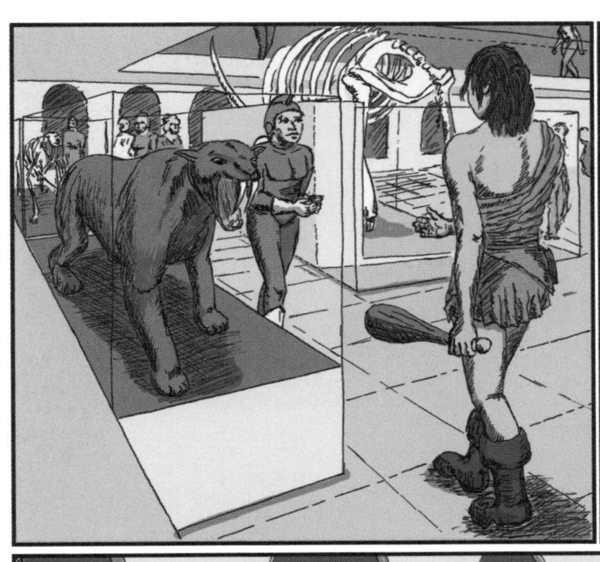

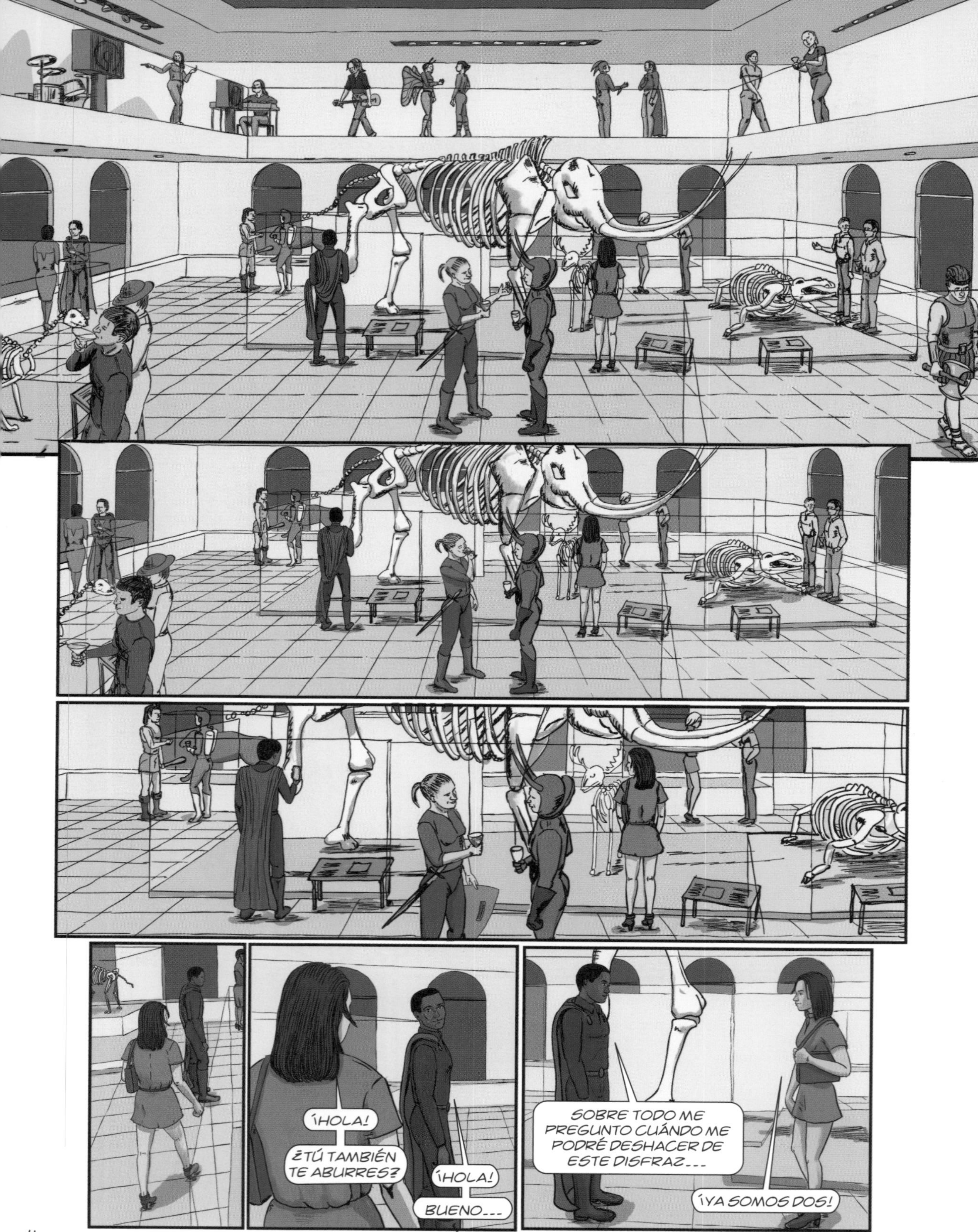
¡HOLA!
¿TÚ TAMBIÉN TE ABURRES?
¡HOLA!
BUENO...
SOBRE TODO ME PREGUNTO CUÁNDO ME PODRÉ DESHACER DE ESTE DISFRAZ...
¡YA SOMOS DOS!

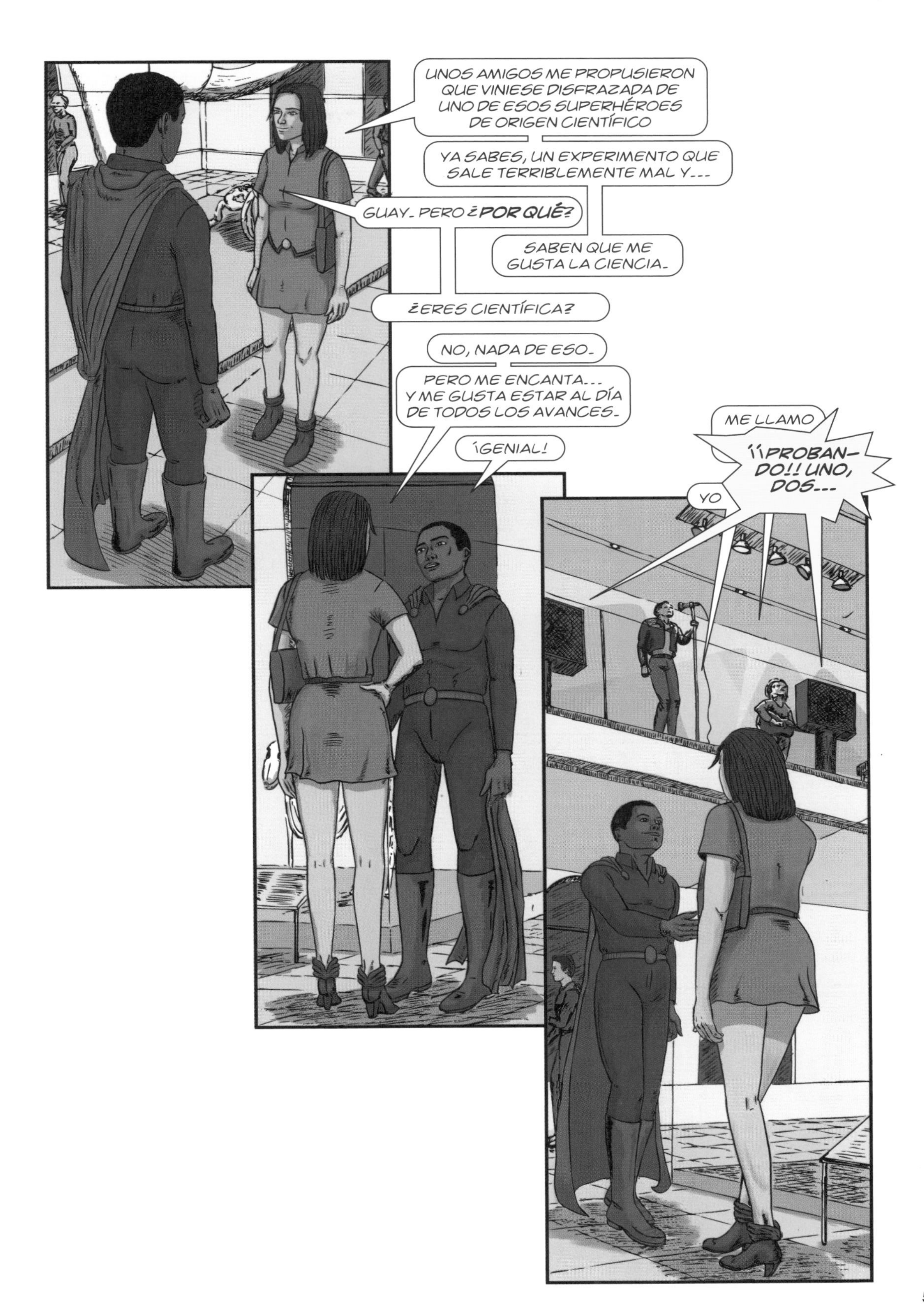
UNOS AMIGOS ME PROPUSIERON QUE VINIESE DISFRAZADA DE UNO DE ESOS SUPERHÉROES DE ORIGEN CIENTÍFICO
YA SABES, UN EXPERIMENTO QUE SALE TERRIBLEMENTE MAL Y...
GUAY. PERO ¿**POR QUÉ**?
SABEN QUE ME GUSTA LA CIENCIA.
¿ERES CIENTÍFICA?
NO, NADA DE ESO.
PERO ME ENCANTA... Y ME GUSTA ESTAR AL DÍA DE TODOS LOS AVANCES.
¡GENIAL!
ME LLAMO
YO
¡¡**PROBANDO!! UNO, DOS...**

¡CREO QUE DEBERÍA HABER USADO MI NOMBRE DE SUPERHEROÍNA!
SOY CATALYST. Y TÚ, ¿DE QUÉ VIENES DISFRAZADO?
¿CATALYST? ¡ESTUPENDO DISFRAZ!
YO SOY ULTRAVIOLET.

NO TENGO NINGÚN PODER QUÍMICO GUAY...
¿NO? BUENO, LOS SUPERPODERES DE MI PERSONAJE SON QUE PUEDE VOLAR, ES FUERTE Y RÁPIDO.
VAMOS, ¡LOS PODERES TÍPICOS!
¿Y UN FACTOR DE RECUPERACIÓN RÁPIDA?
MMM, NO.
¿NO ES ESO ALGO MÁS BIEN DE LOS QUE TIENEN PODERES ANIMALES?
TAL VEZ...
ESO SÍ, ¡BONITA CAPA!
¡GRACIAS! VUELVEN A ESTAR DE MODA, ¿SABES?
¡NO LO DUDO!
¿Y POR QUÉ HAS VENIDO DISFRAZADO DE ULTRAVIOLET?
NO TE VEO MUY ENTUSIASMADO.
BUENO, ERA EL ÚNICO DISFRAZ QUE QUEDABA EN LA TIENDA...
ADEMÁS ME DABA IGUAL EL HÉROE QUE FUESE.
¡EL PROBLEMA ES QUE EL TRAJE PICA Y DA MUCHO CALOR!

¿Y POR QUÉ HA VENIDO ULTRAVIOLET A UNA FIESTA EN UN MUSEO?
SUPONGO QUE POR DOS MOTIVOS...
CONOZCO AL INVITADO DE HONOR
Y ME ENCANTA LA IDEA DE USAR EL MUSEO COMO ESPACIO PARA UNA FIESTA COMO ESTA.
¡A MÍ TAMBIÉN! ¡ME ENCANTA ESTE MUSEO!
BUENO, YO NO ME MUEVO EN EL AMBIENTE ADECUADO PARA FIGURAR EN LA LISTA DE INVITADOS.
UN AMIGO ME INVITÓ A VENIR CON ÉL, PERO NO HA APARECIDO.
TUVO UNA EMERGENCIA FAMILIAR, PERO TODO ESTÁ CONTROLADO
Y COMO YA ESTABA DE CAMINO, PUES ¡VINE A DISFRUTAR DEL MUSEO!
VAYA...
SÍ, ¡ES FANTÁSTICO! HE OÍDO QUE HAY VARIAS EXPOSICIONES NUEVAS.
UN COMPAÑERO TRABAJÓ COMO ASESOR DE LOS COMISARIOS.
¿SÍ? ¿EN CUÁLES?
NO ESTOY SEGURO... CREO QUE EN UNA RELACIONADA CON LOS EFECTOS ASTRONÓMICOS SOBRE LAS ESPECIES TERRESTRES.
¿COMO LA DESAPARICIÓN DE LOS DINOSAURIOS?
SÍ, ESE ES UNO DE LOS TEMAS.
HAN...
¡¿ASÍ QUE ERES ASTROFÍSICO?!

SÍ...
BUENO, EN REALIDAD FÍSICO.
¡TÚ DEBERÍAS HABER VENIDO DISFRAZADO DE SUPERHÉROE CIENTÍFICO, Y NO YO!
¡QUÉ VA!

DE HECHO, SIEMPRE ME HA PARECIDO BASTANTE RARO ESO DE UN CIENTÍFICO QUE SE CONVIERTE EN HÉROE O EN VILLANO.
LA MAYORÍA DE ELLOS NO HACEN MUCHA CIENCIA UNA VEZ QUE EXPERIMENTAN LA TRANSFORMACIÓN.
INCLUSO CUANDO EL ACCIDENTE LES PROPORCIONA PODERES QUE PODRÍAN SERLES ÚTILES PARA RESOLVER LA CUESTIÓN CIENTÍFICA QUE LES INTERESABA DESDE EL PRINCIPIO.

BUENO, UN GRAN PODER CONLLEVA...
SÍ, ES VERDAD. UNA GRAN RESPONSABILIDAD, SIN DUDA.

PERO IMAGINA QUE ESA RESPONSABILIDAD CONSISTIESE A VECES EN ALGO MÁS QUE IMPEDIR QUE ROBEN UN BANCO.

¿Y QUÉ ME DICES DE LOS ASESINATOS Y EL CAOS?
BUENO, PUEDE QUE ESO NUNCA PUEDA IMPEDIRSE POR COMPLETO.
QUIZÁ LA CLAVE PARA REDUCIR SU INCIDENCIA...

...SEA CONTRIBUIR A QUE PROGRESEMOS COMO ESPECIE
MEDIANTE UNA MEJOR COMPRENSIÓN DEL MUNDO Y DEL LUGAR QUE OCUPAMOS EN ÉL.
LA CIENCIA ES MUY ÚTIL EN ESTE SENTIDO.

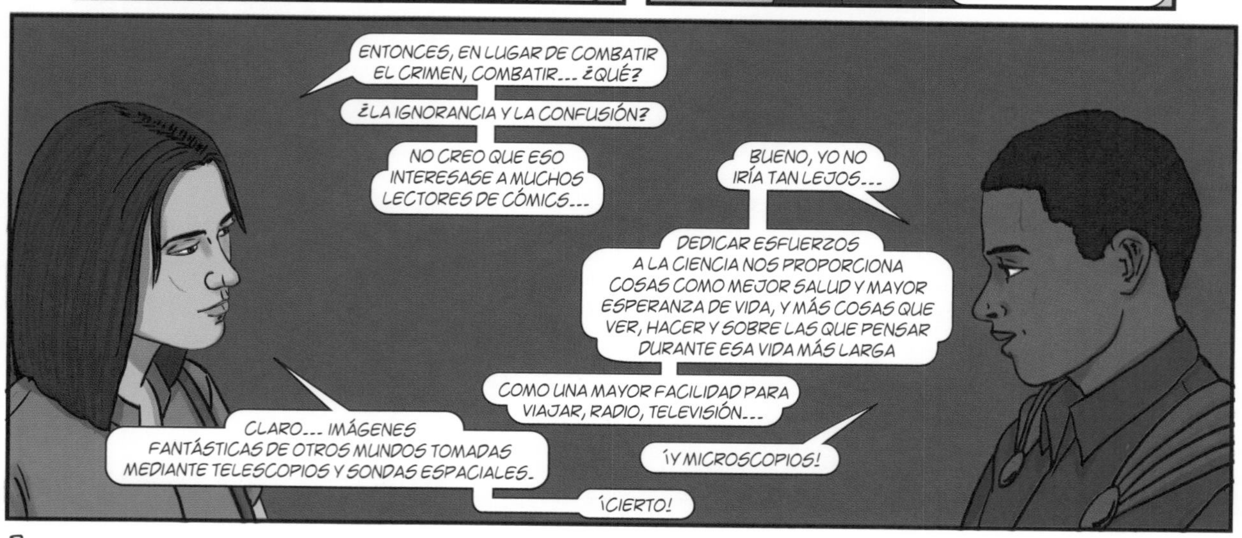
ENTONCES, EN LUGAR DE COMBATIR EL CRIMEN, COMBATIR... ¿QUÉ?
¿LA IGNORANCIA Y LA CONFUSIÓN?
NO CREO QUE ESO INTERESASE A MUCHOS LECTORES DE CÓMICS...
BUENO, YO NO IRÍA TAN LEJOS...
DEDICAR ESFUERZOS A LA CIENCIA NOS PROPORCIONA COSAS COMO MEJOR SALUD Y MAYOR ESPERANZA DE VIDA, Y MÁS COSAS QUE VER, HACER Y SOBRE LAS QUE PENSAR DURANTE ESA VIDA MÁS LARGA
COMO UNA MAYOR FACILIDAD PARA VIAJAR, RADIO, TELEVISIÓN...
CLARO... IMÁGENES FANTÁSTICAS DE OTROS MUNDOS TOMADAS MEDIANTE TELESCOPIOS Y SONDAS ESPACIALES.
¡Y MICROSCOPIOS!
¡CIERTO!

ESTOY IMAGINÁNDOME UNA GRAN HISTORIA, EN LA QUE UNA CIENTÍFICA ADQUIERE PODERES ESPECIALES
PERO DA MEDIA VUELTA, SE ALEJA DE LA SOCIEDAD, Y LOS USA PARA SEGUIR INVESTIGANDO.
TODO EL MUNDO LE PIDE QUE LOS AYUDE A COMBATIR EL CRIMER Y DEMÁS...
PERO ELLA SE NIEGA.
Y LA DESPRECIAN POR ELLO, A PESAR DE QUE SU MOTIVACIÓN ES TAN ALTRUISTA COMO LA DE LA SUPERHEROÍNA QUE VUELA CONSTANTEMENTE DE UN SITIO A OTRO TRATANDO DE IMPEDIR CRÍMENES, EVITAR TSUNAMIS, ETC.
PODRÍA SER UNA HISTORIA ESTUPENDA, SÍ...
PERO SUPONGO QUE DEPENDERÍA MUCHO DE CUÁLES FUERAN LOS SUPERPODERES QUE ADQUIRIESE LA CIENTÍFICA.
QUIZÁ...
LO CIERTO ES QUE SE PODRÍAN HACER ENORMES AVANCES CIENTÍFICOS, DE UNA U OTRA MANERA, CON SOLO MEJORAR ALGUNA DE NUESTRAS CAPACIDADES DE EXPERIMENTAR EL MUNDO.
¿EN SERIO?

SÍ.
LAS OBSERVACIONES Y LAS MEDICIONES SON ELEMENTOS FUNDAMENTALES DE LA CIENCIA
PREVIOS INCLUSO A LA POSIBILIDAD DE ELABORAR INGENIOSOS MARCOS TEÓRICOS PARA EXPLICAR LAS COSAS...
ASÍ QUE ALGO TAN SENCILLO COMO UNA LUPA NOS PROPORCIONA A TODOS LA POSIBILIDAD DE VER COSAS DIMINUTAS.
DE AHÍ, NO HAY MÁS QUE UN PASO HASTA LLEGAR AL MICROSCOPIO

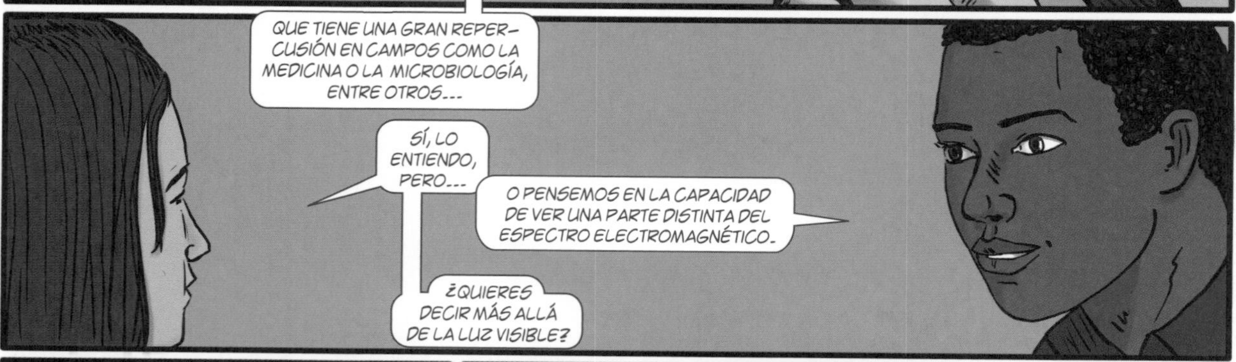

QUE TIENE UNA GRAN REPERCUSIÓN EN CAMPOS COMO LA MEDICINA O LA MICROBIOLOGÍA, ENTRE OTROS...
SÍ, LO ENTIENDO, PERO...
O PENSEMOS EN LA CAPACIDAD DE VER UNA PARTE DISTINTA DEL ESPECTRO ELECTROMAGNÉTICO.
¿QUIERES DECIR MÁS ALLÁ DE LA LUZ VISIBLE?

SÍ.
CON ESTA PEQUEÑA MODIFICACIÓN VERÍAMOS MUCHÍSIMAS MÁS COSAS DEL MUNDO...
RAYOS X PARA VER EL INTERIOR DE LOS OBJETOS.

NO SOLO PARA VER LOS HUESOS ROTOS, SINO...
MMM...
¡EL ADN!
EL TRABAJO DE ROSALIND FRANKLIN SOBRE LA ESTRUCTURA DE CIERTAS MOLÉCULAS BIOLÓGICAS
FUE CLAVE PARA QUE WATSON Y CRICK DETERMINASEN CÓMO FUNCIONABA EL ADN, ¿VERDAD?
CREO QUE USÓ RAYOS X PARA VER LA ESTRUCTURA...

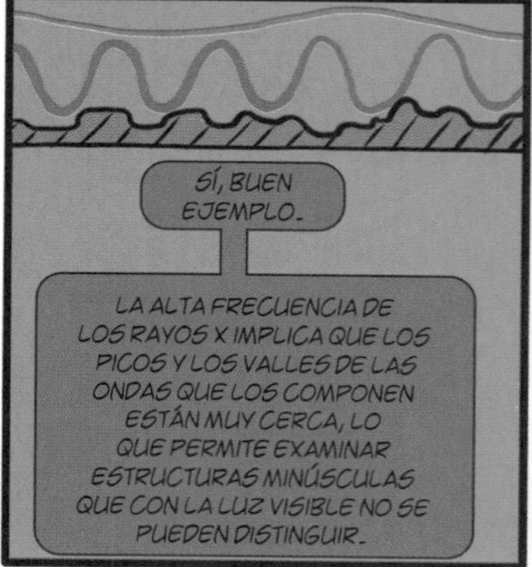

SÍ, BUEN EJEMPLO.
LA ALTA FRECUENCIA DE LOS RAYOS X IMPLICA QUE LOS PICOS Y LOS VALLES DE LAS ONDAS QUE LOS COMPONEN ESTÁN MUY CERCA, LO QUE PERMITE EXAMINAR ESTRUCTURAS MINÚSCULAS QUE CON LA LUZ VISIBLE NO SE PUEDEN DISTINGUIR.

ADEMÁS, ALTA FRECUENCIA IMPLICA ALTA ENERGÍA, POR LO QUE, SI DETECTAMOS RAYOS X, SABEMOS QUE LOS PRODUJO UN OBJETO CON MUCHA ENERGÍA.
OBSERVAMOS EL ESPACIO USANDO UN TELESCOPIO DE RAYOS X Y DESCUBRIMOS TODO UN MUNDO NUEVO DE OBJETOS QUE LOS EMITEN.
¿QUÉ CLASE DE OBJETOS?

CIERTOS TIPOS ESPECIALES DE ESTRELLAS...
VIOLENTAS INTERACCIONES ENTRE MATERIA Y AGUJEROS NEGROS QUE HACEN QUE ESTOS SEAN VISIBLES.
VALE. ENTONCES, SI TUVIÉSEMOS ALGUNA CLASE DE VISIÓN DE RAYOS X, PODRÍAMOS VER Y DESCUBRIR COSAS NUEVAS
PERO ¿Y SI TUVIÉSEMOS UNA FUERZA SOBREHUMANA, O ALGUNA OTRA CAPACIDAD PROPIA DE LOS SUPERHÉROES?
¿CÓMO LA USARÍA EL SUPERCIENTÍFICO PARA AYUDAR A LA HUMANIDAD POR MEDIO DE LA CIENCIA?
QUIZÁ UN GEÓLOGO PODRÍA LEVANTAR ROCAS GIGANTES...
BUENO...
VALE, VALE... UN MOMENTO...
ESTO HAY QUE PENSARLO UN POCO...
VALE.
IMAGINO QUE TENDRÍA MAYOR CAPACIDAD PARA SOPORTAR ENTORNOS DE EXPLORACIÓN ADVERSOS.
Y HABRÍA QUE DEDICAR MENOS TIEMPO A PENSAR EN CÓMO GARANTIZAR LA SEGURIDAD DEL CIENTÍFICO...
¡BIEN PENSADO!
PERO SUPONGO QUE ES MÁS FÁCIL PENSAR EN CAPACIDADES QUE NOS PERMITIESEN VER LAS COSAS DE OTRA MANERA.
¿QUÉ ME DICES DE COSAS MÁS ACTIVAS?
¿COMO QUÉ? ¿LANZAR RAYOS ESPECIALES CON LAS MANOS O CON LOS OJOS?
PUEDE SER, PERO CREO QUE NO ES MUY DIFÍCIL IMAGINAR PARA QUÉ PODRÍAN USARSE.

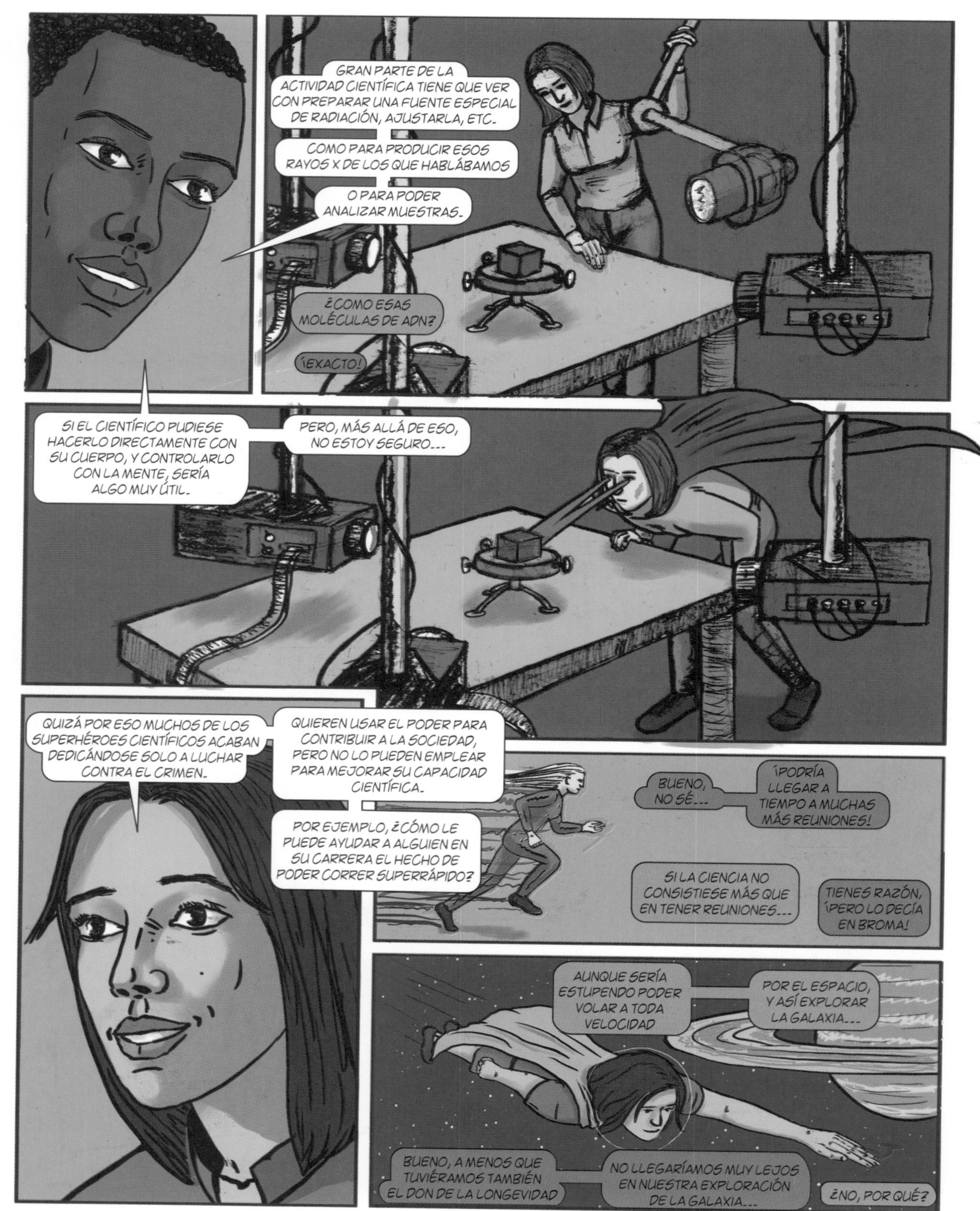
GRAN PARTE DE LA ACTIVIDAD CIENTÍFICA TIENE QUE VER CON PREPARAR UNA FUENTE ESPECIAL DE RADIACIÓN, AJUSTARLA, ETC.
COMO PARA PRODUCIR ESOS RAYOS X DE LOS QUE HABLÁBAMOS
O PARA PODER ANALIZAR MUESTRAS.
¿COMO ESAS MOLÉCULAS DE ADN?
¡EXACTO!
SI EL CIENTÍFICO PUDIESE HACERLO DIRECTAMENTE CON SU CUERPO, Y CONTROLARLO CON LA MENTE, SERÍA ALGO MUY ÚTIL.
PERO, MÁS ALLÁ DE ESO, NO ESTOY SEGURO...
QUIZÁ POR ESO MUCHOS DE LOS SUPERHÉROES CIENTÍFICOS ACABAN DEDICÁNDOSE SOLO A LUCHAR CONTRA EL CRIMEN.
QUIEREN USAR EL PODER PARA CONTRIBUIR A LA SOCIEDAD, PERO NO LO PUEDEN EMPLEAR PARA MEJORAR SU CAPACIDAD CIENTÍFICA.
POR EJEMPLO, ¿CÓMO LE PUEDE AYUDAR A ALGUIEN EN SU CARRERA EL HECHO DE PODER CORRER SUPERRÁPIDO?
BUENO, NO SÉ...
¡PODRÍA LLEGAR A TIEMPO A MUCHAS MÁS REUNIONES!
SI LA CIENCIA NO CONSISTIESE MÁS QUE EN TENER REUNIONES...
TIENES RAZÓN, ¡PERO LO DECÍA EN BROMA!
AUNQUE SERÍA ESTUPENDO PODER VOLAR A TODA VELOCIDAD
POR EL ESPACIO, Y ASÍ EXPLORAR LA GALAXIA...
NO LLEGARÍAMOS MUY LEJOS EN NUESTRA EXPLORACIÓN DE LA GALAXIA...
¿NO, POR QUÉ?
BUENO, A MENOS QUE TUVIÉRAMOS TAMBIÉN EL DON DE LA LONGEVIDAD

LA MÁXIMA VELOCIDAD POSIBLE ES LA DE LA LUZ. ES DECIR, 300 MILLONES DE METROS POR SEGUNDO.
ES UNA VELOCIDAD ENORME AQUÍ EN LA TIERRA, CON LA QUE PODRÍAS LLEGAR DE UN EXTREMO AL OTRO EN UNAS POCAS CENTÉSIMAS DE SEGUNDO...

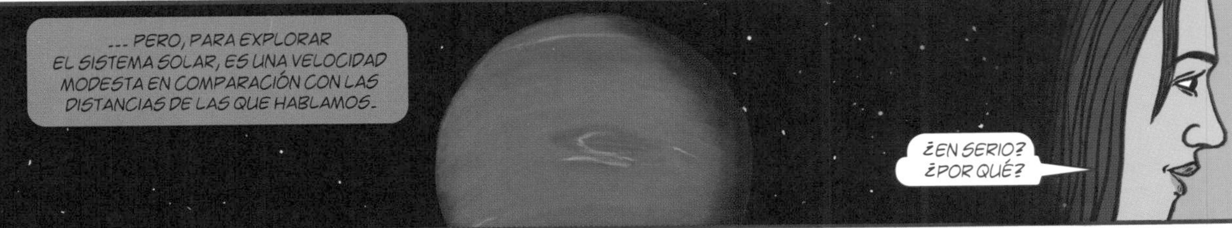
... PERO, PARA EXPLORAR EL SISTEMA SOLAR, ES UNA VELOCIDAD MODESTA EN COMPARACIÓN CON LAS DISTANCIAS DE LAS QUE HABLAMOS.
¿EN SERIO? ¿POR QUÉ?
BUENO, SE TARDAN CASI TRES HORAS EN LLEGAR A NEPTUNO, POR EJEMPLO
Y SE TARDARÍAN UN POCO MÁS DE CUATRO AÑOS EN LLEGAR A LA ESTRELLA MÁS CERCANA, PRÓXIMA CENTAURI.

PERO ¿POR QUÉ NO SE PUEDE IR MÁS RÁPIDO QUE LA VELOCIDAD DE LA LUZ? TIENE QUE VER CON EINSTEIN Y LA RELATIVIDAD ESPECIAL, ¿VERDAD?

MMM...
YO LO DIRÍA AL REVÉS.
EN CIERTO SENTIDO, LO QUE HABRÁS OÍDO SOBRE LA RELATIVIDAD ESPECIAL SE DEDUCE DE QUE LA VELOCIDAD DE LA LUZ SEA LA MÁXIMA POSIBLE...

¿Y CÓMO ES ESO? ¿CÓMO SE DERIVA LA RELATIVIDAD ESPECIAL DE QUE EXISTA UNA VELOCIDAD LÍMITE?

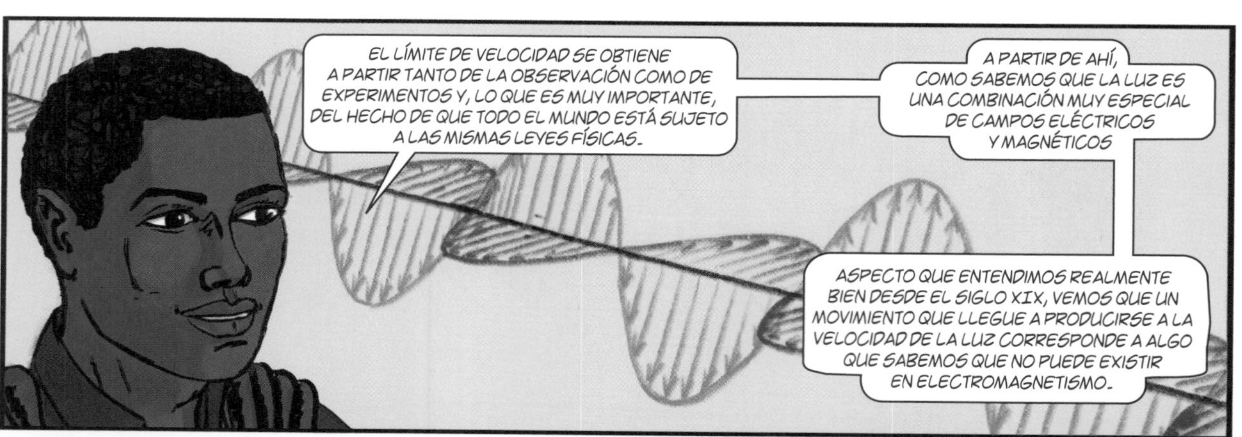
EL LÍMITE DE VELOCIDAD SE OBTIENE A PARTIR TANTO DE LA OBSERVACIÓN COMO DE EXPERIMENTOS Y, LO QUE ES MUY IMPORTANTE, DEL HECHO DE QUE TODO EL MUNDO ESTÁ SUJETO A LAS MISMAS LEYES FÍSICAS.
A PARTIR DE AHÍ, COMO SABEMOS QUE LA LUZ ES UNA COMBINACIÓN MUY ESPECIAL DE CAMPOS ELÉCTRICOS Y MAGNÉTICOS
ASPECTO QUE ENTENDIMOS REALMENTE BIEN DESDE EL SIGLO XIX, VEMOS QUE UN MOVIMIENTO QUE LLEGUE A PRODUCIRSE A LA VELOCIDAD DE LA LUZ CORRESPONDE A ALGO QUE SABEMOS QUE NO PUEDE EXISTIR EN ELECTROMAGNETISMO.

ESA CADENA DE RAZONAMIENTO TIENE MUCHOS ESLABONES.
¿CÓMO SE SABE QUE NINGUNO DE ELLOS ES DÉBIL?

SON ESLABONES SUMAMENTE ROBUSTOS, Y TAMPOCO SON TANTOS.
ES RAZONAMIENTO POR BÚSQUEDA DE LA CONTRADICCIÓN, UNA VERSIÓN DE LA REDUCCIÓN AL ABSURDO...

PUEDO EXPLICAR...
VALE. ¿POR QUÉ UNO DE LOS ESLABONES ES UNA PARTE DE LA FÍSICA QUE DATA DEL SIGLO XIX?
¡ESTAMOS YA EN EL XXI!

NO, NO. CON EL DEBIDO RESPETO, CREO QUE NO ENTIENDES UN ASPECTO CLAVE DE CÓMO FUNCIONA LA CIENCIA.
AVANZA CONSTRUYENDO SOBRE LOS CIMIENTOS PREVIAMENTE ERIGIDOS
Y ESOS CIMIENTOS SE LEVANTAN MEDIANTE DETALLADAS OBSERVACIONES Y EXPERIMENTOS QUE SE REPITEN A LO LARGO DE LOS AÑOS.
GENERAL
RELATIVIDAD ESPECIAL
CUANTI
ELECTROMAGNETISMO DE MAXWELL
GRAVEDAD DE NEWTON
ELECTRICIDAD
MAGNETISMO
MECÁNICA DE NEWTON
PERO ESTAMOS EN EL SIGLO XXI...
PUEDE QUE LA TECNOLOGÍA ACTUAL HAYA DEJADO TODO ESO DESFASADO.

NO. MIRA, NO HACE MUCHO TIEMPO LLEVAMOS GENTE A LA LUNA USANDO FÍSICA DEL SIGLO XVII. Y AÚN LA UTILIZAMOS PARA NUESTROS VIAJES ESPACIALES MÁS RECIENTES: SON LAS LEYES DEL MOVIMIENTO DE NEWTON.
NO DEJARON DE SER CIERTAS SOLO PORQUE, EN EL SIGLO XX, DESCUBRIÉSEMOS LA RELATIVIDAD ESPECIAL Y GENERAL, ASÍ COMO LA MECÁNICA CUÁNTICA.
EL HOMBRE PISA LA LUNA
ASTRONAUTAS ATERRIZAN, RECOGEN MUESTRAS Y PLANTAN LA BANDERA
EN CIENCIA SE CONSTRUYE SOBRE LAS IDEAS Y LOS DESCUBRIMIENTOS.
NO SE DESCUBRE POR ARTE DE MAGIA QUE LO QUE ANTES SE SABÍA SOBRE LA NATURALEZA HA DEJADO DE SER CIERTO
SINO QUE SE AMPLÍAN ESAS VERDADES.

VALE, VALE...
¿CÓMO FUNCIONA ESA HISTORIA... QUIERO DECIR, VERDAD, DEL SIGLO XIX?
ES UNA PARTE ENORME DE LA FÍSICA QUE SEGUIMOS USANDO A DIARIO.
EL ELECTROMAGNETISMO
ESTÁ DESCRITO POR CUATRO BELLAS ECUACIONES FORMULADAS POR MAXWELL.
$\nabla \cdot E = \rho / \varepsilon_0$
$\nabla \cdot B = 0$
$\nabla \times E = -\frac{\partial B}{\partial t}$
$\nabla \times B = \mu_0 J + \mu_0 \varepsilon_0 \frac{\partial E}{\partial t}$
¿BELLAS ECUACIONES?
¿EN SERIO?
ME ENCANTA LA CIENCIA, PERO CUANDO EMPIEZAN A APARECER ECUACIONES, LA COSA SE COMPLICA...

DESDE LUEGO, NO ES ALGO BELLO.
¿ESO CREES?
SI ASÍ ES, ENTONCES TE PIERDES UNA PARTE ESENCIAL DE LA HISTORIA.

LAS ECUACIONES SON TANTO EL IDIOMA COMO LAS HERRAMIENTAS PARA HACER CIENCIA, SON SU CENTRO, SU NÚCLEO...
EN GRAN MEDIDA, LA BÚSQUEDA DE LAS LEYES DE LA NATURALEZA HA ESTADO FUNDAMENTADA EN BELLAS ECUACIONES.

¿EN SERIO?
DEFINE «BELLAS». QUIZÁ ENTONCES TE CREA...
NO SÉ SI ESO ES DEL TODO JUSTO.
PODRÍA PEDIRTE QUE ME DEFINAS A UNA PERSONA BELLA.
CLARO, PERO ¿LA RESPUESTA NO DEPENDERÍA EN GRAN MEDIDA DE A QUIÉN LE HAGAS LA PREGUNTA?
ES ALGO TOTALMENTE SUBJETIVO. NO SE PUEDE UTILIZAR COMO CRITERIO.
POR ESO LA COSMOLOGÍA ES UNA CIENCIA, MIENTRAS QUE LA COSMETOLOGÍA NO LO ES.
HAY QUE SER CUIDADOSOS...

... EL HECHO DE QUE SEA ALGO PARCIALMENTE SUBJETIVO NO IMPLICA QUE NO SEA UNA IMPORTANTE FUERZA MOTRIZ PARA HACER DESCUBRIMIENTOS.
¿ESTÁS SEGURO DE ESO?
ADEMÁS, HAY COSAS EN LAS QUE LA MAYORÍA DE LA GENTE ESTÁ DE ACUERDO EN QUE SON ELEMENTOS IMPORTANTES DE LA BELLEZA, COMO LA SIMETRÍA, EL PORTE, EL EQUILIBRIO, LA ELEGANCIA...
UN MOMENTO, ¿ESTAMOS HABLANDO DE PERSONAS O DE ECUACIONES?

BUENO, ESTABA...

ELIGE UNA...

Y ENSÉ-ÑAMELA.

¿CÓMO?
UNA ECUACIÓN BELLA... MUÉSTRAMELA.

ESCRÍBELA...

AQUÍ...
VALE, PERO PROMÉTEME UNA COSA.
¿QUÉ?

QUE NO TE VAS A ASUSTAR.
¿QUÉ QUIERES DECIR?

LA GENTE VE ECUACIONES Y SE PONE NERVIOSA.
Y EN CUANTO VEN UN SÍMBOLO QUE NO ENTIENDEN GRITAN: ¡MATEMÁTICAAAS!

Y ECHAN A CORRER GRITANDO O BIEN SE HACEN UN OVILLO.
AL MENOS EN SU MENTE...
EN CUALQUIER CASO, ¡SE CIERRAN EN BANDA!

LA VERDAD ES QUE ES CONFUSO.
BUENO, ESPERA...

NO HACEMOS LO MISMO CUANDO CONTEMPLAMOS UN DIBUJO O UN CUADRO.
EN ESAS OBRAS HAY MUCHAS TÉCNICAS, SÍMBOLOS Y CONVENCIONES QUE NO TENEMOS POR QUÉ CONOCER NECESARIAMENTE...
...PERO LAS CONTEMPLAMOS, Y APRECIAMOS ALGUNAS DE SUS CARACTERÍSTICAS.
UNA HISTORIA, QUIZÁ...
...SIMETRÍA, EQUILIBRIO, PORTE, ELEGANCIA...

...AUNQUE SEA ALGO ABSTRACTO.
MMM...

PROMÉTEME QUE MIRARÁS ESTAS ECUACIONES COMO SI OBSERVASES UN CUADRO.
VALE, ¡TRATO HECHO!
¿ME LA VAS A ENSEÑAR DE UNA VEZ?

VALE...

¿SABES QUÉ?
DAME UN MOMENTO PARA QUITARME LA CAPA Y BUSQUEMOS UN SITIO MÁS TRANQUILO...

LA BANDA VA A EMPEZAR A TOCAR.

VALE. ME PARECE BIEN.
¿BUSCAMOS TAMBIÉN ALGO DE BEBER?

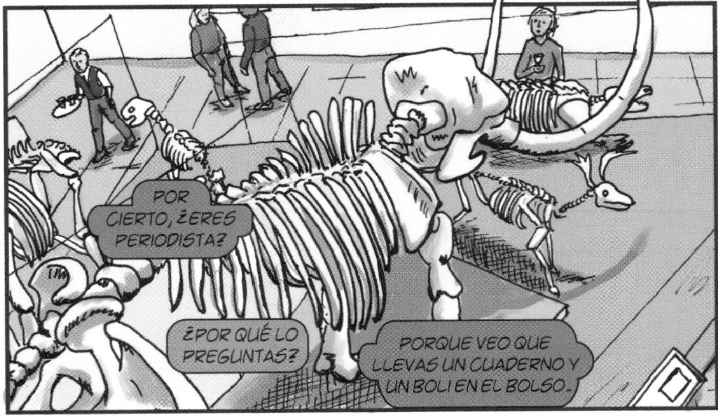
POR CIERTO, ¿ERES PERIODISTA?
¿POR QUÉ LO PREGUNTAS?
PORQUE VEO QUE LLEVAS UN CUADERNO Y UN BOLI EN EL BOLSO.

¡NO, NO! SIEMPRE LOS LLEVO POR SI QUIERO APUNTAR UNA IDEA...
O QUIZÁ UN ESBOZO DE ALGO.
¿DE VERDAD? ¡BUENA IDEA!
CONTINUARÁ...

Notas

Páginas 8 y 9: la lista de héroes y villanos científicos de cómics es muy larga. Entre los muchos ejemplos de las dos principales editoriales del género de héroes de cómic están: Reed Richards (Sr. Fantástico), Susan Storm Richards (La Mujer Invisible), Bruce Banner (Hulk), T'Challa (Pantera Negra), Janet Van Dyne (Avispa), Henry Phillip «Hank» McCoy (Bestia), Pamela Lillian Isley (Hiedra Venenosa) y Ray Palmer (Átomo). (Todos ellos aparecen en la base de datos online de superhéroes: <http://www.superherodb.com>.)

Algunos contraejemplos al modelo habitual según el cual los personajes abandonan la ciencia tras adquirir sus poderes: al menos durante la llamada Edad de Plata de los cómics,* al Sr. Fantástico a menudo se lo veía llevando a cabo investigaciones científicas motivadas únicamente por su curiosidad, incluso después de adquirir sus poderes, aunque imagino que la capacidad de estirar sus miembros no sería de gran ayuda a este respecto, más allá de permitirle alcanzar todos los botones y palancas de su maquinaria de los años sesenta (siempre espléndidamente dibujada por Jack Kirby en aquel periodo). Por analogía, las actividades de Hiedra Venenosa como villana en realidad estaban motivadas por su necesidad de proteger el medioambiente, y para ello, además de sus poderes, se ayudaba de sus conocimientos de botánica.

* Para más información sobre esta denominación, véase el ensayo de Jim Casey, «Silver Age Comics», en Mark Bould, ed., *The Routledge Companion to Science Fiction*, Londres, Routledge, 2009.

Página 10 (viñeta 2): Terence Allen, *Microscopy. A Very Short Introduction*, Oxford (Reino Unido), Oxford University Press, 2015.

Página 10 (viñeta 4): una excelente explicación de este trabajo puede encontrarse en esta biografía: Brenda Maddox, *Rosalind Franklin. The Dark Lady of DNA*, Nueva York, HarperCollins, 2002.

Página 10: el sitio web del Observatorio Chandra de rayos X de la NASA tiene un montón de información útil: <http://nasa.gov/chandra/>.

Páginas 10-12: aquí puede encontrarse un debate divertido e informativo de muchas ideas sobre física relacionadas con los superhéroes de varios cómics famosos: James Kakalios, *The Physics of superheroes: More Heroes! More Villains! More Science! Spectacular Second Edition*, Nueva York, Avery, 2002. [Hay trad. cast.: *La física de los superheroes*, Barcelona, Ma Non Troppo, 2006.]

Página 12: para una introducción al tamaño del Sistema Solar, la galaxia y más allá, las secciones iniciales de estos libros están muy bien: Neil deGrasse Tyson, Michael A. Strauss y J. Richard Gott, *Welcome to the Universe. An Astrophysical Tour*, Princeton, Princeton University Press, 2016 [hay trad. cast.: *¡Bienvenidos al universo! Un viaje por la astrofísica*, Madrid, Anaya Multimedia, 2017]; Adam Frank, *Astronomy. At Play in the Cosmos*, Nueva York, W. W. Norton & Co., 2016.

Página 12 y siguientes: he aquí dos libros sobre aspectos de la historia de nuestra comprensión de la luz y el espectro electromagnético: Sidney Perkowitz, *Empire of Light. A History of Discovery in Science and Art*, Nueva York, Henry Holt & Co., 1996; Ian Walmsley, *Light. A Very Short Introduction*, Oxford (Reino Unido), Oxford University Press, 2015. El primero trata la luz tanto en ciencia como en las artes visuales.

Página 13: esta es una descripción breve y accesible de varios aspectos de la relatividad especial: Brian Cox y Jeff R. Forshaw, *Why Does $E=mc^2$? (and Why Should We Care?)*, Cambridge (Massachusetts), Da Capo Press, 2009 [hay trad. cast.: *¿Por qué $E=mc^2$? (¿y por qué debería importarnos?)*, Barcelona, Debate, 2013]. Dos inusuales (y refrescantes) introducciones diagramáticas a la relatividad especial pueden encontrarse en: Sander Bais, *Very Special Relativity. An Illustrated Guide*, Cambridge (Massachusetts), Harvard University Press, 2007; y Tatsu Takeuchi, *An Illustrated Guide to Relativity*, Cambridge (Reino Unido), Cambridge University Press, 2010.

Página 14 y siguientes: para una biografía en la que se analiza el trabajo de Faraday y Maxwell (y otros) sobre electromagnetismo, véase: Nancy Forbes y Basil Mahon, *Faraday, Maxwell, and the Electromagnetic Field. How Two Men Revolutionized Physics*, Amherst (Nueva York), Prometheus Books, 2014.

Página 15: las ecuaciones de Maxwell se muestran aquí en «unidades del sistema internacional» de medida. Esto significa que en ellas aparecen dos constantes de la naturaleza, ε_0 y μ_0. En páginas posteriores, por simplicidad, se escribirán sin esas dos constantes. Esto no altera la física, sino que equivale a utilizar diferentes unidades de medida en las que el valor de esas constantes es 1.

Un análisis más profundo de la simetría y la belleza de las ecuaciones en física (incluidas las de Maxwell) se puede encontrar en este fantástico libro: Frank Wilczek, *A Beautiful Question. Finding Nature's Deep Design*, Nueva York, Penguin Books, 2016. [Hay trad. cast.: *El mundo como obra de arte. En busca del diseño profundo de la naturaleza*, Barcelona, Crítica, 2016.]

Una colección de ensayos sobre la belleza, la historia y otros aspectos de varias ecuaciones importantes de la ciencia se puede encontrar en Graham Farmelo, ed., *It Must Be Beautiful. Great Equations of Modern Science*, Londres, Granta, 2002. [Hay trad. cast.: *Fórmulas elegantes. Grandes ecuaciones de la ciencia moderna*, Barcelona, Tusquets, 2004.]

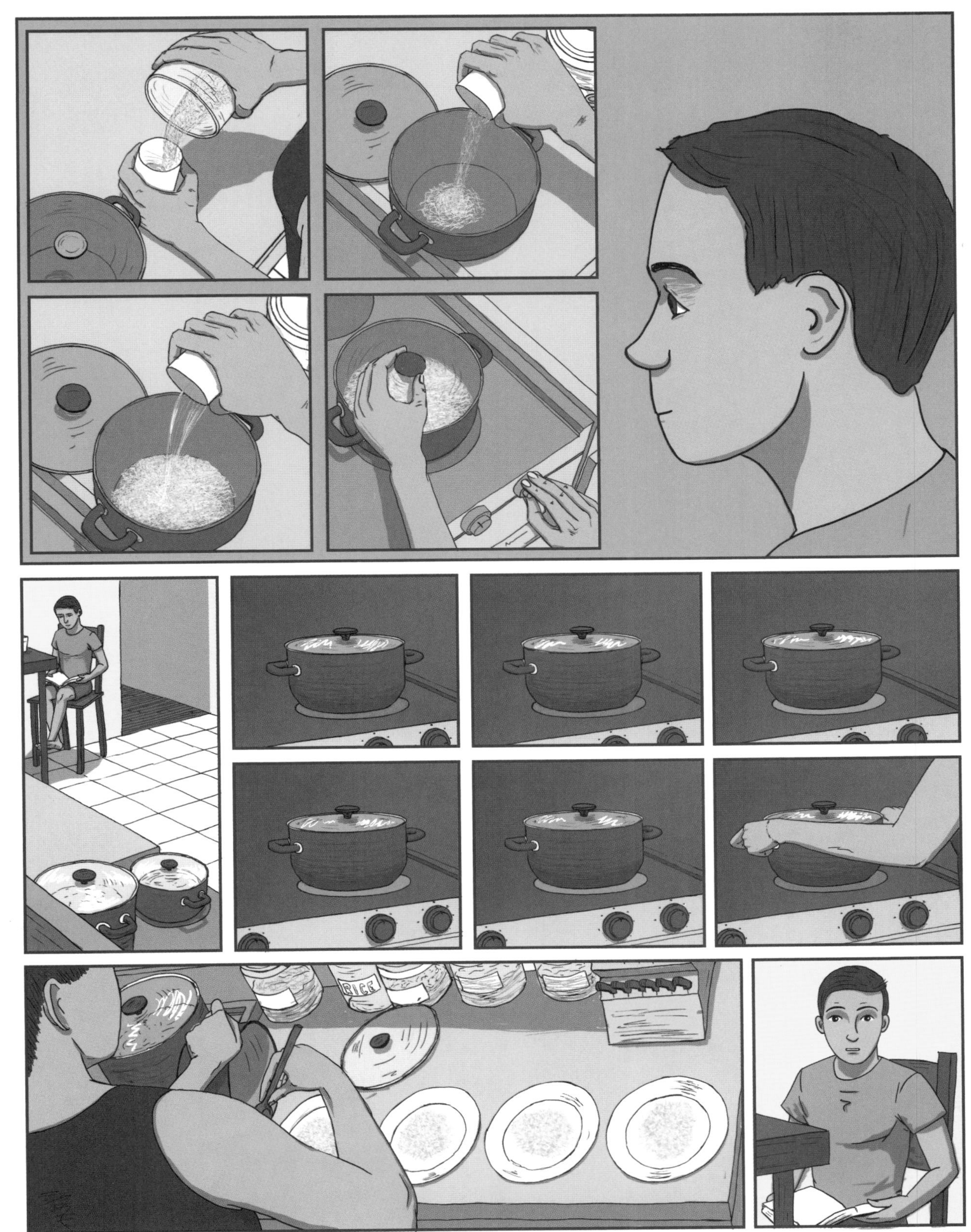
RICE

*EN ESPAÑOL EN EL ORIGINAL.

¿DE DÓNDE SALE TODO ESE ARROZ DE MÁS?
¿QUÉ?
MAMÁ SOLO ECHA UNA TAZA DE ARROZ EN LA OLLA...
...¡PERO CUANDO SE CUECE HAY MUCHO MÁS!
Y QUÉ...
¡PUES QUE AL FINAL HAY MUCHO MÁS ARROZ QUE AL PRINCIPIO! ¿POR QUÉ?
¿ME VAS A DEJAR VER LA TELE, O VAS A SEGUIR HACIENDO PREGUNTAS TONTAS?

SIENTO HABERTE LLAMADO TONTO.
NUNCA LO HABÍA PENSADO.
SUPONGO QUE TAMPOCO SÉ LA RESPUESTA.

NO PASA NADA.

¿CUÁL CREES TÚ QUE ES LA RESPUESTA?

SUPONGO QUE TE SALE MÁS ARROZ AL ROMPERLO EN PEDACITOS...
¿PUEDE SER?

¿O QUIZÁ DE ALGUNA MANERA SE CREAN NUEVOS GRANITOS?
NO LO CREO... ¿DE DÓNDE VENDRÁ TODA LA MATERIA ADICIONAL?

¿QUÉ MATERIA?
¡LA DEL ARROZ!
LA MATERIA DE LA QUE ESTÁ HECHO EL ARROZ.
TIENE QUE VENIR DE ALGÚN LUGAR...
ES VERDAD...

¡LO TENGO! PUEDE QUE LOS GRANOS SE HAGAN MÁS GRANDES, Y OCUPEN MÁS ESPACIO.

PERO ¿DE DÓNDE SALDRÍA LA MATERIA ADICIONAL PARA QUE FUESEN MÁS GRANDES?

<¡CHICOS! ¿NO HABÍAIS PROMETIDO RECOGER VUESTRA HABITACIÓN Y HACER LOS DEBERES?>

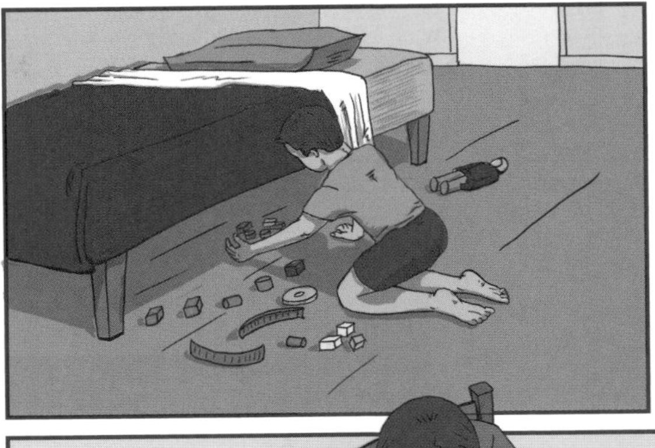

PUEDE QUE PASE COMO CON UN GLOBO...

¿QUÉ ES COMO UN GLOBO?
EL ARROZ... ¿PUEDE SER?

UN GLOBO CRECE CUANDO SE LLENA DE AIRE
OCUPA MÁS ESPACIO Y...
NO SIGNIFICA QUE HAYA MÁS MATERIA DE GLOBO
¡SE LLENA DE AIRE!
¡ES VERDAD!

ASÍ QUE EL ARROZ SE HACE MÁS GRANDE AL LLENARSE DE...
¿CÓMO? ¿DE QUÉ?
NO LO SÉ... ¿DE AGUA?

QUIZÁ...
PUEDE SER...

¡OYE!
¿¡Y SI LO COMPROBAMOS!?
¿CÓMO?

¡HAREMOS UN EXPERIMENTO!

A VER, LO ÚNICO QUE TENEMOS QUE HACER ES COGER UN POCO DE ARROZ Y CONTAR LOS GRANOS.
DESPUÉS HACEMOS LO MISMO QUE MAMÁ Y LOS COCINAMOS.
Y LOS VOLVEMOS A CONTAR.
¡CLARO! SI AL FINAL HAY MÁS, LO SABREMOS...

Y SI CADA GRANO SE HINCHA COMO UN GLOBO...

¡TENDREMOS LA MISMA CANTIDAD!

¡EXACTO!

QUÉ...

NO FUNCIONARÁ.
¿POR QUÉ? ¡ES PERFECTO!
MAMÁ NO NOS DEJARÁ JUGAR EN LA COCINA.
YA...
¡PERO NO ESTAMOS JUGANDO!
¡ESTAMOS COCINANDO ARROZ!

PERO...

YA...

BUENO ¡PUEDE QUE NOS DEJE CONTAR LOS GRANOS DE ARROZ ANTES Y DESPUÉS DE QUE **ELLA** LOS COCINE!

¿MAMÁ?

¡MAMÁ!
<¿SÍ?>
¿CENAREMOS ARROZ?
NO.

¿PODEMOS?
<NO. VAMOS A COMER PATATAS.>
ADEMÁS, NO QUEDA SUFICIENTE ARROZ.

¿Y MAÑANA?

TAMPOCO. NO IRÉ A COMPRAR HASTA EL SÁBADO.
¿POR QUÉ?
POR NADA.

SOLO QUERÍAMOS VER LO QUE OCURRE CUANDO SE CUECE EL ARROZ...
¿QUÉ OCURRE?
QUE SE CUECE.

¡ES UN EXPERIMENTO!
NO VAIS A HACER EXPERIMENTOS EN LA COCINA.

ES PELIGROSO JUGAR AQUÍ.
¡NO ESTAMOS JUGANDO!

¡NO! Y NO TENEMOS DINERO PARA MALGASTAR COMIDA.
ID A JUGAR...

¡ESPERA!

¿QUÉ?

NO NECESITAMOS TANTO ARROZ...

¿QUÉ QUIERES DECIR?
¿CÓMO HAREMOS EL EXPERIMENTO?

SOLO TENEMOS QUE HERVIR UN GRANO...

¡ES VERDAD!

¿MAMÁ?

<¿AÚN SEGUÍS AQUÍ?>
¿MAMÁ?
¿SÍ?

¿NOS PUEDES DAR SOLO UN GRANO DE ARROZ?

¿UNO?
SÍ...

VALE...

TOMAD, DOS GRANOS DE ARROZ.

UNO PARA CADA UNO, PARA QUE NO OS PELEÉIS.

NO LO HAREMOS. ESTAMOS TRABAJANDO JUNTOS.
VALE.
¿QUÉ SE DICE?
¡GRACIAS!

¿Y AHORA QUÉ PASA?

¿PUEDES PONER MI GRANO CON LAS PATATAS CUANDO LAS CUEZAS?

¿Y LUEGO QUÉ?

ESO ES TODO.
CUANDO LAS PATATAS ESTÉN LISTAS, ¿NOS PUEDES DAR EL ARROZ QUE QUEDE EN LA OLLA?

CLARO.
SI CON ESO CONSIGO QUE ME DEJÉIS HACER LA CENA.

¡GRACIAS, MAMÁ!

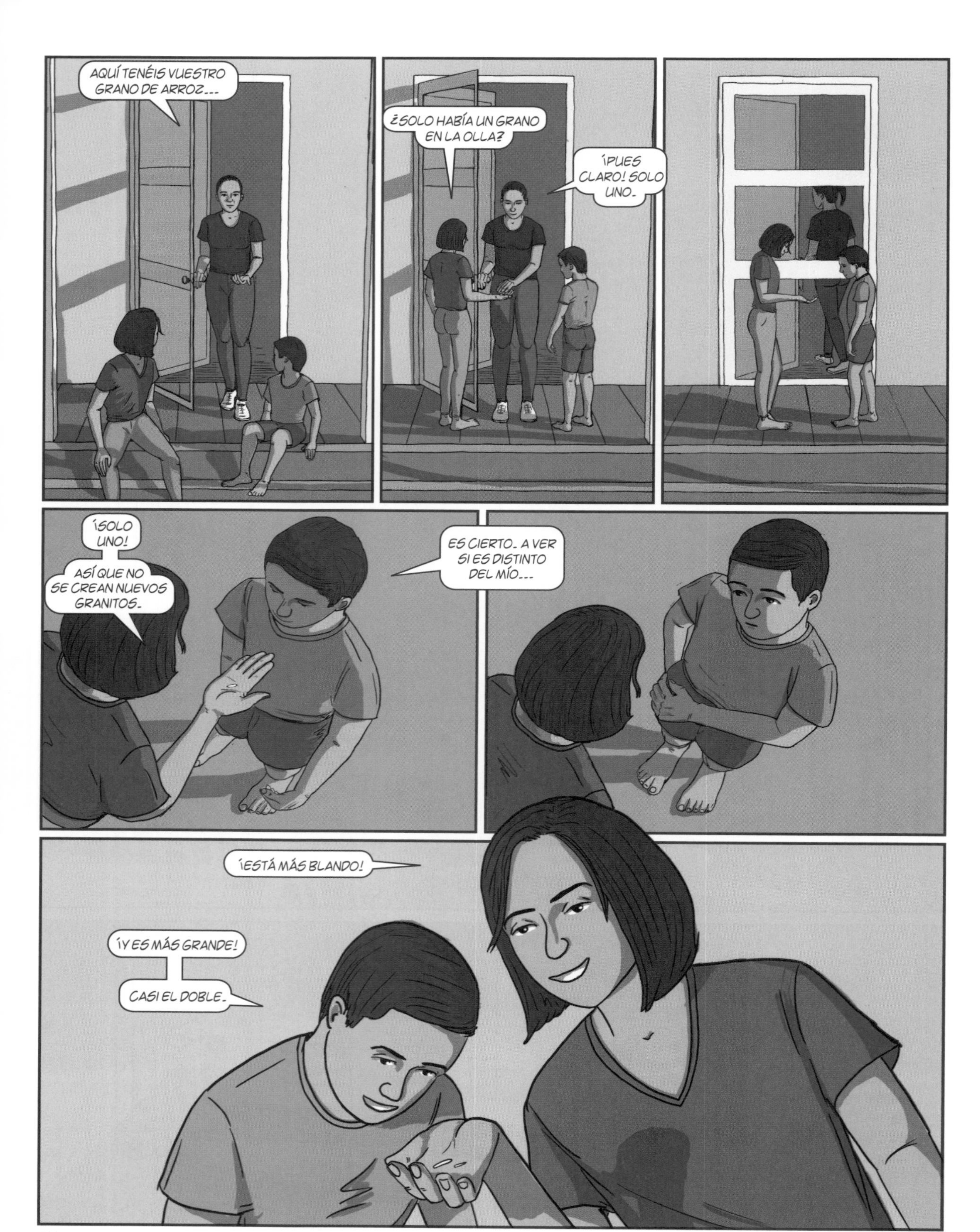
AQUÍ TENÉIS VUESTRO GRANO DE ARROZ...
¿SOLO HABÍA UN GRANO EN LA OLLA?
¡PUES CLARO! SOLO UNO.
¡SOLO UNO!
ASÍ QUE NO SE CREAN NUEVOS GRANITOS.
ES CIERTO. A VER SI ES DISTINTO DEL MÍO...
¡ESTÁ MÁS BLANDO!
¡Y ES MÁS GRANDE!
CASI EL DOBLE.

¡PUES YA ESTÁ!
NO HAY MÁS GRANOS, SINO QUE SE HINCHAN Y OCUPAN MÁS ESPACIO.
TU IDEA DEL GLOBO...

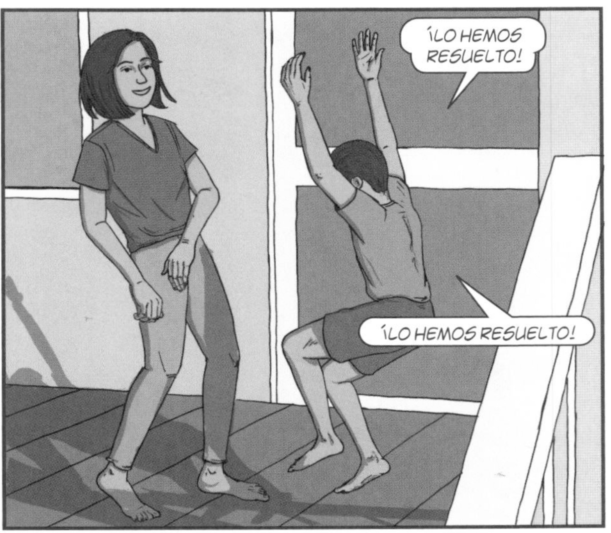
¡LO HEMOS RESUELTO!
¡LO HEMOS RESUELTO!

¿CREES QUE SE LLENAN DE AGUA?
SUPONGO...

QUIZÁ POR ESO EL AGUA DESAPARECE.
QUIZÁ SOLO UNA PARTE...
NO. EL AGUA CAMBIA DE ESTADO Y SE EVAPORA, ¿NO?
¿CREES QUE PODRÍAMOS COMPROBARLO?

Notas

La cocina es un maravilloso contexto en el que explorar la ciencia y poner en práctica el método científico. Además, ¡los resultados suelen ofrecer una recompensa inmediata!

Quizá el libro más conocido (y apreciado) sobre ciencia y cocina sea el de Harold McGee, *On Food and Cooking. The Science and Lore of the Kitchen*, Nueva York, Scribner, 2004. [Hay trad. cast.: *La cocina y los alimentos. Enciclopedia de la ciencia y la cultura de la comida*, Barcelona, Debate, 2007.]

Es un verdadero placer leer los textos de Hervé This, uno de los fundadores de la moderna «gastronomía molecular». La obra de Hervé contiene descripciones de un gran número de fascinantes procesos y experimentos que analizan los métodos tradicionales y buscan entender cómo funcionan (si es que lo hacen) y por qué. También contiene una buena ración de química y física y algunas opiniones controvertidas interesantes. Dos de sus libros son: Hervé This, *Molecular Gastronomy. Exploring the Science of Flavor* (traducido por M. B. DeBevoise), Nueva York, Columbia University Press, 2006 [hay trad. cast.: *Cacerolas y tubos de ensayo*, Zaragoza, Acribia, 2005], y Hervé This, *The Science of the Oven* (traducido por Jody Gladding), Nueva York, Columbia University Press, 2009 [hay trad. cast.: *De la ciencia a los fogones*, Zaragoza, Acribia, 2013]. (El título del último libro puede resultar algo confuso, ya que en él se explora la cocina entera.)

Un libro más reciente, que probablemente también se convierta en un clásico, es el de J. Kenji López-Alt, *The Food Lab. Better Home Cooking Through Science*, Nueva York, W. W. Norton & Co., 2015, que acompaña a la columna del mismo título del excelente sitio web *Serious Eats*, <http://www.seriouseats.com/the-food-lab/>.

Hablando de sitios web, la profesora Amy Rowat de la División de Ciencias de la Vida y el Departamento de Biología y Fisiología Integrativas de UCLA tiene un proyecto llamado «Science and Food» al que contribuyen muchos científicos y cocineros profesionales. El proyecto tiene un excelente sitio web: <http://scienceandfood.org/>.

Otro estupendo recurso web que encaja muy bien con el espíritu de exploración inspirada por la curiosidad que se ve en las viñetas de este capítulo es la web del Exploratorium. Hay una sección dedicada a los alimentos: <http://www.exploratorium.edu/cooking/>.

El Exploratorium fue fundado por Frank Oppenheimer. Puedes aprender más sobre él y sobre su vocación de iluminar la ciencia mediante la exploración en esta excelente biografía: K. C. Cole, *Something Incredibly Wonderful Happens. Frank Oppenheimer and the World He Made Up*, Boston, Houghton Mifflin Harcourt, 2009.

CAFE

HOLA...
¿PODRÍAS DEJARME TU BOLI UN MOMENTO?

UN SEGUNDO...

¿ES LO MÁS ORIGINAL QUE PUEDES DECIR?
¿PERDÓN?

NO IMPORTA.
AUNQUE ES UN POCO DECEPCIONANTE.
¿EH?
YO HABRÍA PROBADO CON «¿SABÍAS QUE ESTE ERA EL SITIO FAVORITO DE FREUD?», O ALGO ASÍ.

¡OOOH! ¿ES ESO CIERTO?
LA VERDAD ES QUE NO TENGO NI IDEA. PUEDE QUE LO LEYERA EN INTERNET.

¿Y CUÁL ES TU HISTORIA?
QUÉ TE PARECE SI PIDES UN CAFÉ Y ME LA CUENTAS...

REALMENTE SOLO QUERÍA PEDIRTE UN BOLI...
VALE, PERO ¿QUÉ HACES AQUÍ EN LA CIUDAD?
HE VENIDO A UNA REUNIÓN DE TRABAJO...

YA SABES, DISCUSIONES SOBRE NUEVOS MERCADOS EN LOS QUE VENDER ARTILUGIOS...
¿QUÉ CLASE DE ARTILUGIOS?

DE LOS BUENOS, CLARO.
¿Y TÚ?
UNA CONFERENCIA.
¿SOBRE QUÉ?
FÍSICA.

¿EN SERIO? ¿DE QUÉ TIPO?
¡DE LA BUENA, CLARO!

EN SERIO, ¿DE QUÉ TIPO?
¡ME ENCANTA LA FÍSICA!
¡QUÉ SORPRESA! NO ES ALGO QUE OIGA TODOS LOS DÍAS.
LO OIRÁS CIEN VECES ANTES DE QUE ALGUIEN DIGA QUE LE ENCANTAN LOS ARTILUGIOS.
PUEDE SER...
GRAVEDAD CUÁNTICA Y COSMOLOGÍA.
INTENTAMOS ENTENDER LOS ORÍGENES DEL UNIVERSO.

¿YA NO SE HABLA MÁS DEL MULTIVERSO?
BUENO, ES UNO DE LOS ASUNTOS QUE SE DISCUTEN...
¿NECESITAMOS EL MULTI PARA ENTENDER EL UNI?, ETC.
SIEMPRE ME HA PARECIDO UNA MANERA INCREÍBLEMENTE RADICAL DE RESOLVER UN PROBLEMA.

¿TE REFIERES A SUPONER QUE EXISTE UN NÚMERO INFINITO DE UNIVERSOS PARA EXPLICAR EL NUESTRO?
SÍ.
CLARO.
PARECE UN DESPERDICIO DE UN MONTÓN DE UNIVERSOS.
TODA LA GENTE QUE EXISTA EN ELLOS DEBE DE SENTIRSE MUY... USADA.

LO DIGO EN SERIO. ME PARECE QUE NO TIENE SENTIDO.
¿DÓNDE QUEDÓ LA IDEA DE UNA SOLA TEORÍA FUNDAMENTAL SIMPLE Y ELEGANTE?
LA IDEA PODRÍA ESTAR EQUIVOCADA, DESDE LUEGO, PERO AÚN ESTÁ EN DESARROLLO.
AUNQUE LA VERDAD ES QUE AMBAS COSAS PODRÍAN SER CIERTAS.

SE PUEDE TENER UNA TEORÍA FUNDAMENTAL SIMPLE Y ELEGANTE Y UN MONTÓN DE SOLUCIONES DE LAS ECUACIONES QUE LA DEFINEN.
MMM...
¿ESO NO IMPLICA QUE DEJA DE SER SIMPLE Y ELEGANTE?

DEFINE SIMPLE O ELEGANTE.
¿QUÉ TAL «QUE NO TENGA UN NÚMERO INFINITO DE UNIVERSOS»?
¿ASÍ QUE QUIERES DEJAR FUERA DE LA DEFINICIÓN LO QUE NO TE GUSTA?
QUIZÁ LA NATURALEZA SEA COMO ES TANTO SI NOS GUSTA COMO SI NO...

PUEDE SER. PERO QUE HAYA UNA CANTIDAD ENORME DE UNIVERSOS A MÍ ME PARECE ERRÓNEO.
VALE.
¿Y QUÉ ME DICES DE UNA CANTIDAD ENORME DE ESTRELLAS?
¿ESTRELLAS?
ESTRELLAS. COMO EL SOL.
¿EXACTAMENTE COMO EL SOL?

ALGUNAS MÁS GRANDES, OTRAS MÁS PEQUEÑAS.
ALGUNAS MÁS FRÍAS, OTRAS MÁS CALIENTES.
ALGUNAS MÁS ROJAS, OTRAS MÁS AZULES.

POR CIERTO, SOY LA DOCTORA SEUSS.

EH...
UNA ESTRELLA, DOS ESTRELLAS.
¿ESTRELLA ROJA, ESTRELLA AZUL?

SUPONGO QUE YO SOY EL GRINCH.

A VER...

ESTRELLAS. ¿SABES?

VALE. POR LA NOCHE PUEDO VER INFINIDAD DE ELLAS...
PERO ¿QUÉ QUIERES DECIR?

BIEN, CREO QUE YA CONOCEMOS LA FÍSICA NECESARIA PARA ESTUDIAR LAS ESTRELLAS.
PODEMOS USAR MUCHAS ECUACIONES PARA DESCRIBIRLAS
DESDE EL PUNTO DE VISTA DE LA GRAVEDAD, LA FÍSICA NUCLEAR Y LA TERMODINÁMICA.
EXISTE UNA CANTIDAD ENORME DE SOLUCIONES PARA ESAS ECUACIONES
EN FUNCIÓN DE CUÁL SEA LA SITUACIÓN INICIAL, EL TIPO Y LA CANTIDAD DE MATERIA PRIMA: HIDRÓGENO, HELIO, ETC.
LAS ECUACIONES NO NOS DICEN QUE HAY SOLO UNA CLASE DE ESTRELLAS.

DE ACUERDO.
PERO PODEMOS **VER** ESAS OTRAS ESTRELLAS.
Y HAY UNA CANTIDAD FINITA DE ELLAS, NO INFINITA.
VALE, PERO SEAMOS CUIDADOSOS AQUÍ.
PRIMERO, LAS ECUACIONES DAN UN CONJUNTO INFINITO DE POSIBILIDADES PARA LAS PROPIEDADES DE UNA ESTRELLA.
DESDE UNA ESTRELLA COMO EL SOL PERO CON UNA DIFERENCIA DE TEMPERATURA DE UNOS POCOS GRADOS
HASTA UNA ESTRELLA SUPERGIGANTE AZUL MUCHAS VECES MÁS GRANDE QUE EL SOL.
AL MENOS PUEDO ALZAR LA VISTA Y VER...
SEGUNDO, ESAS ESTRELLAS PUEDEN EXISTIR TANTO SI LAS OBSERVAMOS COMO SI NO.
NO NECESITAN QUE LAS MIREMOS.
NO NOS NECESITAN EN ABSOLUTO PARA EXISTIR.
POR EJEMPLO, LA TEMPERATURA Y LA MASA DE NUESTRO SOL NO ESTÁ DETERMINADA POR LA CANTIDAD Y LA VARIEDAD DE TODAS LAS ESTRELLAS EN EL UNIVERSO.

TE ENTIENDO.
ENTONCES PUEDE QUE TU TEORÍA DE LAS ESTRELLAS ESTÉ INCOMPLETA.
UNA TEORÍA MÁS COMPLETA DIRÍA CUÁNTO MATERIAL HAY EN TODO EL UNIVERSO, Y TAMBIÉN CÓMO ESTÁ DISTRIBUIDO.
SI COMBINAS ESA INFORMACIÓN CON TUS ECUACIONES PARA LAS ESTRELLAS, DESCRIBES TODAS LAS ESTRELLAS, EN CUALQUIER LUGAR.
¿NO ES ESO LO QUE SE ESPERA DE UNA TEORÍA DEL TODO, PERO PARA LOS UNIVERSOS?

¿EN SERIO?
EN REALIDAD NO SÉ LO QUE SE SUPONE QUE DEBE HACER UNA TEORÍA DEL TODO.
¿LO SABE ALGUIEN?

LA PROPIA EXPRESIÓN LO DICE: «TEORÍA DEL TODO».
QUE LO EXPLICA TODO.
DEFINE «TODO»...
¿EN SERIO?
EH...
TODO LO QUE ES POSIBLE... TODO LO QUE VEMOS... O VEREMOS...

¿CÓMO SE SUPONE QUE FUNCIONA ESO EXACTAMENTE?
NADA EN LA HISTORIA DE LA CIENCIA INDICA QUE SEA SIQUIERA POSIBLE.

PERO ESE ES EL SUEÑO, ¿NO?
¿EL SUEÑO DE QUIÉN?
ADEMÁS, ¿QUIÉN DICE QUE TODOS TENEMOS QUE SOÑAR LO MISMO?
BUENO, ESO ES LO QUE DICEN QUE ESTÁIS INTENTANDO ENCONTRAR.

CUANDO ALGUIEN ESCRIBE UNA TEORÍA CIENTÍFICA, SIEMPRE HAY DOS CLASES DE COSAS.
ESTÁN LAS COSAS QUE NO SE PUEDEN CALCULAR A PARTIR DE PRIMEROS PRINCIPIOS.
QUE SERÁN O BIEN PARÁMETROS DE ENTRADA O CONDICIONES INICIALES...

TEORÍA DEL TODO

Y LUEGO ESTÁ TODO LO DEMÁS...
COSAS QUE PODEMOS CALCULAR USANDO LAS ECUACIONES.
HAY UN DOMINIO LIMITADO EN EL QUE LA TEORÍA FUNCIONA...

EN ÚLTIMA INSTANCIA, LLEGA UN PUNTO EN EL QUE PODEMOS PLANTEARNOS DE DÓNDE PROVIENEN ESOS PARÁMETROS.
PERO LAS ECUACIONES NUNCA NOS LO DIRÁN.

HAY QUE AVERIGUAR EN QUÉ PUNTO NUESTRA TEORÍA DA PASO A OTRA TEORÍA
EN LA CUAL ALGUNOS DE ESOS PARÁMETROS PODRÍAN SER COSAS QUE SE CALCULAN.
PERO SIEMPRE HABRÁ PARÁMETROS NO CALCULABLES EN ESA TEORÍA MÁS AMPLIA.

ENTONCES HAY QUE BUSCAR UNA TEORÍA MEJOR.
ASÍ ES. PERO EL PROCESO NUNCA SE ACABA. ¿LO ENTIENDES?
¡ES LO QUE INTENTO DECIR!

TEORÍA DEL TODO
TEORÍA DEL TODO
HASTA AHORA
LA ETIQUETA DE «TEORÍA DEL TODO» EN LA CAJA ES EN REALIDAD «TEORÍA DEL TODO...
HASTA AHORA».
DESPUÉS APRENDEMOS QUE LA TEORÍA CABE EN UNA CAJA MÁS GRANDE, TAMBIÉN ETIQUETADA COMO «TEORÍA DEL TODO...
DE MOMENTO».
TEORÍA DEL TODO
TEORÍA DEL TODO
TEORÍA DEL TODO
DE MOMENTO
LO QUE RESULTA GENIAL ES QUE LA NUEVA TEORÍA NOS PERMITIRÁ ABORDAR CUESTIONES MÁS PROFUNDAS SOBRE EL UNIVERSO.
PERO **SEGUIRÁ** HABIENDO NUEVAS PREGUNTAS SIN RESPUESTA
HASTA QUE ENCONTREMOS LA CAJA MÁS GRANDE QUE PUEDA CONTENERLA.

ESE PROCESO NUNCA SE ACABA.
TORTUGA SOBRE TORTUGA HASTA EL INFINITO.
¡JA, JA, JA! SÍ.
PERO CADA TORTUGA PUEDE SER INCREÍBLEMENTE BELLA Y COMPLEJA.

SIGO SIN ENTENDER POR QUÉ NO PUEDE HABER UNA ÚLTIMA CAJA...
QUE NO LLEVE EL «HASTA AHORA» O «DE MOMENTO» EN LA ETIQUETA.

BUENO, NO PUEDO DEMOSTRAR QUE NO LA HAYA...
ES SOLO QUE NO PARECE MUY PROBABLE
Y NO CUADRA CON LA MANERA EN QUE SE ESTRUCTURA LA CIENCIA.
¿QUÉ QUIERES DECIR?

¿NO ES ASOMBROSO QUE LA NATURALEZA SEA DEL TODO COMPREN-SIBLE?

SÍ, LO ES...

CREO QUE ESO ES POSIBLE POR LA FORMA EN QUE TODO ESTÁ ORGANIZADO.
¿QUÉ QUIERES DECIR?

QUIERO DECIR QUE ES UNA PARTE ESENCIAL DEL DIÁLOGO QUE MANTENEMOS CON LA NATURALEZA.
PERO ¿POR QUÉ SIGNIFICA ESO QUE HAY UN NÚMERO INFINITO DE CAJAS?
UNA TEORÍA ESTÁ NECESARIAMENTE LIMITADA A PODER CALCULAR SOLO UNA DETERMINADA MAGNITUD.

EL RESTO, **MÁS VALE** QUE SEAN PARÁMETROS...
DE LO CONTRARIO, TENDRÍAMOS QUE EXPLICARLO TODO A LA VEZ.
¿EN SERIO?
EN EL SIGLO XVII, NUNCA HABRÍAMOS ENTENDIDO EL SENCILLO MOVIMIENTO DE UNA PELOTA AL LANZARLA
SI NO HUBIÉSEMOS PODIDO IGNORAR MUCHAS COSAS.

¿COMO LA RESISTENCIA DEL AIRE?
¡MUCHO MÁS QUE ESO!
LA SEGUNDA LEY DEL MOVIMIENTO DE NEWTON, F = M·A, ES COMO UNA TEORÍA DEL TODO PARA EL MOVIMIENTO DE UN PROYECTIL AQUÍ EN LA TIERRA.
LA ACELERACIÓN «A» SE DEBE A LA GRAVEDAD TERRESTRE, QUE PODEMOS MEDIR.
TEN EN CUENTA QUE LA TEORÍA NO NOS DICE LA INTENSIDAD DE LA GRAVEDAD. ¡ES UN PARÁMETRO!
NECESITAMOS LA LEY DE LA GRAVEDAD DE NEWTON PARA CALCULARLO DESDE CERO, A PARTIR DE LA MASA Y EL RADIO TERRESTRES.
¿ESA ES LA CAJA MÁS GRANDE?
SÍ.
Y A SU VEZ LA LEY DE NEWTON ESTÁ CONTENIDA EN LA RELATIVIDAD GENERAL DE EINSTEIN, UNA CAJA AÚN MÁS GRANDE.

ME PARECE UN EJEMPLO UN POCO SIMPLISTA.
SE TRATA DE HACER APROXIMACIONES, ¿NO?
NO VEO QUÉ TIENE QUE VER CON UNA TEORÍA QUE LO ABARQUE TODO.

¡¿UN **POCO** SIMPLISTA?!
¡LA APROXIMACIÓN ES LA ESENCIA DE TODO!
QUE NEWTON NO TUVIERA QUE PREOCUPARSE POR LOS PROFUNDOS ORÍGENES DE LA FUERZA QUE LA TIERRA EJERCE SOBRE LA PELOTA
QUE NO TUVIERA QUE ENTENDER TODO LO QUE EINSTEIN, 300 AÑOS DESPUÉS QUE ÉL, TUVO QUE AVERIGUAR PARA SU TEORÍA DE LA RELATIVIDAD
FUE LO QUE LE PERMITIÓ FORMULAR SUS LEYES DEL MOVIMIENTO.
TAMBIÉN NECESITÓ CONOCER TODA LA FÍSICA CUÁNTICA EN LA QUE SE BASA LA ESTRUCTURA DE LA PELOTA Y QUE DETERMINA SU MASA.
ESTO ES MÁS QUE UNA MERA APROXIMACIÓN...
¡CREO QUE ES ALGO **FUNDAMENTAL** SOBRE CÓMO FUNCIONA EL UNIVERSO!

NO TUVO QUE SABER NADA SOBRE LA QUÍMICA Y LA BIOFÍSICA DEL BRAZO QUE LANZA LA PELOTA.
¿DE DÓNDE SACÓ LA ENERGÍA EL LANZADOR? EN ÚLTIMA INSTANCIA, DEL SOL.
¿ACASO NEWTON TUVO QUE PREOCUPARSE, 300 AÑOS ANTES DE QUE NACIERA LA FÍSICA NUCLEAR, DE CÓMO FUNCIONA EL SOL?
¿NECESITÓ SABER QUE EL SOL NO ES MÁS QUE UNA ENTRE MUCHOS TIPOS DE ESTRELLAS?
¡NO!

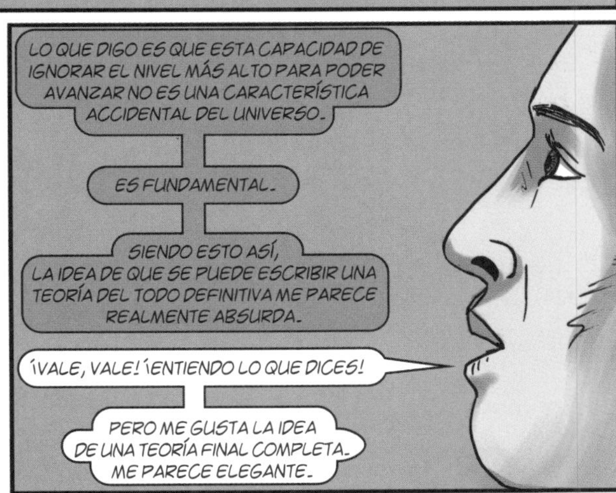
LO QUE DIGO ES QUE ESTA CAPACIDAD DE IGNORAR EL NIVEL MÁS ALTO PARA PODER AVANZAR NO ES UNA CARACTERÍSTICA ACCIDENTAL DEL UNIVERSO.
ES FUNDAMENTAL.
SIENDO ESTO ASÍ, LA IDEA DE QUE SE PUEDE ESCRIBIR UNA TEORÍA DEL TODO DEFINITIVA ME PARECE REALMENTE ABSURDA.
¡VALE, VALE! ¡ENTIENDO LO QUE DICES!
PERO ME GUSTA LA IDEA DE UNA TEORÍA FINAL COMPLETA. ME PARECE ELEGANTE.

¿DE VERAS? A MÍ NO.
ADEMÁS, LAS IDEAS ELEGANTES SUELEN SER UNA BUENA MOTIVACIÓN, PERO A VECES PUEDEN ESTAR EQUIVOCADAS.
LA NATURALEZA ACABA ENCONTRANDO UNA FORMA MÁS INTERESANTE DE HACER LAS COSAS...

VEO QUE TODO ESTO REALMENTE TE APASIONA, ¿NO?
ENTENDER CÓMO FUNCIONA EL UNIVERSO MERECE ALGO DE PASIÓN, ¿NO CREES?

ES CIERTO...
ENTONCES, ¿ESTÁS TRABAJANDO EN EL MULTIVERSO?
¿QUIERES DECIR QUE NUESTRO UNIVERSO NO ES MÁS QUE OTRA SOLUCIÓN DE UNA ECUACIÓN?
QUIZÁ, PERO...
ENTONCES, USANDO TUS PALABRAS, ¿CUÁLES SON LOS PARÁMETROS INDETERMINADOS?

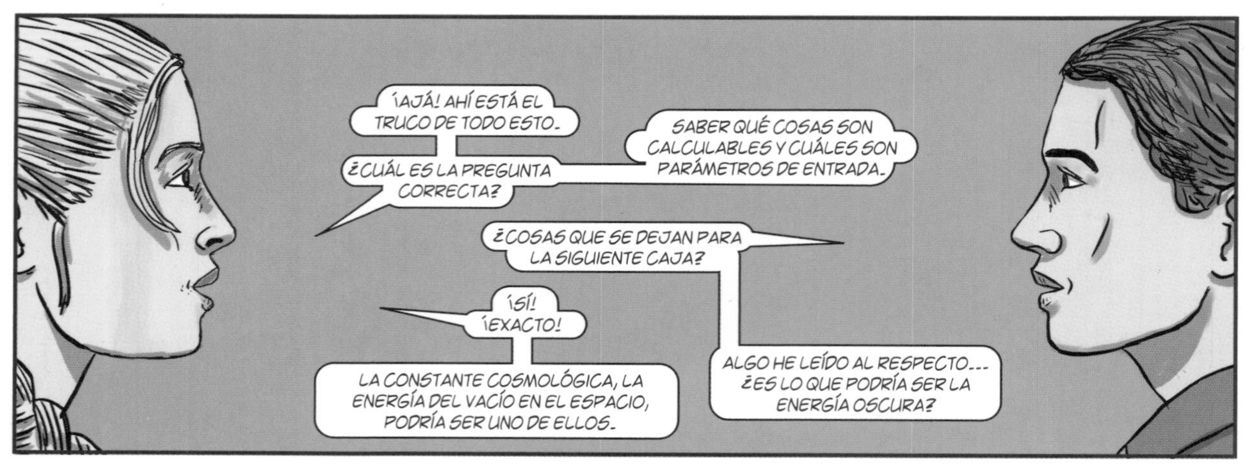
¡AJÁ! AHÍ ESTÁ EL TRUCO DE TODO ESTO.
SABER QUÉ COSAS SON CALCULABLES Y CUÁLES SON PARÁMETROS DE ENTRADA.
¿CUÁL ES LA PREGUNTA CORRECTA?
¿COSAS QUE SE DEJAN PARA LA SIGUIENTE CAJA?
¡SÍ! ¡EXACTO!
LA CONSTANTE COSMOLÓGICA, LA ENERGÍA DEL VACÍO EN EL ESPACIO, PODRÍA SER UNO DE ELLOS.
ALGO HE LEÍDO AL RESPECTO... ¿ES LO QUE PODRÍA SER LA ENERGÍA OSCURA?

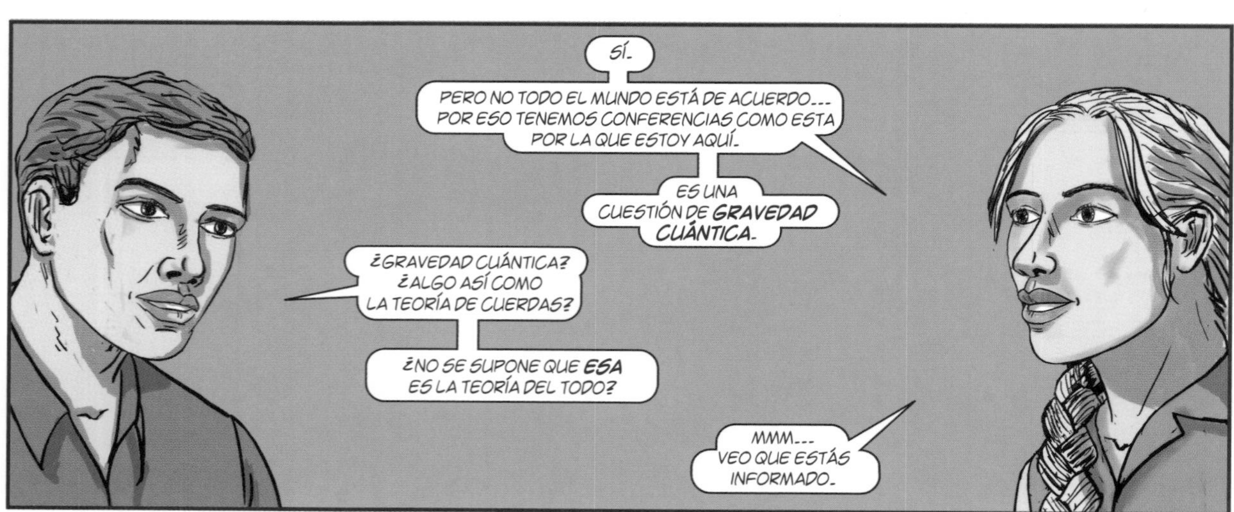
SÍ.
PERO NO TODO EL MUNDO ESTÁ DE ACUERDO... POR ESO TENEMOS CONFERENCIAS COMO ESTA POR LA QUE ESTOY AQUÍ.
ES UNA CUESTIÓN DE **GRAVEDAD CUÁNTICA**.
¿GRAVEDAD CUÁNTICA? ¿ALGO ASÍ COMO LA TEORÍA DE CUERDAS?
¿NO SE SUPONE QUE **ESA** ES LA TEORÍA DEL TODO?
MMM... VEO QUE ESTÁS INFORMADO.

BUENO, LEÍ UN ARTÍCULO SOBRE EL TEMA EL AÑO PASADO.
¡MUY BIEN!
Y TAMBIÉN SOBRE LOS BANDOS ENFRENTADOS.
¿BANDOS ENFRENTADOS?

YA SABES, UNOS QUE DICEN QUE LA TEORÍA DE CUERDAS LO ARREGLARÁ TODO, QUE ES LA TEORÍA FINAL...

Y LOS OTROS QUE DICEN QUE ES PURO CUENTO, UN CALLEJÓN SIN SALIDA...
QUE SOLO SON JUEGOS MATEMÁTICOS...
¿TÚ CREES QUE LA TEORÍA DE CUERDAS LO ARREGLARÁ TODO?

¿QUE SI CREO QUE LAS CUERDAS SON LA BOMBA?
¿CÓMO?

SON DEMASIADO PEQUEÑAS PARA SER VISIBLES Y PODER HACER COSAS EXTRAORDINARIAS.
NO ME HAGAS CASO.

MIRA, ES UN ENFOQUE MUY PROMETEDOR PARA MUCHOS INTERROGANTES SOBRE EL UNIVERSO... PERO NO HAY QUE CREER EN TEORÍAS DEL TODO PARA PENSAR QUE TIENE CIERTO VALOR.
EN CIENCIA BUSCAMOS HERRAMIENTAS ÚTILES, NO RELIGIONES.
LA TEORÍA DE CUERDAS PODRÍA SER UNA HERRAMIENTA ESENCIAL PARA ENTENDER EL SIGUIENTE NIVEL, O QUIZÁ NO, PERO NO CREO QUE HAYA MOTIVOS PARA PENSAR QUE ES LA PARADA FINAL.

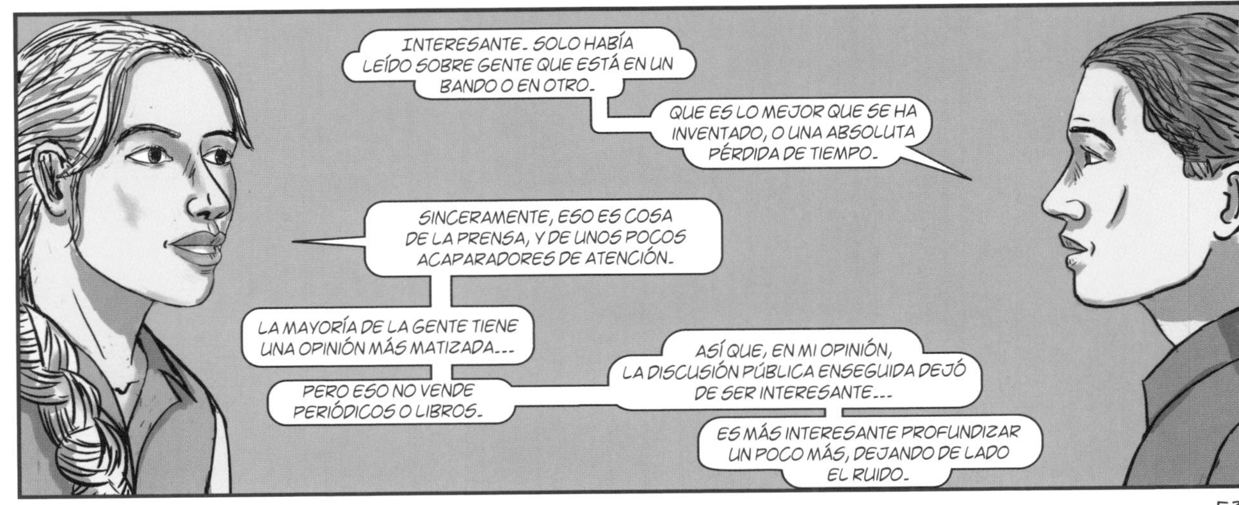
INTERESANTE. SOLO HABÍA LEÍDO SOBRE GENTE QUE ESTÁ EN UN BANDO O EN OTRO.
QUE ES LO MEJOR QUE SE HA INVENTADO, O UNA ABSOLUTA PÉRDIDA DE TIEMPO.
SINCERAMENTE, ESO ES COSA DE LA PRENSA, Y DE UNOS POCOS ACAPARADORES DE ATENCIÓN.
LA MAYORÍA DE LA GENTE TIENE UNA OPINIÓN MÁS MATIZADA...
PERO ESO NO VENDE PERIÓDICOS O LIBROS.
ASÍ QUE, EN MI OPINIÓN, LA DISCUSIÓN PÚBLICA ENSEGUIDA DEJÓ DE SER INTERESANTE...
ES MÁS INTERESANTE PROFUNDIZAR UN POCO MÁS, DEJANDO DE LADO EL RUIDO.

ENTONCES, ¿CUÁLES SON

¿SABES LO QUE DESPIERTA MI PASIÓN AHORA MISMO?

EH...

¡LA COMIDA!
TENGO HAMBRE. ¿BUSCAMOS ALGO DE COMER?

DESPUÉS QUIZÁ TE CUENTE EN QUÉ ESTOY TRABAJANDO **EN REALIDAD**.
VALE...
¿QUIERES DECIR QUE NO ES EN LOS MULTIVERSOS?
SÍ, PERO TIENE QUE VER CON POR QUÉ EN TODO LO QUE HE DICHO SOBRE UNA CANTIDAD INFINITA DE SOLUCIONES DE LAS ECUACIONES, Y DEMÁS...

PUEDE QUE FALTE UN INGREDIENTE ESENCIAL CUANDO HABLAMOS DEL UNIVERSO.
¿QUÉ INGREDIENTE?
BUENO, EN LOS CIMIENTOS DEL UNIVERSO ESTÁ LA FÍSICA CUÁNTICA.
CREO QUE ESA ES UNA PISTA IMPORTANTE.
EN FIN, YA BASTA DE FÍSICA.
NECESITO RECARGAR PILAS...

Notas

Página 45: antes de pasar a pensar en el multiverso, puede que merezca la pena leer un buen libro dedicado a la historia de la cosmología moderna y sus cimientos experimentales y observacionales: Simon Singh, *Big Bang. The Origin of the Universe*, Nueva York, HarperCollins, 2005. [Hay trad. cast.: *Big Bang. El descubrimiento científico más importante de todos los tiempos y todo lo que hay que saber acerca del mismo*, Mataró, Ediciones de Intervención Cultural, 2008.]

El multiverso sigue siendo una idea especulativa, en torno a la cual existen un debate y una discusión apasionandos tanto entre los científicos como entre quienes no lo son. Hay muchas maneras de abordar la idea del multiverso, algunas de ellas muy diferentes entre sí. Por desgracia, suele haber gran confusión sobre las distintas interpretaciones del multiverso. He aquí varias fuentes que describen adecuadamente ideas variadas sobre el multiverso y que pueden ayudar a aclarar las cosas:

Lisa Randall, *Warped Passages. Unraveling the Mysteries of the Universe's Hidden Dimensions*, Nueva York, Ecco, 2005 [hay trad. cast.: *Universos ocultos. Un viaje a las dimensiones extras del cosmos*, Barcelona, Acantilado, 2013]; John Gribbin, *In Search of the Multiverse. Parallel Worlds, Hidden Dimensions and the Ultimate Quest for the Frontiers of Reality*, Hoboken (New Jersey), Wiley, 2009; Brian Greene, *The Hidden Reality. Parallel Universes and the Deep Laws of the Cosmos*, Nueva York, Alfred A. Knopf, 2011 [hay trad. cast.: *La realidad oculta. Universos paralelos y las profundas leyes del cosmos*, Barcelona, Crítica, 2016]; Max Tegmark, *Our Mathematical Universe: My Quest for the Ultimate Nature of Reality*, Nueva York, Alfred A. Knopf, 2014 [hay trad. cast.: *Nuestro universo matemático*, Barcelona, Antoni Bosch, 2015]; David Wallace, *The Emergent Multiverse: Quantum Theory according to the Everett Interpretation*, Oxford, Oxford University Press, 2012; Alex Vilenkin, *Many Worlds in One. The Search for Other Universes*, Nueva York, Hill and Wang, 2006 [hay trad. cast.: *Muchos mundos en uno. La búsqueda de otros universos*, Barcelona, Alba, 2009]. Véanse también los ensayos breves de Martin J. Rees, Andrei Linde y Max Tegmark, entre otros, en *This Explains Everything*, John Brockman, ed., Nueva York, Harper Perennial, 2013.

Páginas 46 y 47: para más información sobre estrellas, galaxias y demás, incluidas entrevistas con toda una serie de investigadores científicos, véase Adam Frank, *Astronomy. At Play in the Cosmos*, Nueva York, W. W. Norton and Co., 2016. La primera parte del libro de Tyson, Strauss y Gott (mencionado en la nota a la página 12 del capítulo 1) también discute la física de las estrellas, incluido su ciclo vital. David y Richard Garfinkle, *Three Steps to the Universe. From the Sun to Black Holes and the Mystery of Dark Matter*, Chicago, University of Chicago Press, 2008 [hay trad. cast.: *El universo en tres pasos. Del sol a los agujeros negros y el misterio de la materia oscura*, Barcelona, Crítica, 2010], incluye un excelente resumen breve del ciclo de vida de una estrella. También será útil como lectura adicional en respaldo de otros aspectos de la física y otras ideas que aparecerán más adelante en este libro. Otro más avanzado dedicado por completo a la física de las estrellas es: Kenneth R. Lang, *The Life and Death of Stars*, Cambridge (Reino Unido), Cambridge University Press, 2013.

Página 46 (viñetas 1-3): véase esta celebración de la diversidad de formas en el mundo: Dr. Seuss, *One Fish, Two Fish, Red Fish, Blue Fish*, Nueva York, Random House, 1960. [Hay trad. cast.: *Un pez, dos peces, pez rojo, pez azul*, Barcelona, Beascoa, 2015.]

Páginas 48-50: hoy se habla tanto de la idea de la búsqueda de una «teoría del todo» que es comprensible que la gente crea que tal cosa sin duda existe. Se ha convertido en una idea tan popular (ayudada por la intensa cobertura en prensa de una reducida selección de campos de investigación, así como por las décadas de éxito de la aventura de la física de partículas) que ya no está claro si la gente (físicos profesionales incluidos) se detiene a pensar lo que eso significaría, o si todo el mundo está de acuerdo en qué se entiende realmente por una teoría del todo. Lo cierto es que nadie sabe si una teoría así existe. Desde una perspectiva histórica, ha sido objeto de acalorado debate, y puede que vuelva a serlo (más allá de la discusión de café de este capítulo). Para una discusión seria (a pesar de los años transcurridos) de la idea de encontrar una teoría del todo, o «teoría final», y también sobre la del multiverso, véase: Steven Weinberg, *Dreams of a Final Theory*, Nueva York, Pantheon Books, 1992. [Hay trad. cast.: *El sueño de una teoría final. La búsqueda de las leyes fundamentales de la naturaleza*, Barcelona, Crítica, 2001.]

Página 52: la energía oscura y la constante cosmológica (o «energía del vacío») se discuten en algunas de las varias referencias sobre el multiverso que se citan antes, en las notas para la página 45; véanse, por ejemplo, Randall, Greene y Vilenkin. Reaparecerá en el capítulo 9. Se hará referencia de nuevo a la gravedad cuántica en los capítulos 6-10. Las sugerencias de lectura que allí se ofrecen empiezan con las notas del capítulo 6. La teoría de cuerdas es uno de entre varios enfoques sobre la gravedad cuántica. Hasta hoy no se sabe si alguno de ellos describen la naturaleza.

Página 53 (viñetas 3 y 4): se puede leer lo que se dice sobre Little Cat Z y lo que tiene bajo su sombrero en Dr. Seuss, *The Cat in the Hat Comes Back*, Nueva York, Random House, 1958. [Hay trad. cast.: *El gato con sombrero viene de nuevo*, Lyndhurst (New Jersey), Lectorum Publications, 2003.]

Página 53 (viñeta 6): «Profundizar un poco más, dejando de lado el ruido». Véanse, por ejemplo, todos los trabajos que se mencionan en la conversación del capítulo 9.

Páginas 52 y 53: una discusión excelente y matizada de la investigación en teoría de cuerdas, que incluye algunos de los argumentos relativos a varios enfoques alternativos al problema que aquella intenta abordar, aparece en Joseph Conlon, *Why String Theory?*, Londres, CRC Press, 2015. Hay disponibles una buena cantidad de libros con muchas explicaciones de la teoría de cuerdas, y Brian Greene, *The Elegant Universe. Superstringer, Hidden Dimensions, and The Quest Far the Ultimate Theory*, Nueva York, W. W. Norton & Co., 1999 [hay trad. cast.: *El universo elegante. Supercuerdas, dimensiones ocultas y la búsqueda de una teoría definitiva*, Barcelona, Crítica, 2005], sigue siendo una excelente introducción para no expertos. Un libro breve y claro para no expertos que incluye algunos de los descubrimientos modernos esenciales (como las dualidades, las D-branas, etc.) y la descripción de sus aplicaciones es: Steven S. Gubser, *The Little Book of String Theory*, Princeton (New Jersey), Princeton University Press, 2010. El siguiente presenta el punto de vista de alguien que no es físico, y sirve como introducción sumamente accesible a algunas de las ideas de la teoría de cuerdas: George Musser, *The Complete Idiot's Guide to String Theory*, Londres, Alpha, 2008. Una interesante historia de la teoría de cuerdas, con varias entrevistas y observaciones, es Dean Rickles, *A Brief History of String Theory. From Dual Models to M-Theory*, Berlín, Springer-Verlag, 2014.

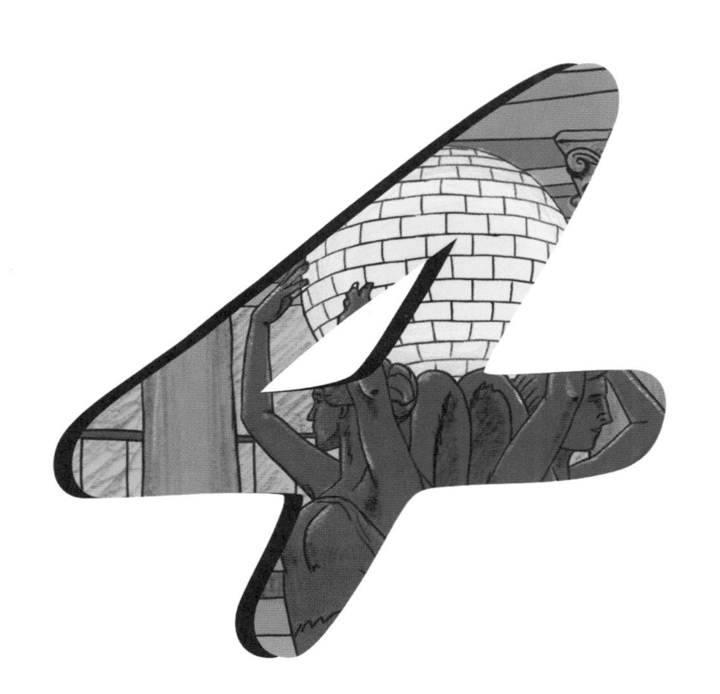

TODO TIENE QUE VER CON CÓMO SE CREAN LOS CAMPOS ELÉCTRICOS Y MAGNÉTICOS...
UN MOMENTO...
LOS CAMPOS SON COMO ESAS LÍNEAS QUE LA GENTE DIBUJA PARA MOSTRAR LAS FUERZAS QUE EXPERIMENTAN LOS ELECTRONES, ¿NO?
LOS RECUERDO DE CLASE.
SÍ, MÁS O MENOS.
NO SOLO LOS ELECTRONES, SINO TAMBIÉN CUALQUIER PARTÍCULA CARGADA.
¿EXISTEN REALMENTE ESAS LÍNEAS?
BUENO, LOS CAMPOS SE CONSIDERAN EFECTOS FÍSICOS REALES.
PUEDEN DESPLAZARSE, VARIAR, Y DEMÁS.
PERO ¿Y LAS LÍNEAS? ¿SON REALES?
LAS LÍNEAS SON UN POCO COMO LAS CURVAS DE NIVEL DE UN MAPA...
REFLEJAN LA INTENSIDAD DEL CAMPO Y LA DIRECCIÓN EN LA QUE EMPUJARÁ UNA PARTÍCULA.
CIENCIA

COMO LAS CURVAS DE NIVEL DE UN PAISAJE EN UN MAPA,
ESAS LÍNEAS NO SON REALES...

PERO AYUDAN A DEDUCIR LA UBICACIÓN DE LOS BARRANCOS MÁS ABRUPTOS...
LAS COLINAS MÁS ELEVADAS, EL VALLE MÁS PROFUNDO.
TODAS COSAS REALES.

¡OOOH!
NO SABÍA QUE ERA COMO UN MAPA TOPOGRÁFICO...

¡LOS USO SIEMPRE PARA HACER SENDERISMO!

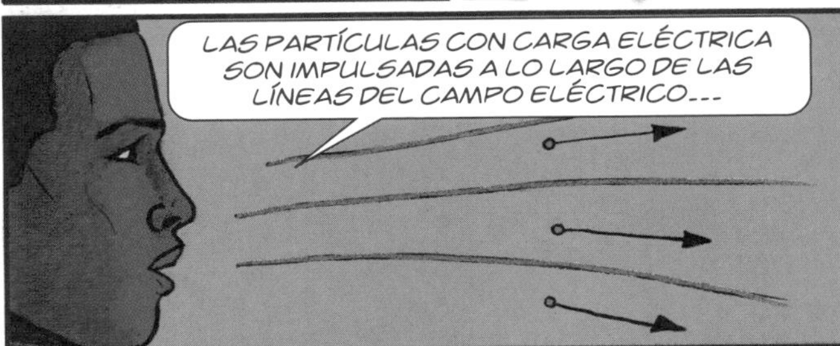
LAS PARTÍCULAS CON CARGA ELÉCTRICA SON IMPULSADAS A LO LARGO DE LAS LÍNEAS DEL CAMPO ELÉCTRICO...

Y TRAZAN ESPIRALES ALREDEDOR DE LAS LÍNEAS DEL CAMPO MAGNÉTICO.
CUANTO MÁS RÁPIDO SE MUEVEN, MÁS COMPACTA ES LA ESPIRAL...

ES UN POCO DISTINTO DE LO QUE LEEMOS EN UN MAPA PARA LA GRAVEDAD
PERO LA IDEA ES LA MISMA:
LAS LÍNEAS SON UNA GUÍA PARA UN CAMPO, QUE ES UN ELEMENTO FÍSICO REAL.

PERO HAY MENOS DIAGRAMAS DE CAMPOS ELÉCTRICOS Y MAGNÉTICOS QUE MAPAS TOPOGRÁFICOS.

CIERTO.
AUNQUE ALGUNO QUE OTRO SÍ SE VE.

NOS PROTEGE DE LAS TORMENTAS SOLARES COMPUESTAS POR UNA LLUVIA DE PARTÍCULAS CARGADAS PRODUCIDAS POR EL SOL.
UN ESTUPENDO EJEMPLO Y ADEMÁS ENORME ES EL CAMPO MAGNÉTICO TERRESTRE.
¿NOS PROTEGE?
¿CÓMO UN CAMPO DE FUERZA DE CIENCIA FICCIÓN?
SÍ...
AUNQUE LA NATURALEZA LO INVENTÓ ANTES.
LAS PARTÍCULAS CARGADAS DESCRIBEN ESPIRALES A LO LARGO DE LAS LÍNEAS DEL CAMPO MAGNÉTICO
Y ACABAN EN ALGUNO DE LOS DOS POLOS.
ALLÍ CAEN EN CASCADA EN NUESTRA ATMÓSFERA.
Y LA COLISIÓN HACE QUE LAS MOLÉCULAS DE AIRE RESPLANDEZCAN, CREANDO LO QUE SE LLAMA...
¡AH!
¡UNA AURORA BOREAL!
¡EXACTAMENTE!
POR ESO OCURREN SOBRE TODO EN LOS POLOS NORTE Y SUR.
EL CAMPO MAGNÉTICO LAS DESVÍA HACIA ALLÍ, Y DESVÍA MUCHAS OTRAS MÁS HASTA ALEJARLAS POR COMPLETO DE LA TIERRA.
ASOM-BROSO...
EN FIN. LO QUE IBA A DECIR ES QUE LAS ECUACIONES DE MAXWELL NOS DICEN EXACTAMENTE CÓMO ESTÁN COMPUESTOS ESOS CAMPOS.
¡MUÉSTRAME CÓMO!

¿LA t ES EL TIEMPO?

SÍ.

$$\nabla \cdot E = 0 \qquad \nabla \cdot B = 0$$

$$\nabla \times E = -\frac{\partial B}{\partial t} \qquad \nabla \times B = \frac{\partial E}{\partial t}$$

AQUÍ LO TIENES.

ESTO NOS DICE CÓMO ESTÁN RELACIONADOS ENTRE SÍ EL CAMPO ELÉCTRICO Y EL MAGNÉTICO.

¿EN SERIO?

¿CÓMO SE LEE ESO? ¿QUÉ SIGNIFICA EL TRIÁNGULO?

BUENA PREGUNTA.
ÉL NOS DA LA FORMA DE E Y B.
Y LAS ECUACIONES NOS DICEN CÓMO CAMBIA.
¿LA FORMA PUEDE CAMBIAR?

SÍ.
LA FORMA EN QUE LAS LÍNEAS ENCAJAN PUEDE CAMBIAR.
SERÍA COMO SI EL PAISAJE DE COLINAS Y VALLES SE MOVIESE A NUESTRO ALREDEDOR EN NUESTRO MAPA TOPOGRÁFICO.

SERÍA UNA LOCURA...
PERO ¿QUÉ HACE QUE LA FORMA CAMBIE?
ESO ES LO QUE LAS ECUACIONES NOS DICEN.
TODO ESTÁ CODIFICADO AL DETALLE EN LA PÁGINA.
MIRA.

CUANDO EL TRIÁNGULO CONECTA CON E O B USANDO UN PUNTO
DICE CUÁNTA DIFUSIÓN HAY EN LA FORMA. COMO UN ERIZO.
$\nabla \cdot E$

Y CUANDO CONECTA CON UNA CRUZ
DICE CUÁNTO REMOLINO HAY EN LA FORMA. COMO UN TORNADO.
$\nabla \times E$

MMM...
QUIZÁ SÍ SEA COMO DIBUJAR Y PINTAR.

ENTIENDO QUE LO QUE CONTIENE UNA t ES UNA ESPECIE DE VELOCIDAD.
SÍ, PUEDES ENTENDERLO COMO LA FORMA DEL CAMPO A LO LARGO DEL TIEMPO.
$\frac{\partial B}{\partial t}$
PERO COMO EL TIEMPO ES UNA DIMENSIÓN
LA FORMA AQUÍ SIGNIFICA INCREMENTO O DISMINUCIÓN CON EL PASO DEL TIEMPO.

¿Y QUÉ MÁS?
ESO ES TODO.
¿ESO ES TODO?
ESO ES TODO LO QUE NECESITAMOS PARA INTERPRETARLAS.

¿DE VERDAD?

¿QUÉ SIGNIFICA ESE CÍRCULO?
$\nabla \cdot E=0$ $\nabla \cdot B$

TÚ LO SABES...

¡ES UN CERO!
MMM...
¡VALE!

¿Y DÓNDE ESTÁ LA BELLEZA?
SE VE EN LA PROPIA DISPOSICIÓN DE LA PÁGINA
Y EN LAS RELACIONES ENTRE ELEMENTOS.

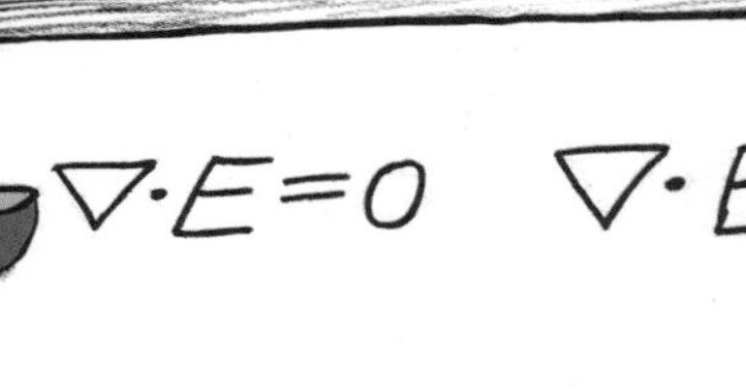
EN LA PRIMERA LÍNEA VEMOS QUE TANTO AL CAMPO ELÉCTRICO COMO AL MAGNÉTICO LES OCURRE LO MISMO.
$\nabla \cdot E=0$ $\nabla \cdot B=0$
¡ESO YA ES BONITO!

ESPERA...
ESO ES...
NO.
SIN MIEDO.

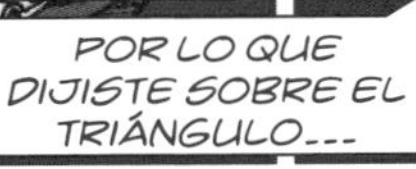

POR LO QUE DIJISTE SOBRE EL TRIÁNGULO...
ESO SIGNIFICA QUE NADA SE DESPLIEGA COMO UN ERIZO, NI E NI B.
¡EXACTO!

PERO RECUERDO DEL INSTITUTO QUE SÍ SE DESPLEGABAN... ¿NO?
ESO LO VEREMOS MÁS ADELANTE.

VALE...
¡¿ME LA HAS INTENTADO COLAR?!
¡NO! ¡NO! SOLO VOY PASO A PASO.

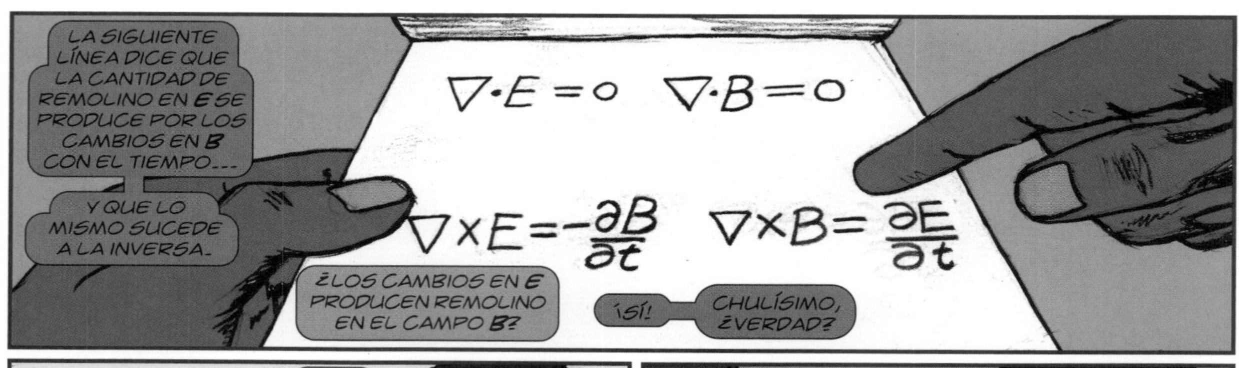
LA SIGUIENTE LÍNEA DICE QUE LA CANTIDAD DE REMOLINO EN E SE PRODUCE POR LOS CAMBIOS EN B CON EL TIEMPO...
Y QUE LO MISMO SUCEDE A LA INVERSA.
$\nabla \cdot E = 0 \quad \nabla \cdot B = 0$
$\nabla \times E = -\frac{\partial B}{\partial t} \quad \nabla \times B = \frac{\partial E}{\partial t}$
¿LOS CAMBIOS EN E PRODUCEN REMOLINO EN EL CAMPO B?
¡SÍ!
CHULÍSIMO, ¿VERDAD?

¿POR QUÉ?
HASTA FINALES DEL SIGLO XIX, LA ELECTRICIDAD Y EL MAGNETISMO PARECÍAN MUY DISTINTOS.

LAS ECUACIONES DEMUESTRAN QUE ESTÁN A LA PAR
¡COMO SE DESCUBRIÓ EN LOS EXPERIMENTOS!

ELECTRICIDAD Y MAGNETISMO...
E
B

... PASARON A SER ELECTROMAGNETISMO.
¡UNIFICADOS!

¡TODO ESTÁ EN LAS ECUACIONES!
YA VEO.
¡SÍ QUE ES ASOMBROSO!
SABES...

... CUANDO PIENSO EN LA SIMETRÍA COMO UN ASPECTO DE LA BELLEZA, PIENSO EN ESTO...

HAY QUIEN DIRÍA QUE ES BELLA PORQUE SU ROSTRO POSEE SIMETRÍA...

AMBAS MITADES ESTÁN EQUILIBRADAS.

ENTIENDO...

PERO EL MUNDO REAL NO ES TAN SENCILLO.

COMO EL EQUILIBRIO ENTRE **E** Y **B**.

ESTO ES PARTE DE LO QUE QUIERO DECIR CON QUE UNA ECUACIÓN ES BELLA.

ALGUNAS PERSONAS PIENSAN QUE ESTA MUJER SERÍA AÚN MÁS BELLA CON UNA LIGERA IMPERFECCIÓN, COMO UN LUNAR...
ASÍ.

CASI COMO SI LA IMPERFECCIÓN SIRVIESE PARA LLAMAR MÁS LA ATENCIÓN SOBRE LA SIMETRÍA.
SÍ, LA GENTE ES EXTRAÑA.

¡JA!
LA BUENA NOTICIA ES QUE LA FÍSICA TAMBIÉN TIENE QUE VER CON EL MUNDO REAL, Y LAS ECUACIONES TAMBIÉN TIENEN UN LUNAR.
¿QUÉ?

LOS LUNARES SON LAS PARTÍCULAS CON CARGA.
NO HACES MÁS QUE HABLAR DE PARTÍCULAS CON CARGA. ¿DE QUÉ TIPO?
COMO LOS ELECTRONES...
YA SABES, LA PARTÍCULA RESPONSABLE EN GRAN MEDIDA DE LA QUÍMICA, O DE LA ELECTRÓNICA.
¿LUNARES?
PRESIENTO QUE SE ACERCA UNA METÁFORA RETORCIDA.
NO, NO...
BUENO, MIRA...

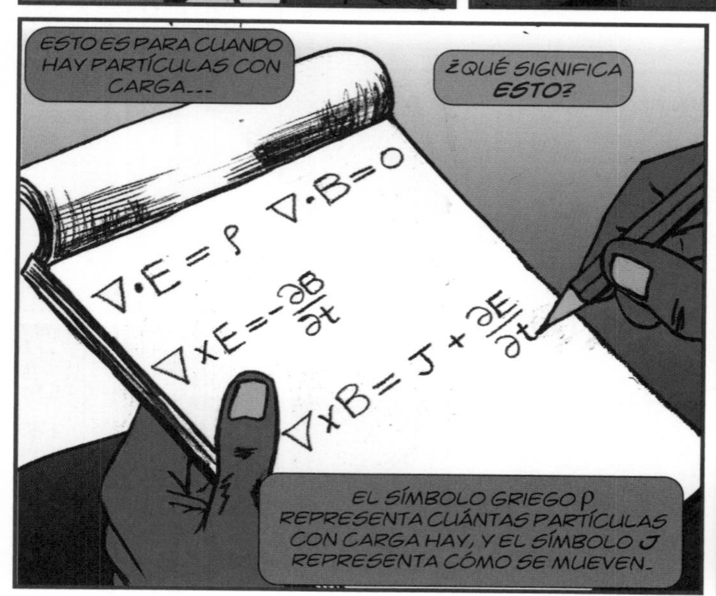
ESTO ES PARA CUANDO HAY PARTÍCULAS CON CARGA...
¿QUÉ SIGNIFICA ESTO?
∇·E = ρ
∇·B = 0
∇×E = -∂B/∂t
∇×B = J + ∂E/∂t
EL SÍMBOLO GRIEGO ρ REPRESENTA CUÁNTAS PARTÍCULAS CON CARGA HAY, Y EL SÍMBOLO J REPRESENTA CÓMO SE MUEVEN.

LA SIMETRÍA DE LAS ECUACIONES SE DESHACE CUANDO HAY PARTÍCULAS CON CARGA.
¿EL EQUILIBRIO ENTRE E Y B SE PIERDE?

SÍ. LA DISPERSIÓN DE E YA NO ES CERO...
POR LO QUE LAS LÍNEAS PUEDEN DISPERSARSE...
...COMO QUIZÁ RECORDASES DEL COLEGIO, O DE DONDE FUERA.
$\nabla \cdot E = \rho$
SE DEBE A QUE UNA PARTÍCULA CON CARGA ELÉCTRICA ACTÚA COMO FUENTE DE LAS LÍNEAS DE CAMPO ELÉCTRICO.

EL ERIZO DENTRO DE LAS PÚAS.
SI LO PREFIERES...
ENTONCES LAS ECUACIONES NO SON SIMÉTRICAS.
ASÍ QUE NO SON TAN BELLAS COMO DECÍAS...
EL TRUCO ESTÁ EN BUSCAR NO SOLO LA BELLEZA, LA SIMETRÍA, SINO EN VER CÓMO **SE ROMPE**.
BUSCAMOS LO CUASI SIMÉTRICO.
LO DIFÍCIL EN FÍSICA SUELE SER EQUILIBRAR AMBAS COSAS.

CREÍ QUE LO IMPORTANTE ERA BUSCAR SIMETRÍA, NO CUASI SIMETRÍA.
¿ESTO DICE ALGO DE LA IMPERFECCIÓN DE LA NATURALEZA?
¿QUE NUNCA SE PUEDE ENCONTRAR SIMETRÍA?

NO.
AL CONTRARIO.
SE TRATA MÁS BIEN DE DARSE CUENTA DE QUE MUCHAS DE LAS COSAS QUE VEMOS EN LA NATURALEZA SON EL RESULTADO DE UNA SIMETRÍA ROTA.
¡PERO ESE ROMPIMIENTO ES LA PARTE MÁS INTERESANTE!

DEMASIADA SIMETRÍA NO PERMITE LA CLASE DE COMPLEJIDAD QUE NOS RODEA.
NI SIQUIERA EXISTIRÍAMOS DE NO SER POR LA SIMETRÍA ROTA.
POR EJEMPLO, ¿HAS OÍDO EN LAS NOTICIAS SOBRE EL EXPERIMENTO INTERNACIONAL EN EUROPA QUE DESCUBRIÓ LA PARTÍCULA DE HIGGS?
¿EL GRAN COLISIONADOR DE HADRONES?
SÍ.
LA PAR...
¡NO LO DIGAS!
¿QUÉ?
POR FAVOR, NO USES ESE NOMBRE ESTÚPIDO.
¿DE DIOS?
HIGGS.
VALE. ¿EL HIGGS PROPORCIONA LA MASA A TODAS LAS COSAS?
MÁS O MENOS. EN REALIDAD, LES DA MASA A LAS PARTÍCULAS ELEMENTALES QUE COMPONEN TODAS LAS COSAS...

ES UNA HISTORIA DE SIMETRÍA ROTA, PRINCIPALMENTE.
LA IDEA ES QUE ENTENDEMOS LA MASA DE LOS COMPONENTES DEL UNIVERSO EN FUNCIÓN DE UNA SIMETRÍA ROTA.
¿QUÉ SE ROMPIÓ?
LA SITUACIÓN EN LA QUE NINGUNA DE LAS PARTÍCULAS ELEMENTALES TIENE MASA ES EN REALIDAD UNA BELLA Y SIMÉTRICA.
ES MÁS COMPLICADO, PERO ESE ES UN ASPECTO CLAVE.
ENTIENDO.

LA SIMETRÍA DEBÍA ROMPERSE PARA QUE APARECIESEN COSAS INTERESANTES.
DESPUÉS, EN ALGÚN MOMENTO DE LA VIDA DEL UNIVERSO, ALGUNAS DE ELLAS ADQUIRIERON MASA, AL INTERACTUAR CON LA PARTÍCULA DE HIGGS, Y ESO ACABÓ DANDO LUGAR A LO QUE SOMOS AHORA.
¿COMO LA VIDA?
DE HECHO LA VIDA TAL Y COMO LA CONOCEMOS.

MMM...
ENTONCES UNA HISTORIA ALTERNATIVA DE LA CREACIÓN SERÍA QUE DIOS CREÓ UN UNIVERSO PERFECTO CON TODA ESA SIMETRÍA...
Y DESPUÉS SATÁN DESTRUYÓ LA PERFECCIÓN AL ROMPER LA SIMETRÍA.
¡JA, JA! VALE, ENTRARÉ AL TRAPO...
ASÍ QUE DIOS LO EXPULSÓ...
AUNQUE ERA RESPONSABLE DE TODA LA ESTRUCTURA QUE DIOS NECESITABA PARA CREAR EL MUNDO.
SÍ. ¡ESTUPENDO!
SATÁN LANZÓ LA REBELIÓN PORQUE RECHAZABA LA IDEA DE QUE DIOS TUVIESE AUTORIDAD SOBRE ÉL.
QUIZÁ SABÍA QUE LE HABÍA DADO A DIOS LA CLAVE PARA CREAR COSAS: LA RUPTURA DE SIMETRÍA.
QUIZÁ NO LO SABÍA.
QUIZÁ TUVO QUE ROMPER LA SIMETRÍA. ESTABA EN SU NATURALEZA. NO TUVO ELECCIÓN.
O QUIZÁ **HICIESE LO QUE HICIESE**, HABRÍA RESULTADO EN UNA RUPTURA DE SIMETRÍA.
LAS COSAS ESTABAN DISPUESTAS ASÍ...

¿CÓMO LLAMAMOS A ESTE NUEVO POEMA ÉPICO?
¿«SIMETRÍA ROTA»?
¡JA, JA!
AL QUE SEGUIRÁ UNA SECUELA TITULADA
«SIMETRÍA REPARADA».

CREO QUE NOS ESTAMOS PRECIPITANDO.
¡NO TENEMOS NI EL PRIMER VERSO DEL POEMA!
¿POEMA?
YO DEBERÍA ESTAR EXPLICÁNDOTE POR QUÉ LA VELOCIDAD DE LA LUZ ES ESPECIAL.

CIERTO...
NOS DISTRAJIMOS CON LA CONEXIÓN METAFÓRICA ENTRE LUNARES Y PARTÍCULAS.
¿CÓMO SUCEDIÓ?

EN REALIDAD...
¿QUÉ?
DA IGUAL.

HAY SITUACIONES EN LAS QUE NO HAY PARTÍCULAS, POR LO QUE NO SE NECESITAN LAS PARTES QUE AÑADÍ
Y ENTONCES SÍ TENEMOS SIMETRÍA...

ESPERA.
¿QUÉ?

¡ES COMO BORRAR EL LUNAR!
¿NO PUEDO REEQUILIBRAR LA IMAGEN PONIENDO UN LUNAR EN EL OTRO LADO?

PUES SÍ.
UN MOMENTO... ES COMO...
¿DOS ELECTRONES?
NO...

ES...
ESPERA.
OTRO... TIPO DE ELECTRÓN.
QUE DE ALGUNA MANERA HACE QUE LOS CAMPOS B SE DIFUNDAN...
¡CREO!
B

¡EH, SE TE DA BIEN LO DE DETECTAR PATRONES!
HAS DESCUBIERTO...
¿LA ANTIMATERIA?

NO...
UNA PARTÍCULA LLAMADA **MONOPOLO MAGNÉTICO**
QUE TIENE CARGA MAGNÉTICA EN LUGAR DE ELÉCTRICA.
¡OH!
PERO NADIE HA VISTO NINGUNO
HASTA AHORA.

POR ALGÚN MOTIVO, LA NATURALEZA O BIEN LOS HA OCULTADO O BIEN HA PREFERIDO NO USAR EN ABSOLUTO ESTA HERMOSA POSIBILIDAD.
AQUÍ HAY UNA HISTORIA INTERESANTE.

PERO IMPRESIONA QUE DEDUZCAS ESA POSIBILIDAD A PARTIR DE LAS ECUACIONES.
ASÍ ES COMO, A MENUDO, RAZONAMIENTOS QUE USAN LA SIMETRÍA DAN LUGAR A DESCUBRIMIENTOS.
¡GRACIAS!
SI HUBIESE SABIDO QUE SE PODÍAN AVERIGUAR TANTAS COSAS RAZONANDO EN IMÁGENES, HABRÍA ESTUDIADO FÍSICA.
RAZONAR EN IMÁGENES ES UNA DE NUESTRAS HERRAMIENTAS DE DESCUBRIMIENTO MÁS POTENTES.

NO TENÍA NI IDEA.

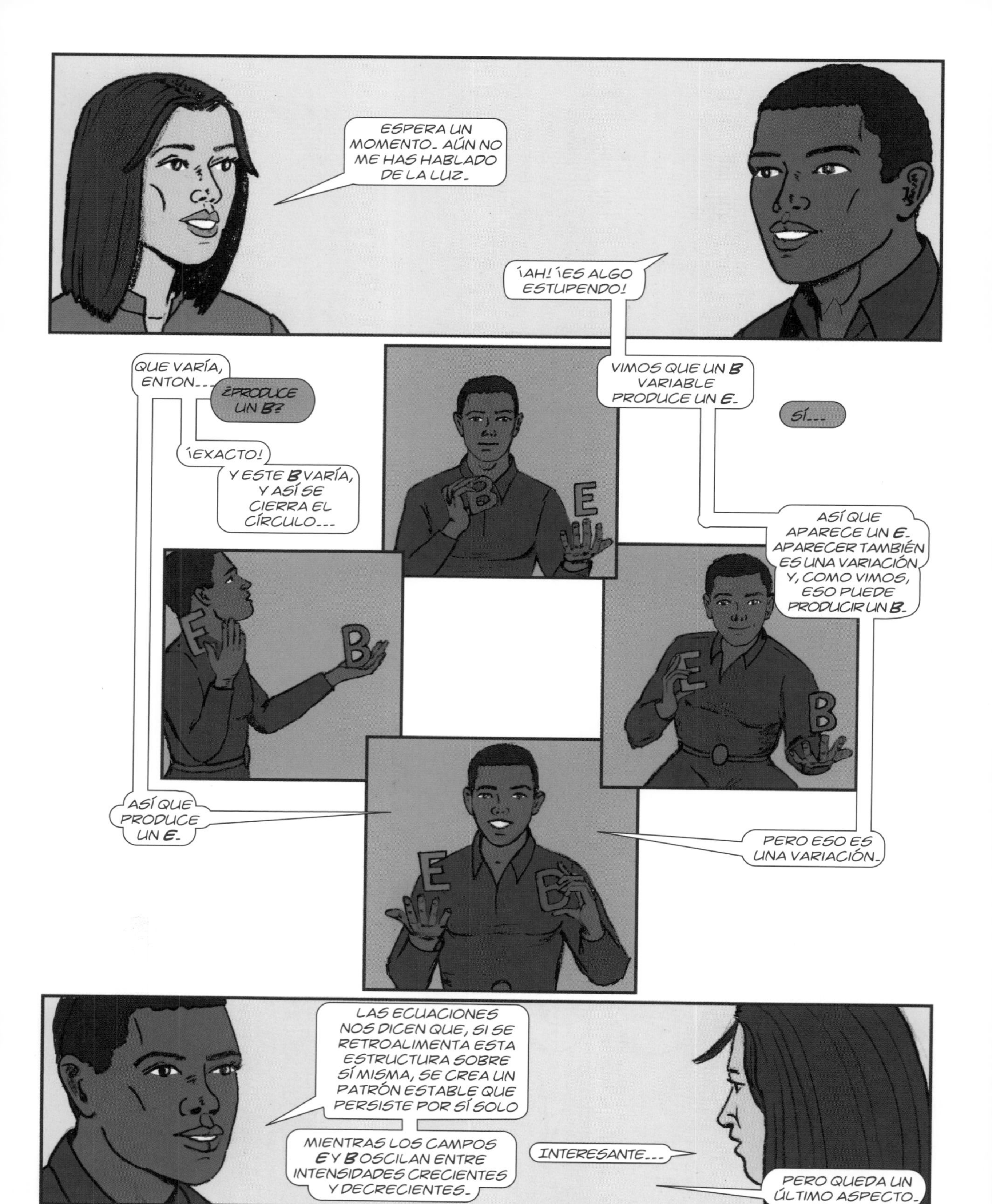

ESPERA UN MOMENTO. AÚN NO ME HAS HABLADO DE LA LUZ.
¡AH! ¡ES ALGO ESTUPENDO!
VIMOS QUE UN B VARIABLE PRODUCE UN E.
SÍ...
ASÍ QUE APARECE UN E. APARECER TAMBIÉN ES UNA VARIACIÓN Y, COMO VIMOS, ESO PUEDE PRODUCIR UN B.
PERO ESO ES UNA VARIACIÓN.
ASÍ QUE PRODUCE UN E.
QUE VARÍA, ENTON...
¿PRODUCE UN B?
¡EXACTO!
Y ESTE B VARÍA, Y ASÍ SE CIERRA EL CÍRCULO...
LAS ECUACIONES NOS DICEN QUE, SI SE RETROALIMENTA ESTA ESTRUCTURA SOBRE SÍ MISMA, SE CREA UN PATRÓN ESTABLE QUE PERSISTE POR SÍ SOLO
MIENTRAS LOS CAMPOS E Y B OSCILAN ENTRE INTENSIDADES CRECIENTES Y DECRECIENTES.
INTERESANTE...
PERO QUEDA UN ÚLTIMO ASPECTO.

E
B
RESULTA QUE ESTO SOLO FUNCIONA CON LA CONDICIÓN DE QUE TODO EL CIRCO QUE ACABO DE DESCRIBIR...

E
B
...AVANCE A MEDIDA QUE OSCILA.

¿ESO NO ES COMO UNA ONDA?
¡EXACTO!

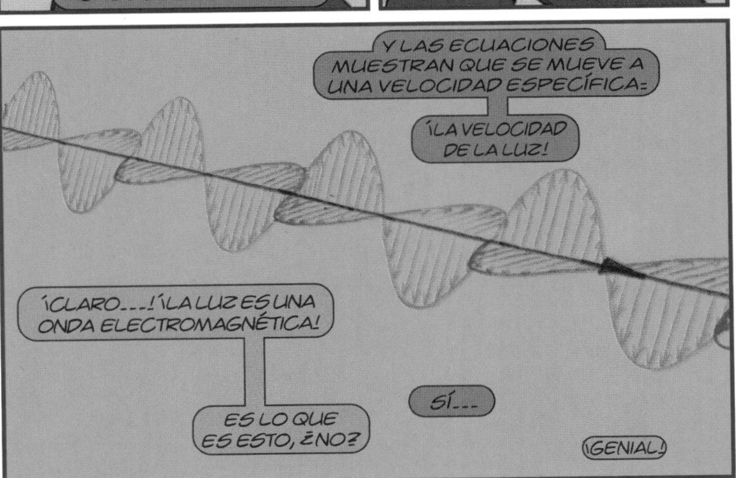
Y LAS ECUACIONES MUESTRAN QUE SE MUEVE A UNA VELOCIDAD ESPECÍFICA.
¡LA VELOCIDAD DE LA LUZ!
¡CLARO...! ¡LA LUZ ES UNA ONDA ELECTROMAGNÉTICA!
ES LO QUE ES ESTO, ¿NO?
SÍ...
¡GENIAL!

ES UNA CONSECUENCIA DE LA SIMETRÍA ENTRE ELECTRICIDAD Y MAGNETISMO QUE LAS ECUACIONES POSEEN EN ESTA SITUACIÓN.
CUANDO LA SIMETRÍA SE ROMPE, ¿DESAPARECE?
SÍ. SI HAY MUCHAS PARTÍCULAS CON CARGA...

COMO DENTRO DE UN METAL...
O DURANTE LOS PRIMEROS AÑOS DEL UNIVERSO, DE HECHO...
¡¿EN SERIO?!

¿EL UNIVERSO ESTABA **A OSCURAS** POR UNA SIMETRÍA ROTA?
DURANTE UN TIEMPO, SÍ...
MMM
¡MÁS MATERIAL PARA UN POEMA ÉPICO!

¿UN VINO?

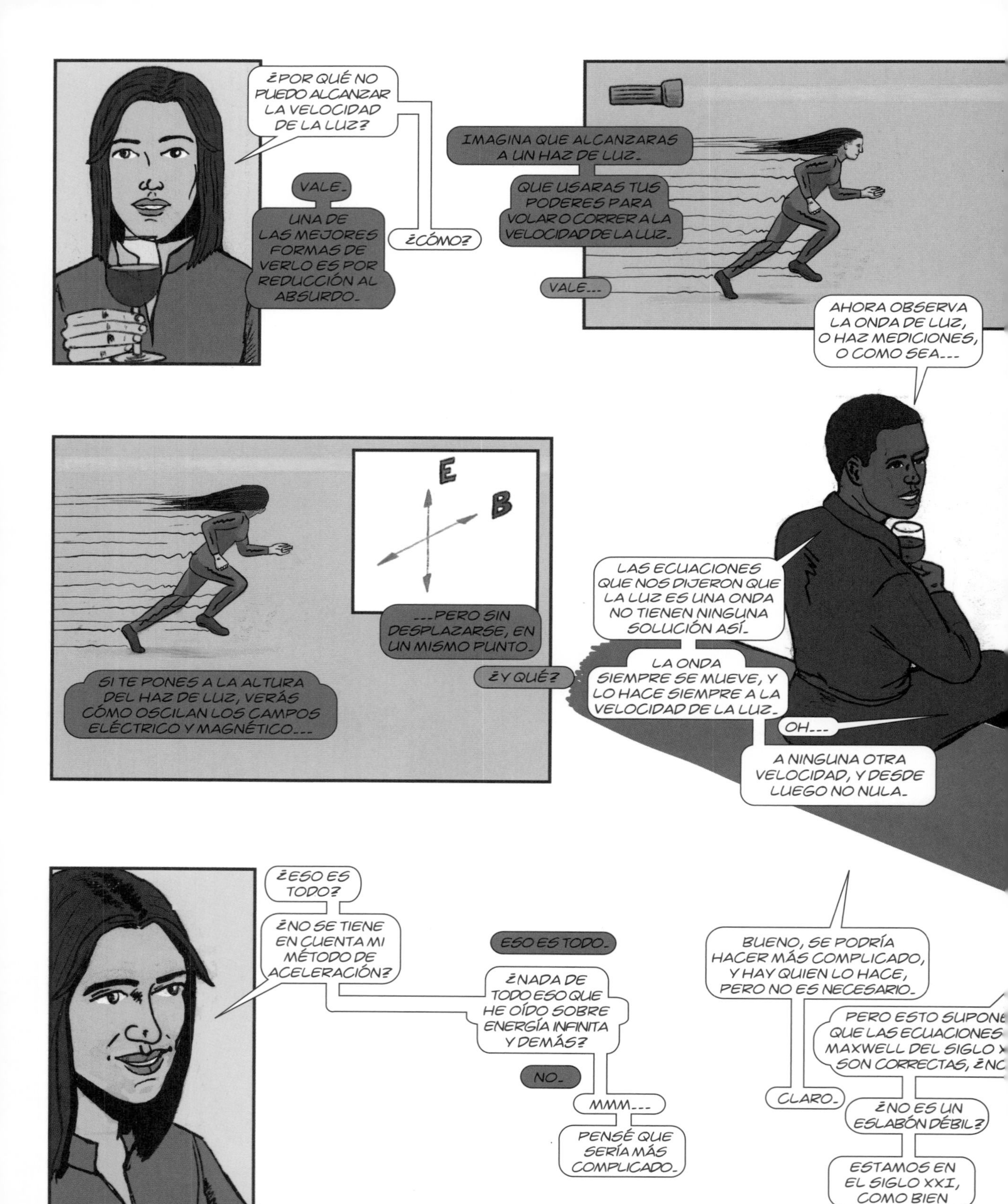
¿POR QUÉ NO PUEDO ALCANZAR LA VELOCIDAD DE LA LUZ?
VALE.
UNA DE LAS MEJORES FORMAS DE VERLO ES POR REDUCCIÓN AL ABSURDO.
¿CÓMO?
IMAGINA QUE ALCANZARAS A UN HAZ DE LUZ.
QUE USARAS TUS PODERES PARA VOLAR O CORRER A LA VELOCIDAD DE LA LUZ.
VALE...
AHORA OBSERVA LA ONDA DE LUZ, O HAZ MEDICIONES, O COMO SEA...
E
B
SI TE PONES A LA ALTURA DEL HAZ DE LUZ, VERÁS CÓMO OSCILAN LOS CAMPOS ELÉCTRICO Y MAGNÉTICO...
...PERO SIN DESPLAZARSE, EN UN MISMO PUNTO.
¿Y QUÉ?
LAS ECUACIONES QUE NOS DIJERON QUE LA LUZ ES UNA ONDA NO TIENEN NINGUNA SOLUCIÓN ASÍ.
LA ONDA SIEMPRE SE MUEVE, Y LO HACE SIEMPRE A LA VELOCIDAD DE LA LUZ.
OH...
A NINGUNA OTRA VELOCIDAD, Y DESDE LUEGO NO NULA.
¿ESO ES TODO?
¿NO SE TIENE EN CUENTA MI MÉTODO DE ACELERACIÓN?
ESO ES TODO.
¿NADA DE TODO ESO QUE HE OÍDO SOBRE ENERGÍA INFINITA Y DEMÁS?
NO.
MMM...
PENSÉ QUE SERÍA MÁS COMPLICADO.
BUENO, SE PODRÍA HACER MÁS COMPLICADO, Y HAY QUIEN LO HACE, PERO NO ES NECESARIO.
CLARO.
PERO ESTO SUPON
QUE LAS ECUACIONES
MAXWELL DEL SIGLO X
SON CORRECTAS, ¿NO
¿NO ES UN ESLABÓN DÉBIL?
ESTAMOS EN EL SIGLO XXI, COMO BIEN SABES.

ES COMO SI ESTUVIESES SOSTENIENDO ESA COPA DE VINO MIENTRAS VAS EN UN AVIÓN.
SE MUEVE A 800 KM POR HORA, PERO TÚ TAMBIÉN, POR LO QUE ESTÁ ESTACIONARIA DESDE TU PUNTO DE VISTA.
VALE, VALE.
YO ESTARÉ ESTACIONARIO DESDE TU PUNTO DE VISTA.
¿QUÉ?

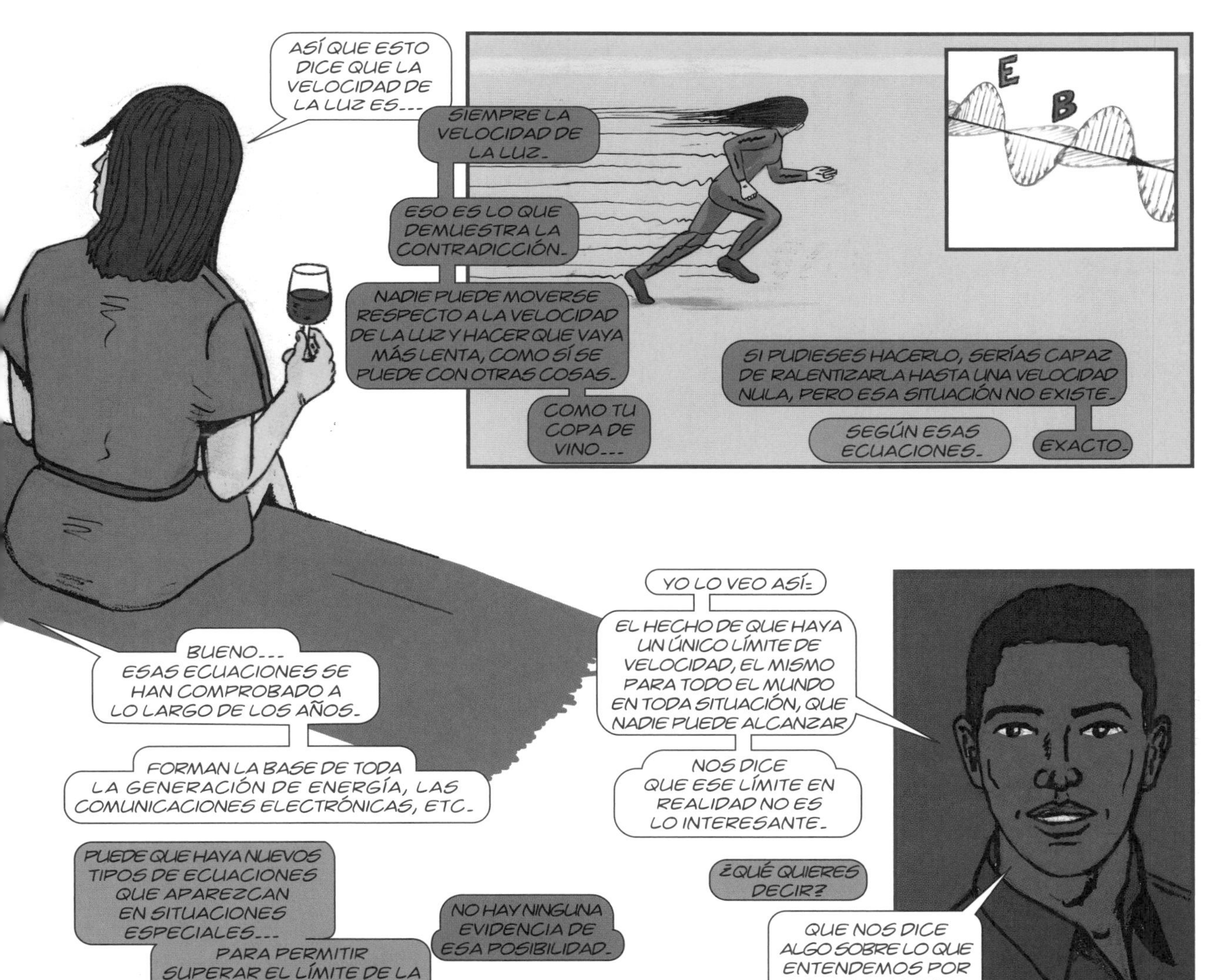

ASÍ QUE ESTO DICE QUE LA VELOCIDAD DE LA LUZ ES...
SIEMPRE LA VELOCIDAD DE LA LUZ.
ESO ES LO QUE DEMUESTRA LA CONTRADICCIÓN.
NADIE PUEDE MOVERSE RESPECTO A LA VELOCIDAD DE LA LUZ Y HACER QUE VAYA MÁS LENTA, COMO SÍ SE PUEDE CON OTRAS COSAS.
COMO TU COPA DE VINO...
E
B
SI PUDIESES HACERLO, SERÍAS CAPAZ DE RALENTIZARLA HASTA UNA VELOCIDAD NULA, PERO ESA SITUACIÓN NO EXISTE.
SEGÚN ESAS ECUACIONES.
EXACTO.
BUENO... ESAS ECUACIONES SE HAN COMPROBADO A LO LARGO DE LOS AÑOS.
FORMAN LA BASE DE TODA LA GENERACIÓN DE ENERGÍA, LAS COMUNICACIONES ELECTRÓNICAS, ETC.
PUEDE QUE HAYA NUEVOS TIPOS DE ECUACIONES QUE APAREZCAN EN SITUACIONES ESPECIALES...
PARA PERMITIR SUPERAR EL LÍMITE DE LA VELOCIDAD DE LA LUZ.
NO HAY NINGUNA EVIDENCIA DE ESA POSIBILIDAD.
MMM. VALE.
YO LO VEO ASÍ:
EL HECHO DE QUE HAYA UN ÚNICO LÍMITE DE VELOCIDAD, EL MISMO PARA TODO EL MUNDO EN TODA SITUACIÓN, QUE NADIE PUEDE ALCANZAR
NOS DICE QUE ESE LÍMITE EN REALIDAD NO ES LO INTERESANTE.
¿QUÉ QUIERES DECIR?
QUE NOS DICE ALGO SOBRE LO QUE ENTENDEMOS POR ESPACIO Y TIEMPO EN SÍ.

MAGNITUDES COMO LA VELOCIDAD SON EN REALIDAD RESULTADO DE HACER MEDICIONES ESPACIALES DE LA POSICIÓN Y TEMPORALES DE LA SALIDA Y LA LLEGADA
PARA ASÍ DEDUCIR EL MOVIMIENTO.

CLARO.
POR LO QUE EL APARENTE LÍMITE DE VELOCIDAD NOS DICE ALGO SOBRE CÓMO EL ESPACIO Y EL TIEMPO
(EL SITIO DONDE TOMAMOS MEDICIONES Y TENEMOS COSAS RAZONABLES COMO CAUSA Y EFECTO)
ESTÁN COMPUESTOS.
¿CAUSA Y EFECTO FORMAN PARTE DE ESTA HISTORIA?

SÍ, YA SABES: SUCEDIÓ **ESTO**...

...Y LUEGO OCURRIÓ **AQUELLO**, DEBIDO A QUE HABÍA SUCEDIDO ESA PRIMERA COSA...
CAUSA Y EFECTO.
TODO FORMA PARTE DE LO QUE LLAMAMOS ESPACIO Y TIEMPO.

CLARO, ES VERDAD.
¿ESTÁS DICIENDO QUE LA VELOCIDAD DE LA LUZ DE ALGUNA MANERA ESTÁ RELACIONADA CON ESO?
CUANDO SE RELACIONAN UNAS COSAS CON OTRAS, SE LLEGA A LO QUE HABRÁS OÍDO HABLAR DE EINSTEIN: LA RELATIVIDAD ESPECIAL.
PARA UN OBSERVADOR QUE HACE FÍSICA EL ESPACIO Y EL TIEMPO FORMAN PARTE DE ALGO MÁS GRANDE: EL **ESPACIO-TIEMPO**.

LO QUE LLAMARÍAMOS ESPACIO Y TIEMPO ES UNA MANERA CONCRETA DE TROCEARLO.
ENTIENDO.
ALGUIEN QUE PASASE POR AHÍ, COMO ESTÁ EN OTRO ESTADO DE MOVIMIENTO, TROCEA DISTINTO EL ESPACIO-TIEMPO, PARA OBTENER LO QUE **ÉL O ELLA** LLAMARÍA ESPACIO Y TIEMPO.
QUE SERÁN DIFERENTES DE LOS NUESTROS.
ENTONCES ¿AQUÍ ES DONDE APARECEN LOS RELOJES QUE FUNCIONAN A DISTINTAS VELOCIDADES Y TODO ESO?
SÍ. TODO SON MANERAS DISTINTAS DE TROCEAR EL ESPACIO-TIEMPO.
LAS DIFERENCIAS SON DIMINUTAS PARA LOS MOVIMIENTOS COTIDIANOS EN NUESTRO DÍA A DÍA, PERO PUEDEN SER ENORMES EN OTRAS SITUACIONES.

LO IMPORTANTE ES QUE EXISTE ALGO QUE DA UNIDAD A TODA ESTA VISIÓN. SE NECESITA ALGO EN LO QUE TODOS LOS OBSERVADORES ESTÉN DE ACUERDO.
¿Y QUÉ ES ESE ALGO?
LA VELOCIDAD DE LA LUZ.
ES SIMPLEMENTE EL FACTOR DE CONVERSIÓN QUE PERMITE COMBINAR Y RETROCEAR EL TIEMPO Y EL ESPACIO DE UNA PERSONA PARA OBTENER UN ESPACIO Y UN TIEMPO DISTINTOS PARA OTRA PERSONA.

¿FACTOR DE CONVERSIÓN?
POR EJEMPLO, EL TIEMPO SE MIDE EN SEGUNDOS Y EL ESPACIO EN METROS.
POR LO QUE NO SE PUEDEN COMBINAR...

A MENOS QUE TENGAMOS UNA FORMA DE MEDIR EL TIEMPO EN METROS O EL ESPACIO EN SEGUNDOS.
YA VEO. COMO CALCULAR CUÁNTO TIEMPO LLEVAS VIAJANDO POR CARRETERA...

SEGÚN LA DISTANCIA QUE HAS RECORRIDO.
ASÍ ES.
PARA ELLO, HABRÍA QUE DECIR A QUÉ VELOCIDAD HABRÍA QUE IR PARA RECORRER ESA DISTANCIA.

SÍ.
ESTE TROCEADO DEL ESPACIO-TIEMPO SOLO TIENE SENTIDO SI TODO EL MUNDO USA UNA VELOCIDAD DE REFERENCIA SOBRE LA QUE EXISTA ACUERDO UNIVERSAL.

¿LA VELOCIDAD DE LA LUZ?
LA VELOCIDAD DE LA LUZ.

ASÍ QUE NO ES TANTO UN LÍMITE DE VELOCIDAD COMO UNA PROPIEDAD BÁSICA DE LO QUE ENTENDEMOS POR ESPACIO-TIEMPO, Y DE LA FÍSICA QUE HACEMOS EN ÉL...
Y EL HECHO DE QUE SEA UNIVERSAL HACE QUE LA RELATIVIDAD EN CONJUNTO TENGA SENTIDO.
SIN ELLA, NO PODRÍAMOS TROCEAR EL ESPACIO-TIEMPO DE DISTINTAS MANERAS EN UN SENTIDO RAZONABLE.

¿IR MÁS RÁPIDO QUE LA LUZ LO DESBARATARÍA TODO?
DESDE LUEGO, COMPLICARÍA LAS COSAS DE MANERAS QUE NUNCA HEMOS VISTO.

INCLUSO COSAS TAN FUNDAMENTALES COMO CAUSA Y EFECTO SE DESBARATARÍAN.
PODRÍAMOS CREAR MÁQUINAS DEL TIEMPO, Y HACER LOCURAS QUE NO TIENEN SENTIDO.
¿LOCU-RAS?

LA MÁQUINA DEL TIEMPO PODRÍA PERMITIRNOS RETROCEDER EN EL TIEMPO E IMPEDIRNOS A NOSOTROS MISMOS FABRICARLA...
SI **ESO** ES POSIBLE, NO ESTÁ CLARO DÓNDE ESTÁN LOS LÍMITES PARA PODER SEGUIR HACIENDO UNA FÍSICA RAZONABLE...

A VER...
¿LA CLAVE PARA FABRICAR MÁQUINAS DEL TIEMPO ES DESBARATAR EL ESPACIO-TIEMPO?

MÁS O MENOS. PERO SE ESTÁ HACIENDO TARDE...
ESA ES UNA CONVERSACIÓN PARA OTRO MOMENTO.

¡SÍ!
¡CLARO!
ESO LO PODRÍAMOS ARREGLAR RETROCEDIENDO EN EL TIEMPO...
CÓMO...

VOLVEMOS A CUANDO NOS CONOCIMOS JUNTO AL MAMUT...
Y TENEMOS ESTA CONVERSACIÓN SOBRE LOS VIAJES EN EL TIEMPO EN LUGAR DE LA OTRA.
PERO ENTONCES NO TENDRÍAMOS MOTIVOS PARA...
LO SÉ, LO SÉ...
LAS COSAS QUIZÁ NO SEGUIRÍAN EL MISMO CURSO...

BUENO...
SÍ...
ME HA ENCANTADO HABLAR CONTIGO.
¡ESPERO QUE NO TE MOLESTASE TANTA PREGUNTA!
EN ABSOLUTO.
HA SIDO UN PLACER INTERCAMBIAR IDEAS.
¡PARA MÍ TAMBIÉN! AL FINAL LA FIESTA NO HA ESTADO NADA MAL.
LO MISMO DIGO. PERO SIGO QUERIÉNDOME QUITAR ESTE ESTÚPIDO DISFRAZ.
ARTE
¡ES VERDAD!
SUPONGO QUE DEBERÍA DECIR: «HASTA LA PRÓXIMA, ULTRAVIOLET».
SÍ.
¡HASTA LUEGO, CATALYST!

Notas

Páginas 62-64: el concepto moderno de «campo» se suele atribuir a Maxwell, que se basó en la idea de «líneas de fuerza» de Faraday. Las ecuaciones de Maxwell son una encapsulación completa de los resultados experimentales de Faraday y de muchos otros, también incluyen fenómenos descubiertos por Maxwell, guiado por la necesidad de que las ecuaciones preservaran una lógica interna. Se exploran en este capítulo, y el libro de Forbes y Mahon mencionado en la nota del capítulo 1 para las páginas 14 y siguientes es un buen recurso histórico sobre el tema.

Página 65 y siguientes: en su entusiasta garabateo en el cuaderno, nuestro interlocutor ha simplificado un poco las ecuaciones al elegir unidades de medida en las que las dos constantes de la naturaleza que normalmente aparecerían aquí (véanse las notas a la página 15 del capítulo 1) toma como valor la unidad. Los aspectos esenciales sobre la simetría de las ecuaciones siguen siendo ciertos. Es muy habitual que los físicos eliminen distracciones innecesarias de ellas para ver su estructura con mayor claridad.

Página 72: el mecanismo de Higgs y la búsqueda de la partícula de Higgs (la evidencia directa de una clase importante de rotura de simetría) se describe aquí: Jon Butterworth, *Most Wanted Particle. The Inside Story of the Hunt for the Higgs, the Heart of the Future of Physics*, Nueva York, The Experiment, LLC, 2015.

Páginas 73 y 74: hay numerosas ediciones del *Paraíso perdido* de John Milton entre las que elegir. Esta edición anotada es un gran recurso: John Milton, *Paradise Lost. An Authoritative Text, Backgrounds and Sources, Criticism*, Gordon Teskey, ed., Nueva York, W. W. Norton & Co., 2005.

Páginas 74-77: se puede encontrar material de lectura adicional en los libros sobre la luz mencionados en la nota para las páginas 12 y siguientes del capítulo 1.

Página 77 (viñetas 6 y 7): la simetría rota aquí es el hecho de que ahora hay fuentes puntuales del campo ***E***, pero no del campo ***B***. No confundamos esto con otras importantes roturas de simetría en el universo primigenio, como la relacionada con el mecanismo de Higgs que se describe en el libro de Butterworth antes citado. El libro de Singh sobre cosmología (véanse las notas para la página 45 del capítulo 3) permitirá entender el comentario sobre el universo primigenio. En cuanto a los metales, cuesta encontrar un libro en general accesible que recomendar. (¿Por qué se escriben tantos libros para el gran público sobre agujeros negros, partículas exóticas, cuerdas, otros universos, dimensiones adicionales, etc., y tan pocos sobre la fascinante física de lo que nos rodea, como los metales?) En ambos casos, por motivos distintos, la situación normal es aquella en la que hay una gran cantidad de electrones no ligados. Estos electrones interactúan intensamente con la luz, que absorben cuando esta intenta pasar a través de ellos, haciendo que la situación sea opaca u oscura. Andrew Zangwill, *Modern Electrodynamics*, Cambridge (Reino Unido), Cambridge University Press, 2013, es una buena fuente (aunque avanzada) que explorar.

Páginas 79-82: en la nota correspondiente a la página 13 del capítulo 1 se ofrecen más sugerencias de lectura sobre relatividad especial. Una discusión más profunda sobre relatividad, tanto especial como general, se puede encontrar en el libro de Randall, mencionado en las notas del capítulo 3 para la página 45, y otra muy detallada (pero aun así a un nivel no propio de especialistas) en Kip Thorne, *Black Holes and Time Warps. Einstein's Outrageous Legacy*, Nueva York, W. W. Norton & Co., 1994 [hay trad. cast.: *Agujeros negros y tiempo curvo. El escandaloso legado de Einstein*, Barcelona, Crítica, 2018]. Este último será un recurso particularmente útil sobre agujeros negros más adelante en el libro. Si quieres leer sobre cuestiones relacionadas con los viajes en el tiempo (algo sobre lo cual los personajes no tuvieron tiempo de hablar en este capítulo), este libro te servirá.

EL AMOR NUNCA MUERE
EL AMOR NUNCA MUERE
¡JA!
¡VENGA YA!
EL AMOR NUNCA MUERE
DISCULPA. SIENTO CURIOSIDAD...
¿POR QUÉ HAS DICHO ESO?
ME REÍA DEL CARTEL.
¿POR QUÉ ES GRACIOSO?
TODAS LAS COSAS MUEREN.
TODAS.
¿EN SERIO?
SÍ.
NOSOTROS MORIMOS, TODOS LOS ANIMALES MUEREN...
INCLUSO LAS ESTRELLAS MUEREN.

¿ESTRELLAS? PERO
MIRA, INCLUSO ES PROBABLE QUE EL UNIVERSO MUERA.
¿CÓMO PUEDE MORIR EL UNIVERSO?
¿A QUÉ TE REFIERES CON ESO?

EL UNIVERSO NACIÓ.
ATRAVESÓ UNA FASE CALIENTE, JOVEN Y ENERGÉTICA DURANTE UN TIEMPO...
SE ESTÁ EXPANDIENDO Y ENFRIANDO...
PROBABLEMENTE ACABE MURIENDO DE UNA U OTRA FORMA.
¿CÓMO?
LO MÁS SEGURO ES QUE ACABE CONVERTIDO EN UN LUGAR FRÍO Y SIN VIDA...
O SE EXPANDA Y SE DISPERSE TANTO QUE NO OCURRA EN ÉL NADA INTERESANTE.
O AMBAS COSAS.

¿Y QUÉ ME DICES DE DIOS?
LOS DIOSES TAMBIÉN MUEREN.
DE ESO NADA...
DIOS ES INMORTAL.

...
PARA EMPEZAR, ATRIBUIR LA INMORTALIDAD A LOS DIOSES ES UNA ESPECIE DE MODA RECIENTE.
EN REALIDAD, SE TRATA DE DOS IDEAS DISTINTAS.
EN TODO CASO, TANTO SI LA GENTE DICE QUE SON INMORTALES COMO SI NO...
LOS DIOSES MUEREN CUANDO LAS PERSONAS DEJAN DE CREER EN ELLOS.

SON UNA CUESTIÓN DE PODER, EN UNA U OTRA FORMA.
ESOS PODERES PIERDEN SU POTENCIA SI NADIE CREE EN SUS EFECTOS...

ESO ES DEPRIMENTE.

¿DE VERDAD?

SÍ. PERO NO QUE LOS DIOSES Y TODO LO DEMÁS MUERA
CREO QUE AHÍ TE EQUIVOCAS
SINO QUE REALMENTE SEA ESO LO QUE PIENSAS.

PARA MÍ NO ES DEPRIMENTE EN ABSOLUTO.
NI UNA COSA NI LA OTRA, DE HECHO.
LA MUERTE ES UNA ESPECIE DE FINAL, PERO TAMBIÉN ES UN PRINCIPIO.

SUPONGO QUE SÍ.
NUESTRO CUERPO ES ALIMENTO DE LOS INSECTOS Y LOS GUSANOS. MUCHAS FAMILIAS DE GUSANOS PROSPERAN A NUESTRA COSTA.
A MENOS QUE SEAMOS INCINERADOS, CLARO.
¡AH! Y LAS FLORES: LO DE CRIAR MALVAS Y TODO ESO.

EN MI OPINIÓN, ES ALGO MUCHO MÁS PROFUNDO.
PERO SÍ, EN CIERTO SENTIDO ES UNA ESPECIE DE RECICLAJE.
CIERTAS COSAS ELEMENTALES SE JUNTAN Y ADOPTAN UNA FORMA DURANTE UN TIEMPO... UNA FORMA QUIZÁ MUY COMPLEJA.

Y HAY POTENCIAL
ESPERANZA, QUIZÁ
EN ESA FORMA.

PERO CON EL TIEMPO ESA FORMA SE DESVANECE. Y NO PASA NADA. DA LUGAR A NUEVAS FORMAS.
ADEMÁS, ERA PARTE DE OTRA FORMA MUCHO MÁS AMPLIA.

ESA FLORECILLA CUMPLE UN PAPEL EN UNA HISTORIA MÁS AMPLIA, QUE VA MUCHO MÁS ALLÁ DEL LUGAR DONDE ESTÁ ENRAIZADA...

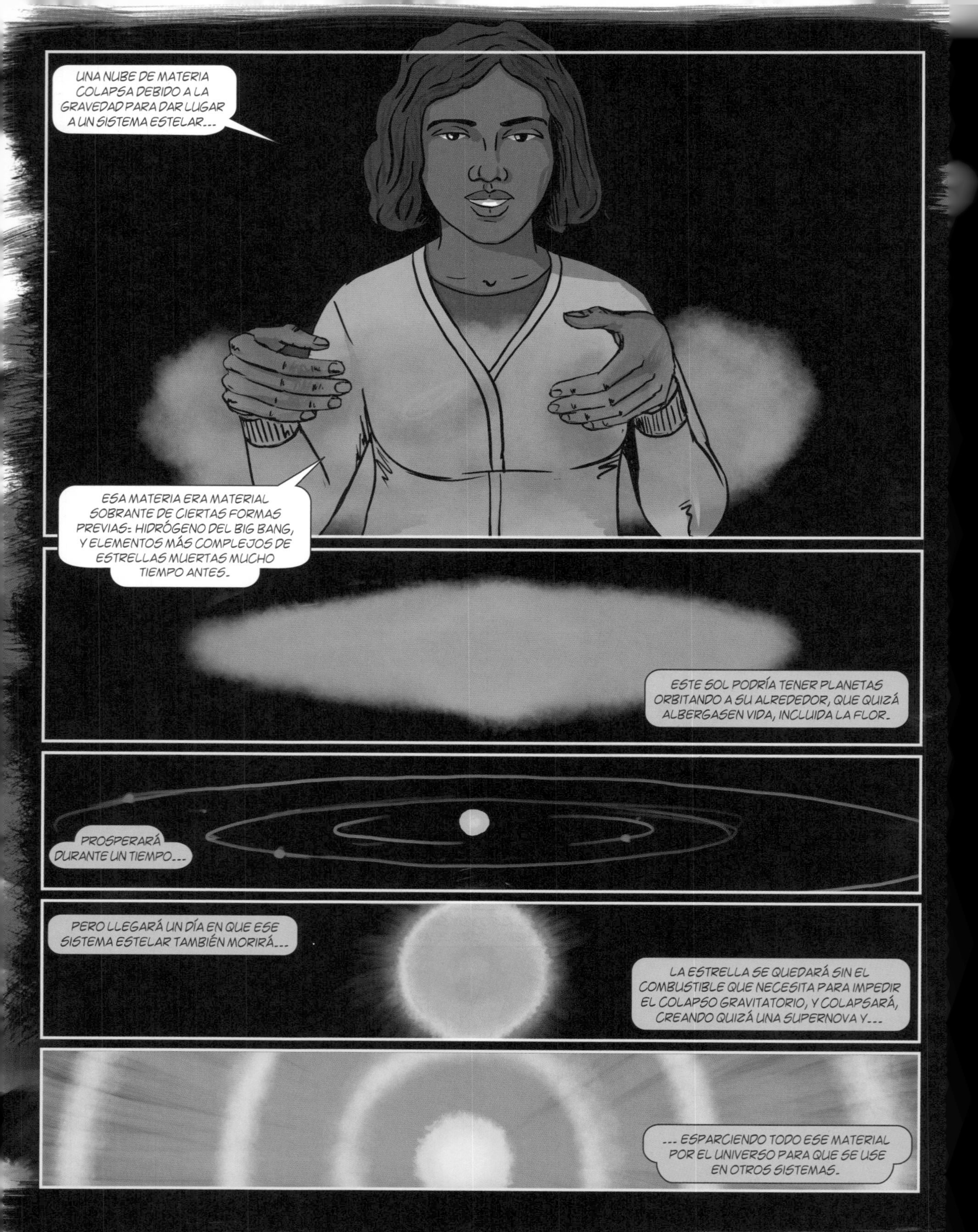
UNA NUBE DE MATERIA COLAPSA DEBIDO A LA GRAVEDAD PARA DAR LUGAR A UN SISTEMA ESTELAR...
ESA MATERIA ERA MATERIAL SOBRANTE DE CIERTAS FORMAS PREVIAS: HIDRÓGENO DEL BIG BANG, Y ELEMENTOS MÁS COMPLEJOS DE ESTRELLAS MUERTAS MUCHO TIEMPO ANTES.
ESTE SOL PODRÍA TENER PLANETAS ORBITANDO A SU ALREDEDOR, QUE QUIZÁ ALBERGASEN VIDA, INCLUIDA LA FLOR.
PROSPERARÁ DURANTE UN TIEMPO...
PERO LLEGARÁ UN DÍA EN QUE ESE SISTEMA ESTELAR TAMBIÉN MORIRÁ...
LA ESTRELLA SE QUEDARÁ SIN EL COMBUSTIBLE QUE NECESITA PARA IMPEDIR EL COLAPSO GRAVITATORIO, Y COLAPSARÁ, CREANDO QUIZÁ UNA SUPERNOVA Y...
... ESPARCIENDO TODO ESE MATERIAL POR EL UNIVERSO PARA QUE SE USE EN OTROS SISTEMAS.

YA. EL CICLO DE LA VIDA Y DEMÁS...
PERO ¿NO ESTÁS ESTIRANDO DEMASIADO LA IDEA DE LA MUERTE?
¿NO DEBERÍA ALGO ESTAR VIVO ANTES DE MORIR? UNA ESTRELLA NO ESTÁ VIVA...
VALE, PODRÍAMOS TENER UNA LARGA CONVERSACIÓN SOBRE CÓMO DEFINIR LA VIDA, PERO NO SÉ SI ESO IMPORTA.
ESTOS CICLOS OCURREN PARA TODOS LOS OBJETOS SUFICIENTEMENTE COMPLEJOS.
DA IGUAL CÓMO LO LLAMEMOS, LO QUE **SÍ SÉ** ES QUE UNA ESTRELLA DESCRIBE UN CICLO VITAL SIMILAR AL DE UNA FLOR.
¿EN SERIO?
PUEDO ENTENDER QUE DA SUSTENTO Y DEMÁS: ES UNA FUENTE DE ENERGÍA... PERO ¿Y LAS SEMILLAS, LA MUERTE, ETC.?
¡ES UN SISTEMA MARAVILLOSO!
ALGO MUY IMPORTANTE QUE HAY QUE SABER ES QUE LAS ESTRELLAS SON EL LUGAR DEL UNIVERSO DONDE SE PRODUCEN LOS ELEMENTOS PESADOS, MEDIANTE FUSIÓN NUCLEAR. ¡LA MATERIA DE LA QUE ESTAMOS HECHOS!
¿ELEMENTOS PESADOS?
ASÍ ES...

COSAS QUE DAMOS POR DESCONTADAS, COMO EL CARBONO, EL HIERRO, Y DEMÁS: ÁTOMOS CON NÚCLEOS MUCHO MÁS COMPLEJOS QUE, POR EJEMPLO, EL HIDRÓGENO O EL HELIO.
SE NECESITAN ENTORNOS ESPECIALES PARA PRODUCIR TALES COSAS.
¿ENTORNOS ESPECIALES?
SÍ, A LO LARGO DE SU CICLO VITAL LAS ESTRELLAS PROPORCIONAN ESOS AMBIENTES: SU GRAVEDAD MANTIENE LOS NÚCLEOS DE LOS ÁTOMOS MUY JUNTOS, SOMETIDOS A ALTA TEMPERATURA PARA QUE PUEDAN ROMPERSE, FUSIONARSE Y CREAR NÚCLEOS MÁS GRANDES...
CREANDO LOS ELEMENTOS PESADOS QUE, CUANDO LAS ESTRELLAS MUEREN, EXPULSAN...
... PARA CREAR OTROS SISTEMAS COMPLEJOS, COMO NOSOTROS, Y ASÍ SUCESIVAMENTE.
PARA MÍ, ES ALGO MUY SIMILAR A UN ECOSISTEMA. POR EJEMPLO...
... UNA PLANTA VIVE DURANTE UN TIEMPO, FABRICANDO LO QUE NECESITA A PARTIR DEL AIRE Y EL SUELO...
Y, CUANDO MUERE, ESA MATERIA VUELVE AL SUELO Y ALIMENTA UNA NUEVA VIDA: OTRAS PLANTAS, LOS MICROBIOS QUE HABITAN EN EL SUELO, Y EN ÚLTIMA INSTANCIA, POR SUPUESTO, A NOSOTROS.

VALE, TODO ESO ESTÁ MUY BIEN, PERO HAS MINIMIZADO LA CUESTIÓN DE LO VIVO FRENTE A LO NO VIVO, Y NO CREO QUE SE PUEDA...
ADEMÁS, ¿NO HABÍAMOS EMPEZADO HABLANDO DEL AMOR, Y DE SI PODÍA SER PARA SIEMPRE?
¿EL AMOR?
SON LAS COSAS VIVIENTES LAS QUE SIENTEN AMOR, ¿NO?
SÍ.

Y ESAS COSAS MUEREN, MOMENTO EN QUE TAMBIÉN MUERE EL AMOR...
SI ES QUE NO LO HA HECHO ANTES.

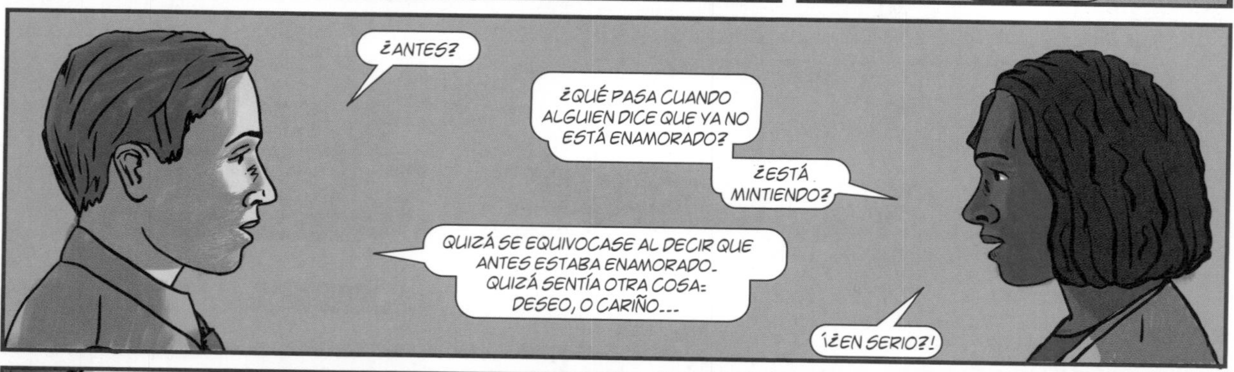
¿ANTES?
¿QUÉ PASA CUANDO ALGUIEN DICE QUE YA NO ESTÁ ENAMORADO?
¿ESTÁ MINTIENDO?
QUIZÁ SE EQUIVOCASE AL DECIR QUE ANTES ESTABA ENAMORADO. QUIZÁ SENTÍA OTRA COSA: DESEO, O CARIÑO...
¡¿EN SERIO?!

SÍ.
EL VERDADERO AMOR DURA PARA SIEMPRE.
¡NUNCA MUERE!
¿AUNQUE **LAS PERSONAS** MUERAN?
BUENO, SI SU ESENCIA PERVIVE...

¿ESENCIA?
¿QUIERES DECIR SU ALMA, O SU ESPÍRITU?
SÍ.
¡¿DE VERDAD CREES EN ESO?!

¡PUES SÍ!
ME PARECE LO CORRECTO. LA ALTERNATIVA ME DA...
¿MIEDO?

¿DECIR QUE SIN UN MÁS ALLÁ TODO CARECE DE SENTIDO?
QUIZÁ LO ESTÉS ENFOCANDO DE UNA MANERA ERRÓNEA.

¿QUIÉN ERES **TÚ** PARA DECIR CUÁL ES LA MANERA CORRECTA DE VERLO?
NO SOY NADIE. Y HE DICHO «QUIZÁ».

TE PROPONGO OTRA FORMA DE INTERPRETARLO.
NO TIENES POR QUÉ HACERLO A MI MANERA, PERO AL MENOS ESCÚCHAME.
VALE. ADELANTE...

¿OYES ESA MÚSICA?
SÍ.
¿SABES LO QUE ES?
CLARO, ES EL NÚMERO 1 DE ESA CANTANTE.
¿POR QUÉ LO DICES?
¿Y SI ESA CANTANTE NUNCA HUBIERA VIVIDO? ¿ALGUIEN HABRÍA COMPUESTO ESA CANCIÓN?

¿NO ES EL UNIVERSO PROFUNDAMENTE DIFERENTE POR EL HECHO DE QUE SE COMPUSIERA ESA CANCIÓN?
¿PROFUNDAMENTE?

BUENO, TAN PROFUNDA PARA LAS PERSONAS A LAS QUE LES HA INFLUIDO, Y PARA ESAS OTRAS AFECTADAS POR LAS PRIMERAS, Y ASÍ SUCESIVAMENTE...
SUPONGO QUE SÍ...

LO QUE PERDURA Y LO REALMENTE IMPORTANTE ES QUE INFLUIMOS LOS UNOS EN LOS OTROS DE ALGUNA MANERA...
QUE CONTRIBUIMOS. ESTAMOS EN EL UNIVERSO... ASÍ ES COMO PERDURAMOS
YA SEA COMO PERSONAS EN EL MUNDO, O COMO ESPECIE EN LA GALAXIA, EN EL UNIVERSO...

SE ME OCURRE LO SIGUIENTE.
¿CREES QUE LAS MATEMÁTICAS SE INVENTAN O SE DESCUBREN?

SEGURO QUE YA TE LO HAN PREGUNTADO ANTES.
SÍ, PERO ¿QUÉ TIENE QUE VER CON LO QUE ESTÁBAMOS HABLANDO?

ENSEGUIDA LO VERÁS.
SOLO QUIERO...
LO PREGUNTO POR UN BUEN MOTIVO.

RESPONDE A LA PREGUNTA.
BUENO...

SOY DE QUIENES CREEN QUE PODEMOS PENSAR TODO TIPO DE COSAS DISPARATADAS **INSPIRADAS** POR LA NATURALEZA, PERO ESO NO SIGNIFICA QUE ESAS COSAS EXISTAN **EN** LA NATURALEZA.
PARTIMOS DE UNA IDEA Y EXTRAPOLAMOS. SOMOS CRIATURAS IMAGINATIVAS. PERO NO DESCUBRIMOS LAS MATEMÁTICAS, LAS INVENTAMOS.
¿ENTONCES CREES QUE ISAAC NEWTON INVENTÓ EL CÁLCULO
AUNQUE RESULTA QUE ESTÁ POR TODAS PARTES EN LA NATURALEZA?
PERO ¿LO ESTÁ?
¿LO ESTÁ REALMENTE?

POR CIERTO, FUERON NEWTON Y LEIBNIZ
¿EH?
LOS INVENTORES O DESCUBRIDORES DEL CÁLCULO...
VALE, PERO LO QUE YO DECÍA...
CLARO... EN FIN, CREO QUE ES IMPORTANTE NO MEZCLAR NUESTRAS DESCRIPCIONES IDEALIZADAS DE LA NATURALEZA CON LO REAL.

PERO EL CONCEPTO DE DERIVADA (LA DIFERENCIACIÓN) ESTÁ AHÍ EN COSAS FÍSICAS COMO LA VELOCIDAD, LA ACELERACIÓN...
BUENO, SÍ Y NO. CREO QUE SON BUENAS APROXIMACIONES AL IDEAL MATEMÁTICO...

ADEMÁS, DESDE UNA PERSPECTIVA MATEMÁTICA, SE PUEDEN CONSTRUIR TODO TIPO DE COSAS MÁS ALLÁ DEL CÁLCULO ELEMENTAL QUE PROBABLEMENTE NO EXISTAN EN LA NATURALEZA...

ESO ME DICE QUE LA NATURALEZA ESA UNA BUENA FUENTE DE INSPIRACIÓN PARA LAS IDEALIZACIONES MATEMÁTICAS, Y QUE A VECES LO QUE EXISTE EN ELLA SON APROXIMACIONES DE ESOS IDEALES...
PERO LOS IDEALES ESTÁN EN NUESTRA MENTE, NO EXACTAMENTE EN EL MUNDO.
CREO QUE NO ESTOY DE ACUERDO.
PIENSO QUE
VALE. MUÉSTRAME UN CÍRCULO PERFECTO.
¿CÓMO?
UN CÍRCULO PERFECTO.

LO QUE DIGO ES QUE LA IDEA MATEMÁTICA DE UN CÍRCULO PERFECTO EXISTE...
CLARO...
PERO NO HAY CÍRCULOS PERFECTOS EN EL UNIVERSO.
¿CÓMO LO SABES?
¿TIENES **TÚ** ALGUNA EVIDENCIA DE QUE **EXISTEN**?
PUES NO...

CREO QUE ESTAMOS HECHOS FUNDAMENTALMENTE DE LA MATERIA DE LA NATURALEZA. FORMAMOS PARTE DE LA NATURALEZA. ¿CÓMO PODEMOS ENTONCES PENSAR COSAS QUE ESTÁN FUERA DE ELLA?
POR DEFINICIÓN, ESTAMOS CASI OBLIGADOS A IMAGINAR COSAS QUE ESTÁN EN LA NATURALEZA
ESO ES LO QUE CREO, ASÍ QUE...
PUES YO PIENSO LO CONTRARIO.
EN ESE CASO, ESTÁ CLARO QUE NO VAMOS A LLEGAR A UN PUNTO COMÚN, PERO ¿QUÉ TIENE QUE VER ESTO CON LO QUE ESTÁBAMOS HABLANDO?

CREO QUE ESTÁ ABSOLUTAMENTE RELACIONADO.
A TRAVÉS DE LO INFINITO.

¿LO INFINITO?

SÍ, LO INFINITO.
ES UN CONCEPTO BIEN DEFINIDO EN MATEMÁTICAS, ¿NO?
CLARO.

SI EL CONCEPTO EXISTE EN LAS MATEMÁTICAS, Y DESCUBRIMOS QUE LAS COSAS MATEMÁTICAS ESTÁN REALMENTE EN LA NATURALEZA...
ENTONCES LO INFINITO EXISTE DE VERDAD.
TÚ PODRÍAS DECIR QUE PODRÍAMOS ENCONTRAR COSAS QUE NOS RECORDARAN A LO INFINITO O NOS INSPIRARAN PARA INVENTARLO... PERO YO DIRÍA QUE ¡LO INFINITO ESTÁ REALMENTE AHÍ!
MMM... NO SÉ QUÉ PENSAR SOBRE ESO.
Y SIGO SIN ENTENDER QUÉ TIENE QUE VER CON LO QUE HABLÁBAMOS ANTES.

PUES CREO QUE ESTÁ MUY RELACIONADO, PORQUE PODEMOS APLICAR LO INFINITO AL TIEMPO.
¿POR QUÉ NO ES CIERTO QUE EN ALGÚN LUGAR LO INFINITO
(ALGO QUE LA NATURALEZA CONOCE)
Y EL TIEMPO SE COMBINAN?
LO ÚNICO QUE NECESITAMOS ES COMBINAR LO INFINITO, EL TIEMPO Y LA VIDA Y TENDREMOS LA REALIDAD DE ALGO QUE VIVA PARA SIEMPRE.

UN MOMENTO...
¿ESTÁS USANDO LAS MATEMÁTICAS PARA DEMOSTRAR LA EXISTENCIA DE DIOS?
PUES...
¿RETUERCES LAS MATEMÁTICAS PARA QUE DE ALGUNA MANERA DIGAN «Y POR LO TANTO: DIOS»?

TE ESTÁS BURLANDO DE MÍ.
NO HE DICHO NADA SOBRE DIOS.
HE DICHO QUE LA IDEA DE LA INMORTALIDAD PUEDE QUE NO SEA TAN ANTINATURAL SI LO INFINITO FORMA PARTE DE LA NATURALEZA.

CREO QUE ES TODO...
ES TODO DEMASIADO. NO... **NO.**
NO SÉ... ME GUSTARÍA UN ARGUMENTO MEJOR QUE «NO». ¿ES TODO LO QUE SE TE OCURRE PARA REFUTAR MI ARGUMENTO?

¡EN REALIDAD NO ES UN ARGUMENTO!
RELACIONAS COSAS QUE NO ESTÁ CLARO QUE TENGAN **ALGO** QUE VER ENTRE SÍ.
A MÍ ME PARECE QUE ESTAS COSAS **PODRÍAN** TENER ALGO QUE VER ENTRE SÍ...

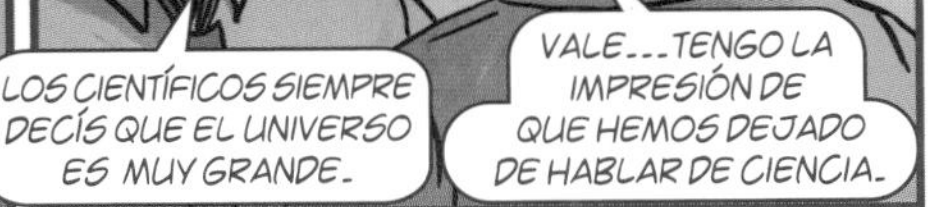
LOS CIENTÍFICOS SIEMPRE DECÍS QUE EL UNIVERSO ES MUY GRANDE.
VALE... TENGO LA IMPRESIÓN DE QUE HEMOS DEJADO DE HABLAR DE CIENCIA.

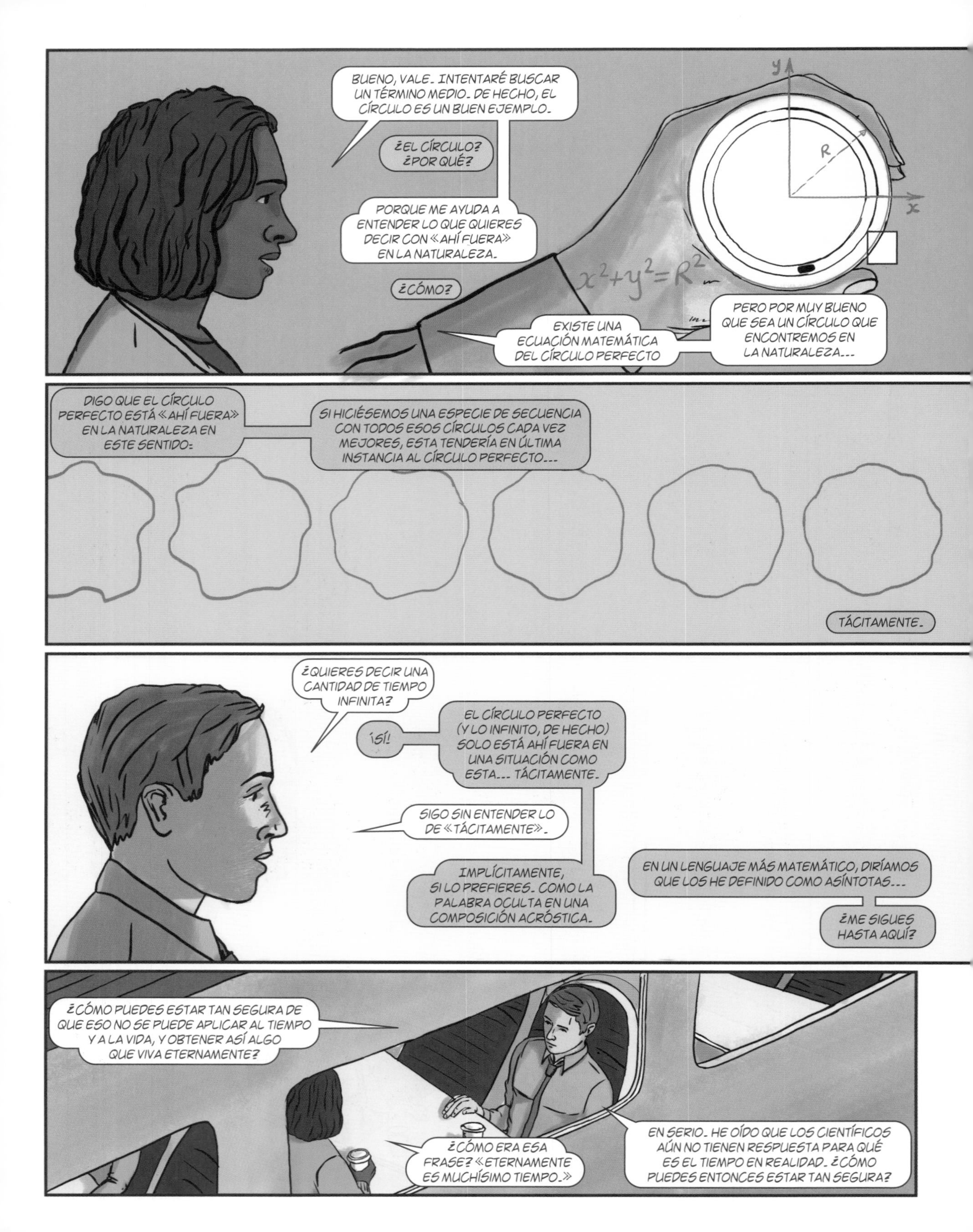
BUENO, VALE. INTENTARÉ BUSCAR UN TÉRMINO MEDIO. DE HECHO, EL CÍRCULO ES UN BUEN EJEMPLO.
¿EL CÍRCULO? ¿POR QUÉ?
PORQUE ME AYUDA A ENTENDER LO QUE QUIERES DECIR CON «AHÍ FUERA» EN LA NATURALEZA.
¿CÓMO?
y
R
x
$x^2+y^2=R^2$
EXISTE UNA ECUACIÓN MATEMÁTICA DEL CÍRCULO PERFECTO
PERO POR MUY BUENO QUE SEA UN CÍRCULO QUE ENCONTREMOS EN LA NATURALEZA...
DIGO QUE EL CÍRCULO PERFECTO ESTÁ «AHÍ FUERA» EN LA NATURALEZA EN ESTE SENTIDO:
SI HICIÉSEMOS UNA ESPECIE DE SECUENCIA CON TODOS ESOS CÍRCULOS CADA VEZ MEJORES, ESTA TENDERÍA EN ÚLTIMA INSTANCIA AL CÍRCULO PERFECTO...
TÁCITAMENTE.
¿QUIERES DECIR UNA CANTIDAD DE TIEMPO INFINITA?
¡SÍ!
EL CÍRCULO PERFECTO (Y LO INFINITO, DE HECHO) SOLO ESTÁ AHÍ FUERA EN UNA SITUACIÓN COMO ESTA... TÁCITAMENTE.
SIGO SIN ENTENDER LO DE «TÁCITAMENTE».
IMPLÍCITAMENTE, SI LO PREFIERES. COMO LA PALABRA OCULTA EN UNA COMPOSICIÓN ACRÓSTICA.
EN UN LENGUAJE MÁS MATEMÁTICO, DIRÍAMOS QUE LOS HE DEFINIDO COMO ASÍNTOTAS...
¿ME SIGUES HASTA AQUÍ?
¿CÓMO PUEDES ESTAR TAN SEGURA DE QUE ESO NO SE PUEDE APLICAR AL TIEMPO Y A LA VIDA, Y OBTENER ASÍ ALGO QUE VIVA ETERNAMENTE?
¿CÓMO ERA ESA FRASE? «ETERNAMENTE ES MUCHÍSIMO TIEMPO.»
EN SERIO. HE OÍDO QUE LOS CIENTÍFICOS AÚN NO TIENEN RESPUESTA PARA QUÉ ES EL TIEMPO EN REALIDAD. ¿CÓMO PUEDES ENTONCES ESTAR TAN SEGURA?

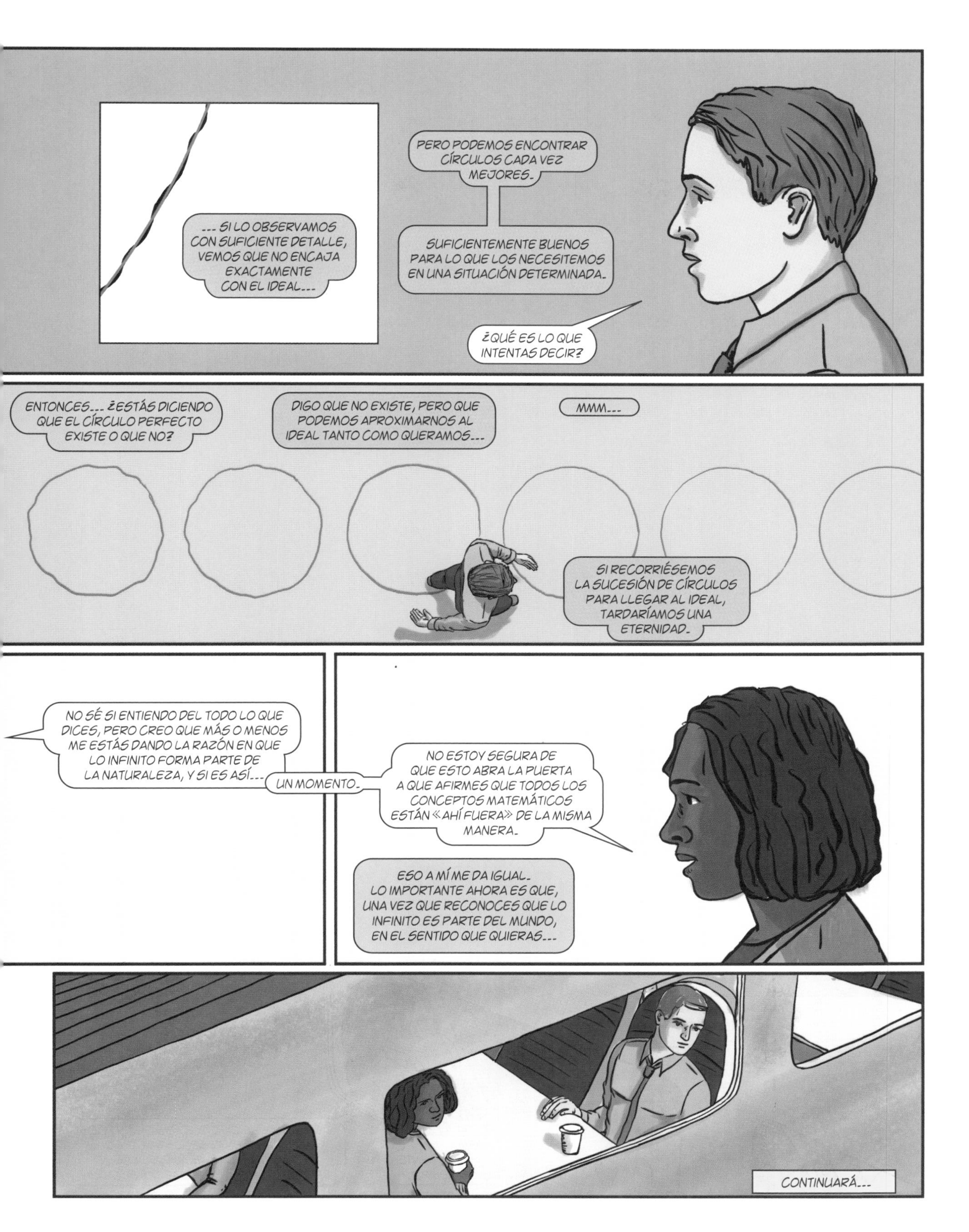
... SI LO OBSERVAMOS CON SUFICIENTE DETALLE, VEMOS QUE NO ENCAJA EXACTAMENTE CON EL IDEAL...
PERO PODEMOS ENCONTRAR CÍRCULOS CADA VEZ MEJORES.
SUFICIENTEMENTE BUENOS PARA LO QUE LOS NECESITEMOS EN UNA SITUACIÓN DETERMINADA.
¿QUÉ ES LO QUE INTENTAS DECIR?
ENTONCES... ¿ESTÁS DICIENDO QUE EL CÍRCULO PERFECTO EXISTE O QUE NO?
DIGO QUE NO EXISTE, PERO QUE PODEMOS APROXIMARNOS AL IDEAL TANTO COMO QUERAMOS...
MMM...
SI RECORRIÉSEMOS LA SUCESIÓN DE CÍRCULOS PARA LLEGAR AL IDEAL, TARDARÍAMOS UNA ETERNIDAD.
NO SÉ SI ENTIENDO DEL TODO LO QUE DICES, PERO CREO QUE MÁS O MENOS ME ESTÁS DANDO LA RAZÓN EN QUE LO INFINITO FORMA PARTE DE LA NATURALEZA, Y SI ES ASÍ...
UN MOMENTO.
NO ESTOY SEGURA DE QUE ESTO ABRA LA PUERTA A QUE AFIRMES QUE TODOS LOS CONCEPTOS MATEMÁTICOS ESTÁN «AHÍ FUERA» DE LA MISMA MANERA.
ESO A MÍ ME DA IGUAL. LO IMPORTANTE AHORA ES QUE, UNA VEZ QUE RECONOCES QUE LO INFINITO ES PARTE DEL MUNDO, EN EL SENTIDO QUE QUIERAS...
CONTINUARÁ...

Notas

Página 90 (viñeta 1): la lectura sobre cosmología recomendada en la nota del capítulo 3 correspondiente a las páginas 46 y 47 es útil aquí.

Página 90 (viñeta 3): casi con toda seguridad no fue el primero en decirlo, pero lo dijo muy bien en la ficción: Neil Gaiman, *American Gods*, Nueva York, William Morrow, 2001 [hay trad. cast.: *American Gods*, Barcelona, Roca, 2012]; véase también Neil Gaiman, *The Sandman*, Nueva York, Vertigo/DC Comics, 1983-1996 [hay trad. cast.: *Mundo The Sandman*, Barcelona, Norma, 2006].

Página 90 (viñeta 4): como lecturas fascinantes sobre la historia de la naturaleza de la idea de Dios (en ciertas culturas), véanse Jonathan Kirsch, *God Against the Gods. The History of the War between Monotheism and Polytheism*, Nueva York, Viking Compass, 2004 [hay trad. cast.: *Dios contra los dioses. Historia de la guerra entre el monoteísmo y politeísmo*, Barcelona, Ediciones B, 2006]; y Karen Armstrong, *A History of God. The 4,000-year Quest of Judaism, Christianity, and Islam*, Nueva York, A. A. Knopf, 1993 [hay trad. cast.: *Una historia de Dios. 4.000 años de búsqueda en el judaísmo, el cristianismo y el islam*, Barcelona, Paidós Ibérica, 2016].

Páginas 92 y 93: los libros sobre la vida de las estrellas mencionados en la nota del capítulo 3 correspondiente a las páginas 46 y 47 tratan bien esta cuestión.

Página 93: la tabla periódica de los elementos y su estructura se explica en Eric R. Scerri, *The Periodic Table. A Very Short Introduction*, Oxford, Oxford University Press, 2011. [Hay trad. cast.: *La tabla periódica. Una breve introducción*, Madrid, Alianza, 2013.]

Página 95: suponemos que no están en uno de los designados como «vagón en silencio».

Página 96 (viñeta 3): esta es una pregunta muy antigua que quizá se le ha ocurrido de forma independiente a casi cualquier persona que la esté leyendo (y si no, no pasa nada). Nadie tiene una respuesta. No obstante, hay diversas especulaciones, que van desde el tipo de cosas que escuchamos en esta conversación hasta la idea de que, fundamentalmente, el universo es en esencia matemático. Una de las versiones más recientes de esta última idea se presenta en el libro de Tegmark (véanse las notas del capítulo 3 correspondientes a la página 45). La discusión sobre lo real y lo ideal en el libro de Wilczek (véanse las notas del capítulo 1 correspondientes a la página 15) también merece la pena leerla.

¡HOLA!
¡HOLA! ¿CÓMO ESTÁS?
BASTANTE BIEN, ¿Y TÚ?
ANGEL'S FLIGHT
TODO BIEN, GRACIAS.
DANDO UN PASEO. PENSABA QUIZÁ TOMAR UN CAFÉ.
YO VOY A UNION STATION. ¿DÓNDE PENSABAS TOMARLO?

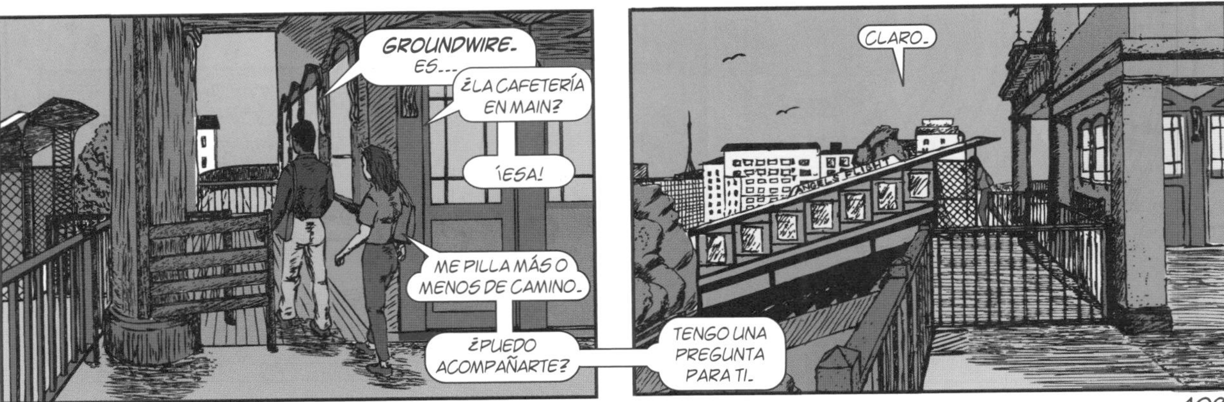
GROUNDWIRE. ES...
¿LA CAFETERÍA EN MAIN?
¡ESA!
ME PILLA MÁS O MENOS DE CAMINO.
¿PUEDO ACOMPAÑARTE?
TENGO UNA PREGUNTA PARA TI.
CLARO.

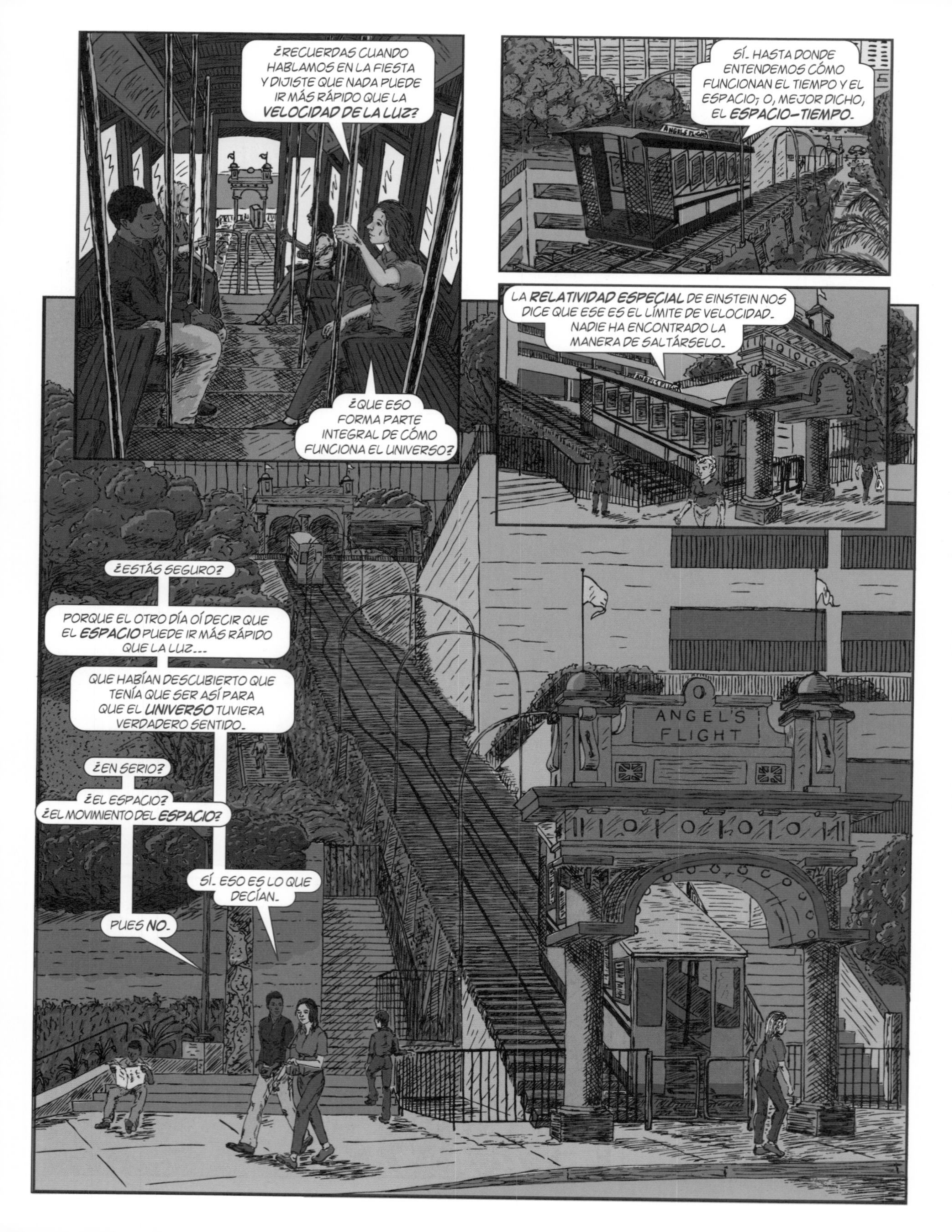
¿RECUERDAS CUANDO HABLAMOS EN LA FIESTA Y DIJISTE QUE NADA PUEDE IR MÁS RÁPIDO QUE LA **VELOCIDAD DE LA LUZ**?
¿QUE ESO FORMA PARTE INTEGRAL DE CÓMO FUNCIONA EL UNIVERSO?
SÍ. HASTA DONDE ENTENDEMOS CÓMO FUNCIONAN EL TIEMPO Y EL ESPACIO; O, MEJOR DICHO, EL **ESPACIO-TIEMPO**.
ANGELS FLIGHT
LA **RELATIVIDAD ESPECIAL** DE EINSTEIN NOS DICE QUE ESE ES EL LÍMITE DE VELOCIDAD. NADIE HA ENCONTRADO LA MANERA DE SALTÁRSELO.
¿ESTÁS SEGURO?
PORQUE EL OTRO DÍA OÍ DECIR QUE EL **ESPACIO** PUEDE IR MÁS RÁPIDO QUE LA LUZ...
QUE HABÍAN DESCUBIERTO QUE TENÍA QUE SER ASÍ PARA QUE EL **UNIVERSO** TUVIERA VERDADERO SENTIDO.
¿EN SERIO?
¿EL ESPACIO? ¿EL MOVIMIENTO DEL **ESPACIO**?
SÍ. ESO ES LO QUE DECÍAN.
PUES **NO**.
ANGEL'S FLIGHT

¿NO?
NO.

LA COSA ES QUE
NO SÉ QUÉ QUERRÁ DECIR ESE **MOVIMIENTO DEL ESPACIO...**
85¢

...YA QUE SE NECESITA EL PROPIO ESPACIO PARA DEFINIR EL CONCEPTO DE **MOVIMIENTO.**

BIEN, PUES...
¡¡CUI-DADO!!

BELL

IMAGINA QUE VAS EN BICI Y QUIERES SABER A QUÉ VELOCIDAD TE MUEVES, PERO NO TIENES UN VELOCÍMETRO.
ESTÁS DE SUERTE, YA QUE, JUNTO AL ARCÉN, HAY UN MOJÓN QUE MARCA CADA MILLA.
MILLA 37
PARA CALCULAR TU VELOCIDAD, SOLO TIENES QUE CONTAR CUÁNTOS VES PASAR CADA HORA.
MILLA 37
O CUÁNTO TIEMPO PASA ENTRE UNO DE ELLOS Y EL SIGUIENTE.
SÍ, ESO TAMBIÉN VALE... TIENE SENTIDO QUE PUEDAS CALCULAR TU VELOCIDAD, PORQUE SOBRE EL ESPACIO HAY SUPERPUESTA UNA MEDIDA (DE UNA MILLA).
Y TIENES TU RELOJ PARA MEDIR EL TIEMPO.
EXACTO. ESTE ES TU ESTÁNDAR PERSONAL DE **ESPACIO-TIEMPO** QUE LLEVAS CONTIGO MIENTRAS TE DESPLAZAS.
CIERTO. RECUERDO QUE ESTA ES UNA IDEA CLAVE DE LA **RELATIVIDAD ESPECIAL**.
ESA ES LA IMAGEN QUE TENGO EN MENTE CUANDO DIGO QUE NO SÉ QUÉ PODRÍA SIGNIFICAR QUE EL **ESPACIO SE MUEVE**.

VALE
ENTIENDO...
PROBABLEMENTE HABLAN DE LA INFLACIÓN.
EN LA INFLACIÓN, EL TAMAÑO DEL UNIVERSO AUMENTA RÁPIDAMENTE A MEDIDA QUE EL TIEMPO PASA.
OBSERVACIONES ASTRONÓMICAS DEMUESTRAN QUE ESO FUE LO QUE HIZO EL UNIVERSO EN LOS PRIMERÍSIMOS INSTANTES DE SU EXISTENCIA.
NO ES LA EXPANSIÓN NORMAL QUE SE PRODUCE AHORA, SINO UNA SUPERRÁPIDA QUE OCURRIÓ JUSTO AL PRINCIPIO...
¡SÍ!
GROUNDWIRE café
ESO ES LO QUE HE OÍDO. SE NECESITA ALGO COMO LA INFLACIÓN CÓSMICA PARA EXPLICAR POR QUÉ PARTES TOTALMENTE DISTINTAS DEL UNIVERSO VISIBLE TIENEN PROPIEDADES PARECIDAS...
GROUNDWIRE café
...PERO NO ESTOY SEGURA DE POR QUÉ ESO ES UN PROBLEMA QUE DEBA RESOLVERSE. ESTO ME DEJÓ CONFUSA.

¡AJÁ!
ESO SÍ LO PUEDO EXPLICAR. SE TRATA DEL **EQUILIBRIO**.
¿EQUILIBRIO?
¿QUÉ HAY QUE EQUILIBRAR?
EN ESTE CASO, ES UN EQUILIBRIO DE CALOR: EL EQUILIBRIO **TÉRMICO**.
MIRA, TODO LO QUE HAY EN ESTA SALA...
(SALVO EL CAFÉ, EL TÉ, LAS BOMBILLAS Y OTRAS COSAS QUE SE HAN CALENTADO, PERO MÁS O MENOS TODO LO DEMÁS)
ESTÁ APROXIMADAMENTE A LA MISMA **TEMPERATURA**: LA MESA, LAS PAREDES, EL AIRE...
TEMPERATURA AMBIENTE.
¡EXACTO! Y NO ES COINCIDENCIA.
TÉ
TÉ
ATHY
EL CALOR FLUYE DE UN SITIO A OTRO, ¿NO? LOS OBJETOS MÁS FRÍOS SE CALIENTAN GRACIAS AL CALOR QUE FLUYE DESDE LOS MÁS CALIENTES, HASTA QUE TODOS ALCANZAN LA MISMA TEMPERATURA.
VALE. ASÍ QUE LA TEMPERATURA AL FINAL SE EQUILIBRA PORQUE LOS OBJETOS HAN ESTADO EN CONTACTO ENTRE SÍ, DE UNA FORMA U OTRA.
Y LO MISMO PASA CON EL UNIVERSO.

¿EN SERIO?
SÍ.
PARA EMPEZAR, EL UNIVERSO TIENE UNA EDAD CONCRETA.
13.000 MILLONES DE AÑOS, ¿NO?
EN TORNO A 13.800 MILLONES...
...Y USANDO TELESCOPIOS HEMOS MEDIDO LA VELOCIDAD A LA QUE SE EXPANDE AHORA, Y CUÁNTA MATERIA Y ENERGÍA CONTIENE.
A SU VEZ LA MATERIA Y LA ENERGÍA INFLUYEN SOBRE LA VELOCIDAD DE EXPANSIÓN DEL UNIVERSO, SEGÚN LA RELATIVIDAD DE EINSTEIN.
TODO ESTO SE PUEDE INTRODUCIR EN SUS ECUACIONES PARA EL ESPACIO-TIEMPO PARA CALCULAR CÓMO SE EXPANDÍA EL UNIVERSO EN EL PASADO
Y CÓMO ESA EXPANSIÓN AFECTÓ A LA DISTRIBUCIÓN DE DISTINTAS FORMAS DE MATERIA Y ENERGÍA.
$R_{\mu\nu} - \frac{1}{2} g_{\mu\nu} R = 8\pi T_{\mu\nu} G$
$T_{\mu\nu} =$
ESTA PREDICCIÓN SE PUEDE COMPROBAR, YA QUE NOS DA INFORMACIÓN ESPECÍFICA, COMO LAS CANTIDADES QUE SE FORMARON DE HIDRÓGENO, HELIO Y OTROS ELEMENTOS, Y CUÁNDO EMPEZÓ A BRILLAR LA PRIMERÍSIMA DE TODAS LAS LUCES, ETC.
¡Y LAS MEDICIONES LO CONFIRMAN TODO!

Asíntota
LEÍ ALGO AL RESPECTO EN ALGÚN SITIO, Y ¿SABES EN QUÉ PENSÉ?
EN QUÉ.
EN COCINAR.
¿COCINAR?
SÍ, COCINAR.
¿EN SERIO?

PUES SÍ.
SE COMBINAN VARIOS INGREDIENTES PARA PREPARAR, POR EJEMPLO, UN GUISO.
HAY QUE AÑADIRLOS EN LOS MOMENTOS PRECISOS DEL PROCESO.
...Y A VECES HAY QUE SUBIR EL FUEGO, COMO AL PRINCIPIO PARA SALTEAR LA CEBOLLA Y EL AJO.
Y LUEGO SE PUEDE BAJAR, PARA DEJAR QUE HIERVA A FUEGO LENTO.
VALE, ASÍ QUE...
Y A VECES **PRUEBAS** EL GUISO, O SIMPLEMENTE LO **HUELES** (SON COMO LAS MEDICIONES CON EL TELESCOPIO) PARA SABER CÓMO HAN COMBINADO LOS INGREDIENTES...
¿TIENE DEMASIADA SAL?
¿CUÁL ES AQUÍ LA ANALOGÍA CON LAS ECUACIONES DE EINSTEIN? ¿SON LA **RECETA** DEL GUISO?

NO. CREO QUE NO.
PARA MÍ, LAS ECUACIONES SON MÁS COMO LA LÓGICA FUNDAMENTAL QUE LO SUSTENTA TODO; NO SOLO UNAS CUANTAS REGLAS, COMO UNA RECETA.
LAS RECETAS PROCEDEN DE LA EXPERIENCIA, LA CULTURA, LA TRADICIÓN, Y DEMÁS, ASÍ COMO DE LA CIENCIA DE CÓMO COMBINAN LOS INGREDIENTES.
TODO ESO FORMA PARTE DE LA FORMACIÓN Y LA EXPERIENCIA DEL CHEF. ES TODO **ESO** LO QUE ES COMO LAS ECUACIONES.
$R_{\mu\nu} - \frac{1}{2} g_{\mu\nu} R = 8\pi G T_{\mu\nu}$
cuchara
fundido pero solo
un minuto para que
el pan
mezcla
remover
¿EN SERIO? PARA COMPLETAR LA ANALOGÍA, EL CHEF DEBERÍA PODER PROBAR EL GUISO Y SABER QUÉ INGREDIENTES CONTIENE, Y TODO LO QUE SE HA HECHO PARA PREPARARLO.
ESO NO PARECE POCA COSA.
¿LO DICES EN SERIO? ¡ESO ES **EXACTAMENTE** LO QUE UN BUEN CHEF ES CAPAZ DE HACER!
INCLUSO HAY PROGRAMAS SOBRE ELLO EN LA TELE.
LE PONES UN PLATO DELANTE, LO PRUEBA, Y PODRÍA HACER UNA LISTA DE TODOS LOS INGREDIENTES.
SABRÍA, A PARTIR DE LOS SABORES Y TEXTURAS, CÓMO COMBINAR VARIOS INGREDIENTES PARA OBTENERLOS, QUÉ TEMPERATURAS Y TIEMPOS DE COCCIÓN SE NECESITARÍAN, Y DEMÁS.
CREO QUE ES **EXACTAMENTE** COMO CUANDO LOS FÍSICOS HACEN MEDICIONES ASTRONÓMICAS AHORA Y, CONOCIENDO LAS ECUACIONES FÍSICAS ADECUADAS, CALCULAN CÓMO ERA EL UNIVERSO EN SUS INICIOS.

BUENO, VALE. PERO DUDO QUE PUEDAN OBTENER UN RESULTADO PRECISO HASTA EL MÍNIMO DETALLE.
¿Y LOS FÍSICOS SÍ PUEDEN? SI LO HICIESEIS A LA PERFECCIÓN, YA NO TENDRÍAIS NADA QUE HACER
¿NO?
LO HACEMOS BASTANTE BIEN.
MUY BIEN.
LOS BUENOS COCINEROS TAMBIÉN.
SOBRE TODO SI PRUEBAN UN PLATO DE UNA TRADICIÓN CULINARIA QUE CONOCEN BIEN.
¡AJÁ!
ES COMO EL HECHO DE QUE PARA NOSOTROS SEA IMPORTANTE TRABAJAR CON LAS ECUACIONES ADECUADAS PARA CADA PROBLEMA.
SÍ. UN MAESTRO COCINERO FRANCÉS NO VA A SABERLO TODO SOBRE UN PLATO POLINESIO.
ENTONCES, BUSCAR MEJORES MANERAS DE ENTENDER ASPECTOS DEL UNIVERSO PODRÍA ALGÚN DÍA SER COMO BUSCAR IDEAS EN DISTINTAS TRADICIONES...
ENFOQUES FÍSICOS COMPLETAMENTE DISTINTOS PROCEDENTES DE OTROS CAMPOS.
VALE... LO ACEPTO.

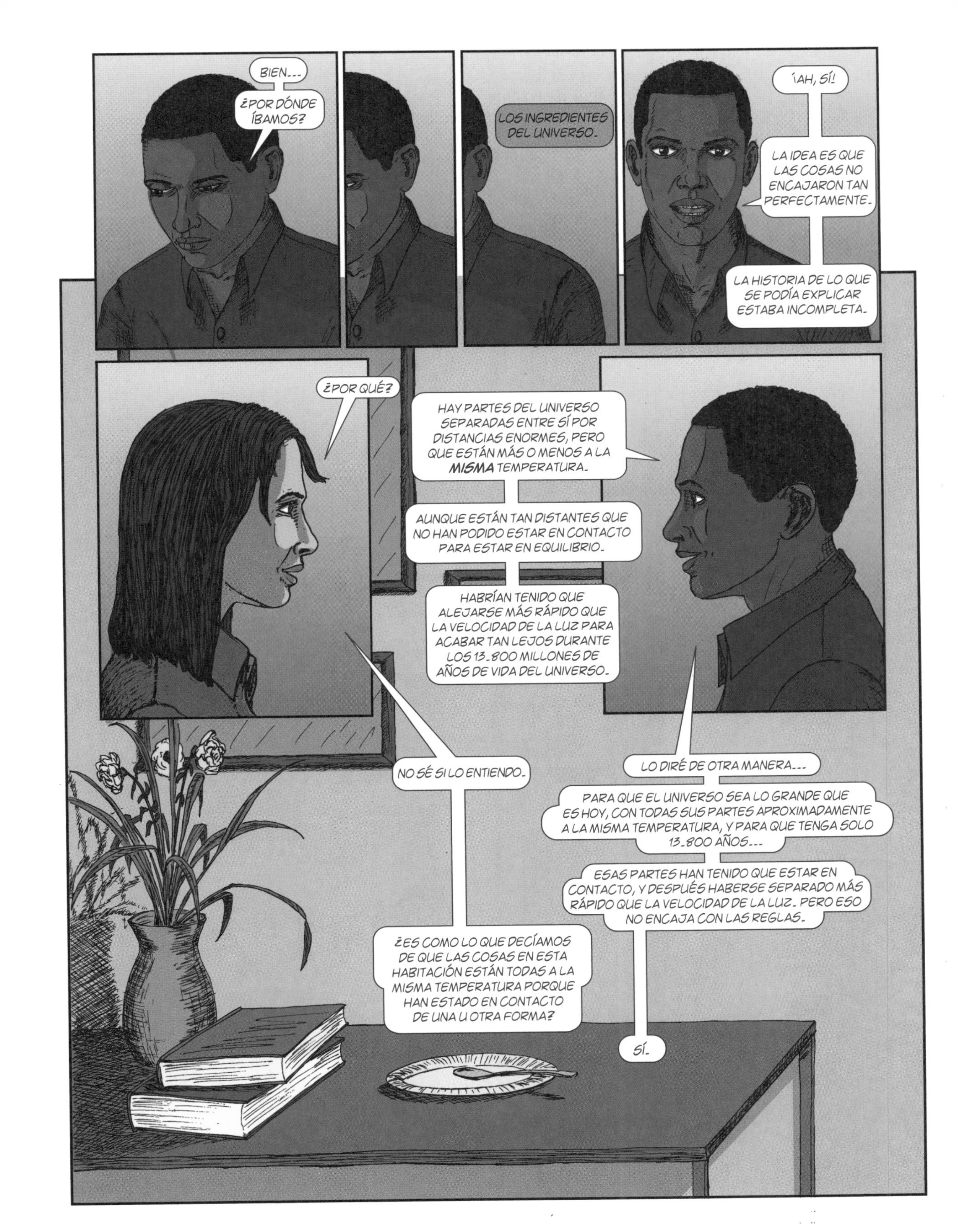
BIEN...
¿POR DÓNDE ÍBAMOS?
LOS INGREDIENTES DEL UNIVERSO.
¡AH, SÍ!
LA IDEA ES QUE LAS COSAS NO ENCAJARON TAN PERFECTAMENTE.
LA HISTORIA DE LO QUE SE PODÍA EXPLICAR ESTABA INCOMPLETA.
¿POR QUÉ?
HAY PARTES DEL UNIVERSO SEPARADAS ENTRE SÍ POR DISTANCIAS ENORMES, PERO QUE ESTÁN MÁS O MENOS A LA **MISMA** TEMPERATURA.
AUNQUE ESTÁN TAN DISTANTES QUE NO HAN PODIDO ESTAR EN CONTACTO PARA ESTAR EN EQUILIBRIO.
HABRÍAN TENIDO QUE ALEJARSE MÁS RÁPIDO QUE LA VELOCIDAD DE LA LUZ PARA ACABAR TAN LEJOS DURANTE LOS 13.800 MILLONES DE AÑOS DE VIDA DEL UNIVERSO.
NO SÉ SI LO ENTIENDO.
LO DIRÉ DE OTRA MANERA...
PARA QUE EL UNIVERSO SEA LO GRANDE QUE ES HOY, CON TODAS SUS PARTES APROXIMADAMENTE A LA MISMA TEMPERATURA, Y PARA QUE TENGA SOLO 13.800 AÑOS...
ESAS PARTES HAN TENIDO QUE ESTAR EN CONTACTO, Y DESPUÉS HABERSE SEPARADO MÁS RÁPIDO QUE LA VELOCIDAD DE LA LUZ. PERO ESO NO ENCAJA CON LAS REGLAS.
¿ES COMO LO QUE DECÍAMOS DE QUE LAS COSAS EN ESTA HABITACIÓN ESTÁN TODAS A LA MISMA TEMPERATURA PORQUE HAN ESTADO EN CONTACTO DE UNA U OTRA FORMA?
SÍ.

PERO... ¿MÁS RÁPIDO QUE LA LUZ?
¿SE MUEVE EL ESPACIO MÁS RÁPIDO QUE LA LUZ?
ES ASÍ, ¿VERDAD?
SÍ Y NO.
ESA NO ES LA MANERA CORRECTA DE VERLO.
EL ESPACIO NO SE PUEDE MOVER, PERO SÍ PUEDE AUMENTAR DE TAMAÑO.
¿EL TAMAÑO DEL ESPACIO?
AH...
SÍ, LA SOLUCIÓN ES QUE EL ESPACIO SE EXPANDIÓ MUY RÁPIDO EN LOS INICIOS DEL UNIVERSO.
ESA RÁPIDA EXPANSIÓN TEMPRANA SE LLAMA INFLACIÓN.
¿RECUERDAS LA BICI?
ES COMO SI INYECTÁSEMOS MÁS ESPACIO ENTRE CADA MOJÓN, DE MANERA QUE AUMENTASE LA DISTANCIA ENTRE CADA SEÑAL.
MILLA 48
PERO ¿ESO NO ES COMO CAMBIAR LA DEFINICIÓN DE MILLA? ¿AHORA UNA MILLA SERÍAN DOS, O ALGO ASÍ?
CLARO, EN CIERTO SENTIDO... PARA EL ESPACIO EN SÍ.
PERO IMPORTA PORQUE AFECTA AL RESTO DE LA FÍSICA QUE OCURRE EN EL ESPACIO.
COMO CICLISTAS, NOS FASTIDIARÁ PORQUE NO LLEGAREMOS A NUESTRO DESTINO TAN RÁPIDO COMO ANTES.
¡TENEMOS QUE RECORRER MÁS ESPACIO!

¿EN SERIO? ¡VAYA LOCURA!
¿DE DÓNDE SALE ESE ESPACIO ADICIONAL?
ESA ES UNA DE LAS COSAS QUE APRENDIMOS DEL TRABAJO DE EINSTEIN EN **RELATIVIDAD GENERAL**.
EL ESPACIO EN SÍ ES ALGO DINÁMICO...

NO ES SOLO UN SITIO DONDE HAY COSAS.
EL ESPACIO SE PUEDE ESTIRAR, CONTRAER Y RETORCER DE DISTINTAS MANERAS, EN LAS CIRCUNSTANCIAS ADECUADAS.

¿QUÉ TIPO DE CIRCUNSTANCIAS?
¿QUÉ HACE QUE SE ESTIRE Y DEMÁS?

COSAS COMO LA MASA Y LA ENERGÍA. SI LAS HAY EN CANTIDADES SUFICIENTES Y SE DESPLIEGAN DE LA MANERA ADECUADA, SUCEDERÁ.
ESPERA... HE LEÍDO ALGO SOBRE LA CURVATURA DEL ESPACIO QUE SE PRODUCE PARA OBJETOS ENORMES COMO EL SOL.
FUE ASÍ COMO SE DEMOSTRÓ POR PRIMERA VEZ LA RELATIVIDAD GENERAL, ¿NO?

SÍ. EN 1919.
COMPROBARON QUE LA LUZ SE DESVÍA CUANDO PASA CERCA DEL SOL, DEBIDO A LA **CURVATURA**.

SÍ.
FUE ALGO IMPORTANTÍSIMO. LLEGÓ INCLUSO A LOS TITULARES DE LOS PERIÓDICOS DE TODO EL MUNDO...
VALE... ESO LO SÉ, PERO NO SABÍA QUE EL ESPACIO TAMBIÉN SE PUEDE ESTIRAR, HACER QUE SE EXPANDA COMO... UN GLOBO.

ESO ES.
SE PUEDE, Y EN EL UNIVERSO PRIMITIVO HUBO UN PERIODO EN QUE ESO FUE SOBRE TODO LO QUE OCURRIÓ: EL PERIODO DE **INFLACIÓN**.

EL ESPACIO MULTIPLICÓ MUCHAS VECES SU TAMAÑO EN ESOS PRIMERÍSIMOS INSTANTES.

¿ESTO FUE ANTES, DURANTE O DESPUÉS DEL BIG BANG?

BUENA PREGUNTA. EN REALIDAD, FUE ANTES DE LA FASE TRADICIONAL DE BIG BANG...

PERO ¿CÓMO ESTAMOS TAN SEGUROS DE QUE SUCEDIÓ REALMENTE? ¡FUE HACE MUCHÍSIMO TIEMPO!
TODO ESE ESTIRAMIENTO TIENE CONSECUENCIAS, EFECTOS QUE PODEMOS MEDIR. ESE PROBLEMA DEL EQUILIBRIO FUE SOLO EL PRIMER INDICIO...

...Y LA INFLACIÓN EXPLICA CÓMO TODAS ESAS PARTES DEL UNIVERSO TAN GRANDE QUE VEMOS AHORA ESTUVIERON ANTES EN CONTACTO...
PERO AFECTÓ TAMBIÉN A COSAS MENOS EVIDENTES.
SI EL ESPACIO SE ESTIRA TANTO, SE VUELVE MUY PLANO
Y CUALQUIER GRUMO QUE EXISTIESE EN ÉL Y EN LOS OBJETOS QUE CONTIENE SE DILUYE DE MANERAS MUY CONCRETAS QUE LAS ECUACIONES PREDICEN.
INSTRUMENTOS ASOMBROSOS COMO LOS OBSERVATORIOS ESPACIALES **WMAP** Y **PLANCK** HAN CONFIRMADO ESTOS Y OTROS DETALLES CON UNA PRECISIÓN **EXTRAORDINARIA.**

ENTIENDO.
AHORA SE PRUEBA EL GUISO PARA DEDUCIR CÓMO SE COCINÓ.
¡JA, JA! SÍ...

TOMAMOS UNA CUCHARADA DE SALSA, ESTUDIAMOS SU COLOR, INHALAMOS SU AROMA, NOS LA PONEMOS EN LA LENGUA...
PODEMOS NOTAR INDICIOS (FUERTES INDICIOS) DE CÓMO SE EMPEZÓ A COCINAR...
EL SALTEADO DE LAS CEBOLLAS, EL CHORRITO DE VINO, LA PIZCA DE SAL...
SÍ. ¡PARECE APETITOSO...!

Y QUIZÁ UN SABOR COMPLETAMENTE DISTINTO HABRÍA IMPLICADO QUE EL GUISO SE EMPEZASE A COCINAR DE UNA FORMA TOTALMENTE DISTINTA...
EXACTO...
EN ESTE CASO, PARA NUESTRO GUISO-UNIVERSO, ESE PERIODO DE COCCIÓN INICIAL INCLUYÓ UNA RÁPIDA INFLACIÓN DEL ESPACIO.
PLANCK Y WMAP PUEDEN SABOREARLA.
YA VEO...

PERO ¿POR QUÉ EL ESTIRAMIENTO NO HACE QUE LAS COSAS SE MUEVAN MÁS RÁPIDO QUE LA LUZ?
PUESTO QUE EL TAMAÑO DEL ESPACIO CRECE MUY RÁPIDAMENTE, PUEDE PARECER QUE HA AUMENTADO LA SEPARACIÓN ENTRE DOS PUNTOS...

...POR EJEMPLO, DOS HITOS KILOMÉTRICOS EN NUESTRO PASEO EN BICI, EN UN TIEMPO MENOR DEL QUE LA LUZ TARDARÍA EN RECORRER ESA DISTANCIA.

¡A MÍ ME SIGUE PARECIENDO QUE EL ESPACIO SE MUEVE MÁS RÁPIDO QUE LA LUZ!
DECIR QUE EL ESPACIO SE MUEVE RESULTA CONFUSO: EL ESPACIO NO VA A NINGÚN SITIO; SE EXPANDE. LA RELATIVIDAD SIGUE SIENDO CORRECTA.

¿POR QUÉ?
PORQUE LAS COSAS **EN** EL ESPACIO EN REALIDAD NO PUDIERON MOVERSE MÁS RÁPIDO QUE LA LUZ.
SINO QUE EL ESPACIO EN EL QUE ESTABAN SITUADAS SE EXPANDIÓ.

¡AH! ¡YA SÉ!
ES COMO UNO DE ESOS PASILLOS RODANTES DE LOS AEROPUERTOS...
¿AH, SÍ? ¿CÓMO?

PODEMOS IR A NUESTRA VELOCIDAD MÁXIMA SOBRE UNO DE ESOS PASILLOS, Y ACABAMOS...
¡YENDO MUCHO MÁS RÁPIDO PORQUE EL PASILLO SE MUEVE!

SÍ...
NUNCA ROMPEMOS LAS REGLAS DE LA BIOLOGÍA AL CAMINAR SOBRE EL PASILLO MÁS RÁPIDO DE LO QUE ES HUMANAMENTE POSIBLE.

VAMOS A LA VELOCIDAD DE LA QUE SOMOS CAPACES, PERO EL PASILLO NOS ARRASTRA MÁS RÁPIDO RESPECTO AL RESTO DEL SUELO DEL AEROPUERTO...

¡ES VERDAD! PARA EL UNIVERSO, ES COMO SI EL SUELO SE ESTIRASE...
SÍ, COMO SI SE ESTIRASE EN TODAS LAS DIRECCIONES, Y CADA PUNTO SE ALEJASE DE TODOS LOS DEMÁS MUY RÁPIDAMENTE DURANTE LA INFLACIÓN.

ASÍ QUE LA **RELATIVIDAD ESPECIAL** DE EINSTEIN PARA LAS COSAS **EN** EL ESPACIO NO SE VE AFECTADA POR SU **RELATIVIDAD GENERAL**, QUE ES **SOBRE** EL ESPACIO.
EN EL ESPACIO FRENTE A **SOBRE** EL ESPACIO...
VALE...

A MÍ ME GUSTA VERLO COMO SI FUERAN DOS ENTIDADES DISTINTAS:
EL **PARTIDO**...
Y EL **ESTADIO**.

EL PARTIDO TIENE CIERTAS REGLAS QUE NO SE VIOLAN.
SE RIGE POR LAS LEYES DE LA FÍSICA SOBRE LOS OBJETOS, LAS COSAS QUE NOS RODEAN, COMO ESTA TAZA, TU TELÉFONO...
TODAS LAS PARTÍCULAS ELEMENTALES QUE COMPONEN ESTAS COSAS, Y A NOSOTROS MISMOS...
Y LOS DISTINTOS TIPOS DE FUERZAS QUE LAS MANTIENEN UNIDAS...
UNA DE LAS REGLAS DEL PARTIDO QUE HEMOS APRENDIDO ES QUE LA VELOCIDAD DE LA LUZ ES LA MÁXIMA ALCANZABLE.
EL ESTADIO ES EL ESPACIO Y EL TIEMPO, EL ESPACIO-TIEMPO, DONDE ESTÁN TODAS LAS COSAS.
DONDE SE CELEBRA EL PARTIDO.
EL ESPACIO NOS DICE DÓNDE ESTÁN LAS COSAS, MIENTRAS QUE EL TIEMPO NOS AYUDA A SABER CÓMO CAMBIAN ESAS POSICIONES...
VALE, PERO ¿CUÁL ES LA IDEA FUNDAMENTAL AQUÍ?
YA CASI LLEGAMOS...
GRAN PARTE DE LA CIENCIA TIENE QUE VER CON EL PARTIDO, CON IDENTIFICAR LAS REGLAS Y LOS JUGADORES, COMO LA QUÍMICA, LA FÍSICA NUCLEAR, LA BIOLOGÍA... Y SE BASA EN COSAS COMO LA MECÁNICA CUÁNTICA, LA GENÉTICA O LA TERMODINÁMICA, ENTRE OTRAS.
PERO... ¡AJÁ! A VECES LAS CUESTIONES QUE SE TRATAN TIENEN QUE VER CON EL ESTADIO EN SÍ. DESDE EINSTEIN, TENEMOS CLARO QUE EL ESTADIO NO ES ALGO FIJO. PUEDE CAMBIAR, Y TAMBIÉN HAY LEYES FÍSICAS PARA ESO. DE HECHO, PARA ESO ESTÁ LA RELATIVIDAD GENERAL.

PERO ¿ESO NO ES CIERTO YA EN LA **RELATIVIDAD ESPECIAL**?

¿QUÉ ES CIERTO YA?

QUE EL ESPACIO Y EL TIEMPO PUEDEN CAMBIAR. NO HACE FALTA LA RELATIVIDAD GENERAL PARA VERLO, ¿NO?

MMM...
SI ME MUEVO A CIERTA VELOCIDAD RESPECTO A TI, MIDO EL TIEMPO DE MANERA DISTINTA A TI. Y LO MISMO SUCEDE CON EL ESPACIO...

...ASÍ QUE EL HECHO DE QUE ME MUEVO CAMBIA TANTO EL ESPACIO COMO EL TIEMPO. **RELATIVIDAD ESPECIAL**.
¡HABLAMOS DE ELLO EN LA FIESTA!

AH, VALE. YA ENTIENDO.
PERO ESO ES DISTINTO.
¿CÓMO?
PARA MÍ...
LA RELATIVIDAD ESPECIAL SOLO DICE QUE DISTINTOS OBSERVADORES **TROCEAN** EL ESPACIO-TIEMPO DE MANERA DISTINTA. ESE TROCEADO DETERMINA LO QUE ES ESPACIO Y LO QUE ES TIEMPO...

...PERO EL ESPACIO-TIEMPO EN SÍ ES EL MISMO.
AH, VALE.
LA RELATIVIDAD GENERAL DEMUESTRA CÓMO CAMBIA EL PROPIO ESPACIO-TIEMPO.
CON ELLA NACE LA COSMOLOGÍA MODERNA.

¿TODO ESTO DE QUE EL UNIVERSO CAMBIA?
SÍ.
Y NO SOLO CAMBIAN LAS COSAS QUE HAY **EN** ÉL, SINO TAMBIÉN EL ESPACIO Y EL TIEMPO, EL ESPACIO-TIEMPO.

ENTIENDO.
ME GUSTA.
BUENO, HABLANDO DE TIEMPO, TENGO QUE COGER UN TREN.

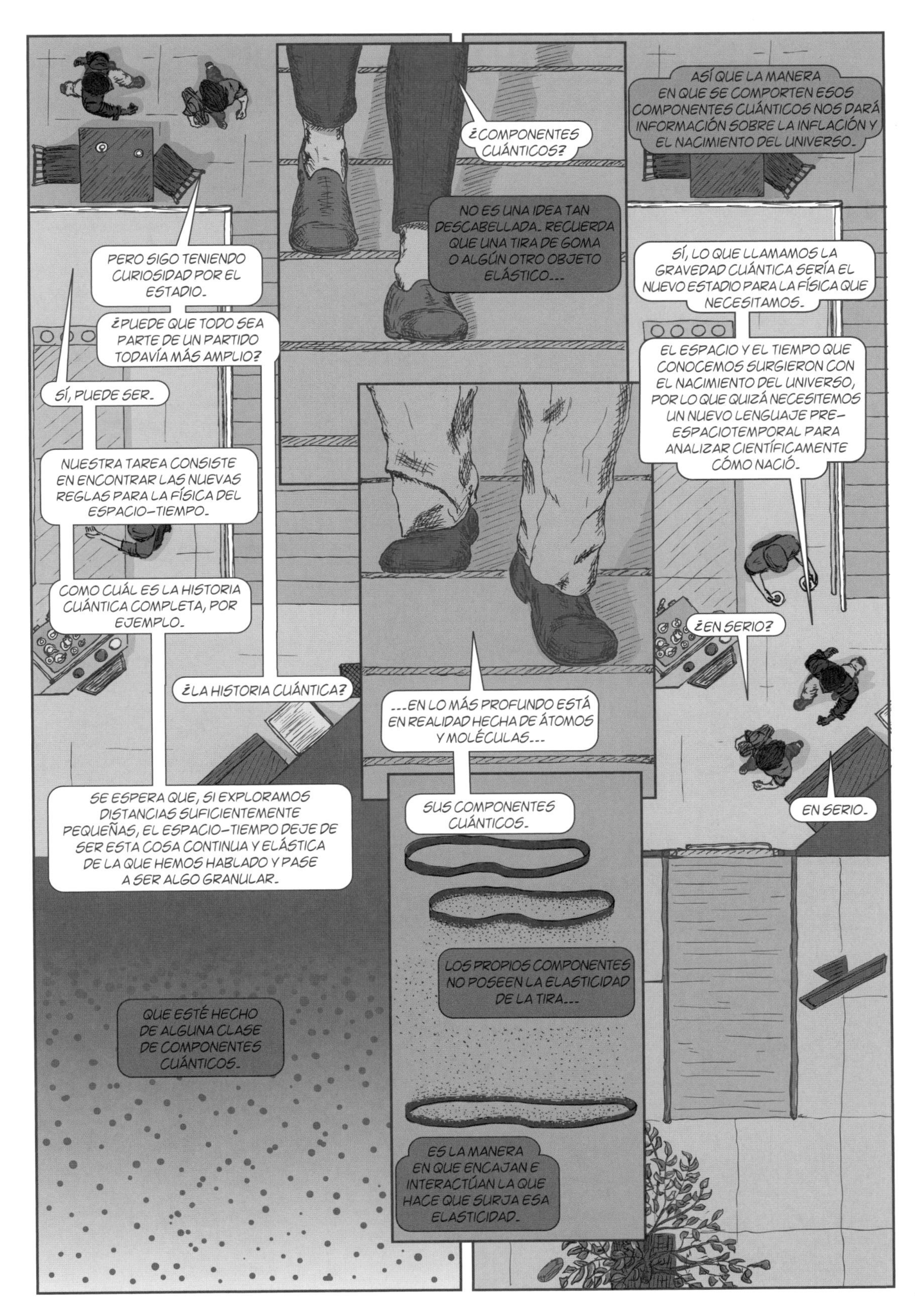
PERO SIGO TENIENDO CURIOSIDAD POR EL ESTADIO.
¿PUEDE QUE TODO SEA PARTE DE UN PARTIDO TODAVÍA MÁS AMPLIO?
SÍ, PUEDE SER.
NUESTRA TAREA CONSISTE EN ENCONTRAR LAS NUEVAS REGLAS PARA LA FÍSICA DEL ESPACIO-TIEMPO.
COMO CUÁL ES LA HISTORIA CUÁNTICA COMPLETA, POR EJEMPLO.
¿LA HISTORIA CUÁNTICA?
SE ESPERA QUE, SI EXPLORAMOS DISTANCIAS SUFICIENTEMENTE PEQUEÑAS, EL ESPACIO-TIEMPO DEJE DE SER ESTA COSA CONTINUA Y ELÁSTICA DE LA QUE HEMOS HABLADO Y PASE A SER ALGO GRANULAR.
QUE ESTÉ HECHO DE ALGUNA CLASE DE COMPONENTES CUÁNTICOS.
¿COMPONENTES CUÁNTICOS?
NO ES UNA IDEA TAN DESCABELLADA. RECUERDA QUE UNA TIRA DE GOMA O ALGÚN OTRO OBJETO ELÁSTICO...
...EN LO MÁS PROFUNDO ESTÁ EN REALIDAD HECHA DE ÁTOMOS Y MOLÉCULAS...
SUS COMPONENTES CUÁNTICOS.
LOS PROPIOS COMPONENTES NO POSEEN LA ELASTICIDAD DE LA TIRA...
ES LA MANERA EN QUE ENCAJAN E INTERACTÚAN LA QUE HACE QUE SURJA ESA ELASTICIDAD.
ASÍ QUE LA MANERA EN QUE SE COMPORTEN ESOS COMPONENTES CUÁNTICOS NOS DARÁ INFORMACIÓN SOBRE LA INFLACIÓN Y EL NACIMIENTO DEL UNIVERSO.
SÍ, LO QUE LLAMAMOS LA GRAVEDAD CUÁNTICA SERÍA EL NUEVO ESTADIO PARA LA FÍSICA QUE NECESITAMOS.
EL ESPACIO Y EL TIEMPO QUE CONOCEMOS SURGIERON CON EL NACIMIENTO DEL UNIVERSO, POR LO QUE QUIZÁ NECESITEMOS UN NUEVO LENGUAJE PRE-ESPACIOTEMPORAL PARA ANALIZAR CIENTÍFICAMENTE CÓMO NACIÓ.
¿EN SERIO?
EN SERIO.

¿NO IBA A SER ESO LA TEORÍA DE CUERDAS?
LEÍ UN ARTÍCULO SOBRE EL TEMA.
GROUNDWIRE café
BUENO, LA TEORÍA DE CUERDAS ES UNA TEORÍA CUÁNTICA DE LA GRAVEDAD, PERO AÚN NO SABEMOS SI ES LA QUE DESCRIBE LA NATURALEZA.
LEÍ QUE ERA LA TEORÍA DEL TODO.
QUE DE ALGUNA FORMA TODAS LAS COSAS ESTÁN HECHAS DE CUERDAS DIMINUTAS...
PARECE QUE PODRÍA ENCAJAR EL PARTIDO Y EL ESTADIO EN UN ÚNICO MARCO.
TANTO LA FÍSICA DE LA GRAVEDAD COMO LA MATERIA DESCRITAS EN TÉRMINOS DE CUERDAS QUE INTERACTÚAN...
PERO AÚN ESTÁN INTENTANDO DILUCIDAR SI ES EL ENFOQUE CORRECTO.
¿TE APETECERÍA SEGUIR HABLANDO DE ESTAS COSAS EN OTRO MOMENTO? ¡A MÍ ME ENCANTA!
CLARO. SIGAMOS EN OTRO MOMENTO.
TE VOY A ESCRIBIR MI NÚMERO...
¡ESTUPENDO!
BUENO, TENGO QUE IRME A UNION.
¡BUEN VIAJE!
¡GRACIAS POR LA CHARLA!

GROUNDWIRE
café

Notas

Páginas 110-112: hay referencias de lecturas adicionales sobre relatividad (tanto especial como general) en las notas de los capítulos 4 y 7.

Páginas 112 y siguientes: la inflación, el mecanismo principal que se discute, es una piedra angular de la cosmología moderna. Veánse los libros de Singh (mencionado en las notas del capítulo 3 correspondientes a la página 45) y de Tyson, Strauss y Gott (mencionado en la nota del capítulo 1 correspondiente a la página 12). El autor del siguiente libro es uno de los pioneros de la inflación: Alan H. Guth, *The Inflationary Universe. The Quest for a New Theory of Cosmic Origins*, Reading (Massachusetts), Addison-Wesley, 1997. [Hay trad. cast.: *El universo inflacionario. La búsqueda de una nueva teoría sobre los orígenes del cosmos*, Barcelona, Debate, 1999.]

Páginas 115 y 117: una advertencia técnica para quienes sigan el razonamiento en detalle: las ecuaciones de Einstein están escritas aquí siguiendo una convención según la cual la velocidad de la luz tiene valor 1, mientras que la constante gravitatoria de Newton, G, sigue siendo visible.

Páginas 116 y 122: una sorprendente vuelta a la comida. Véanse las notas del capítulo 2.

Página 122: los sitios web de la NASA y la ESA para las misiones WMAP (<https://map.gsfc.nasa.gov>) y Planck (<http://www.esa.int/Our_Activities/Space_Science/Planck>) son estupendas fuentes de información adicional.

Página 126: el aspecto de troceado de la relatividad especial se mencionó en la conversación anterior del capítulo 4, páginas 80 y 81. ¡Un poco de repetición no hace ningún daño!

Páginas 128 y 129: hablando de repetición, volveremos sobre algunas de las ideas al menos dos veces más adelante: la búsqueda de una descripción cuántica del espacio-tiempo («gravedad cuántica») y la antigua idea (que se remonta al menos a John Wheeler) de que el espacio-tiempo podría descomponerse a una escala diminuta y tener algún otro tipo de descripción en función de nuevas clases de componentes.

Existen varios enfoques sobre la gravedad cuántica. Uno de ellos, la teoría de cuerdas, se menciona en esta conversación. En las notas del capítulo 3 se incluyeron varias referencias a esta teoría. El siguiente libro contiene un muestreo de los intentos de cuantizar la gravedad y explica varios de esos enfoques: Lee Smolin, *Three Roads to Quantum Gravity*, Nueva York, Basic Books, 2001.* Muchos de estos enfoques (la teoría de cuerdas y la gravedad cuántica de bucles, al menos) aportan indicios (a veces en casos especiales) de cómo podría producirse esa descomposición del espacio-tiempo. Varias de las conversaciones posteriores volverán sobre este asunto, en algunos casos con mayor detenimiento.

* Téngase en cuenta que este es un campo muy activo, por lo que ha habido cambios importantes desde que se publicó en 2001.

MIRA, ESTO ES LO QUE PASA...
¿MMM?
HEMOS APRENDIDO MUCHO SOBRE LA FÍSICA DEL TIEMPO, AUNQUE NO SEPAMOS LO QUE ES.
COMO QUÉ...
EL TIEMPO PUEDE PARECER DISTINTO A DIFERENTES OBSERVADORES...
ES UNA DE LAS COSAS QUE APRENDIMOS DE LA RELATIVIDAD DE EINSTEIN.
¿DIFERENTES OBSERVADORES?
¿Y QUÉ SIGNIFICA «PARECER DISTINTO»?
QUE EL TIEMPO VAYA MÁS RÁPIDO O MÁS LENTO.
AH.
TIENE QUE VER CON LOS DISTINTOS ESTADOS DE MOVIMIENTO.
¿EN SERIO?
¡EH!
¿QUÉ?
¡YA SÉ CÓMO CONSEGUIR LO QUE QUIERES!
EN REALIDAD, TIENE QUE VER CON EL TIEMPO Y EL ESPACIO.
TANTO SI SE TRATA DEL MOVIMIENTO RELATIVO COMO DE LA GRAVEDAD, AMBAS SON FORMAS DISTINTAS DE EXPERIMENTAR EL ESPACIO...
O DISTINTOS CAMPOS GRAVITATORIOS.
EN... TIENDO...
PUEDO CREAR ESE SER INMORTAL TUYO...
¿EH?
¡O ALGO CASI INMORTAL!
BASTA CON TOMAR A UN SER VIVO Y PONERLO EN LA SITUACIÓN ADECUADA PARA QUE LOS DEMÁS OBSERVADORES LO VEAN COMO SI VIVIESE UNA ETERNIDAD.
O TAN CERCA DE LA ETERNIDAD COMO SE QUIERA.
¿QUÉ TIPO DE SITUACIÓN ES ESA?

UN AGUJERO NEGRO SERÍA ÚTIL.
¿RECUERDAS QUE HABLÉ DE LAS ESTRELLAS QUE COLAPSAN Y ESTALLAN?
¿PLANTANDO LAS SEMILLAS PARA QUE SURJA NUEVA VIDA?
¿LOS ELEMENTOS PESADOS Y TODO ESO?
SÍ.

A MENUDO, OTRA CONSECUENCIA DE ESE PROCESO ES LA FORMACIÓN DE UN AGUJERO NEGRO.
LOS RESTOS DE LA ESTRELLA QUE NO SALEN DESPEDIDOS COLAPSAN AÚN MÁS BAJO LA GRAVEDAD, HASTA CREAR UN OBJETO NUEVO Y EXTRAORDINARIO.
SÍ, HE OÍDO HABLAR DE LOS AGUJEROS NEGROS.

LA GRAVEDAD ES TAN INTENSA QUE NI SIQUIERA LA LUZ PUEDE ESCAPAR.
SÍ, ESA ES LA HISTORIA CLÁSICA.
HAY UN HORIZONTE...
ES UN PUNTO DE MÁXIMA APROXIMACIÓN...
PASADO EL CUAL NO HAY VUELTA ATRÁS.

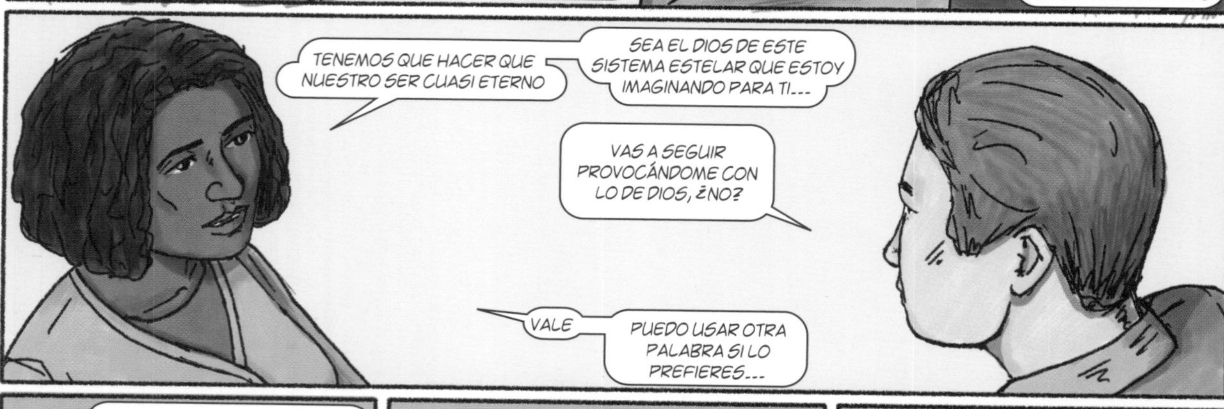
TENEMOS QUE HACER QUE NUESTRO SER CUASI ETERNO
SEA EL DIOS DE ESTE SISTEMA ESTELAR QUE ESTOY IMAGINANDO PARA TI...
VAS A SEGUIR PROVOCÁNDOME CON LO DE DIOS, ¿NO?
VALE
PUEDO USAR OTRA PALABRA SI LO PREFIERES...

EN CUALQUIER CASO, ASÍ VERÁS QUE ESTA SITUACIÓN CREA UN SER DIVINO COMO EL QUE PARECE QUE QUIERES.

BUENO, CREO QUE DIOS ES ALGO MÁS QUE...
EN FIN, CONTINÚA...

VALE, ¡ALLÁ VOY!
IMAGINA OTRA CIVILIZACIÓN...

UNA CIVILIZACIÓN QUE HABITA UN PLANETA EN ÓRBITA ALREDEDOR DE UNA POTENTE FUENTE GRAVITATORIA, COMO UN ENORME AGUJERO NEGRO...
¿CÓMO SE LLEGÓ A **ESA** SITUACIÓN?
¿Y DE DÓNDE RECIBEN LUZ?
LOS DETALLES NO SON MUY IMPORTANTES, PERO...
VALE, DIGAMOS QUE ORBITAN ALREDEDOR DE UNA ESTRELLA NORMAL
PERO ESA ESTRELLA ORBITA ALREDEDOR DEL AGUJERO NEGRO.
VALE...

AHORA IMAGINEMOS QUE UNA DE ESAS PERSONAS SE VA DEL PLANETA...
¿POR QUÉ?
POR QUÉ QUÉ...
¿POR QUÉ SE VA?
AH. NO SÉ...
¿CURIOSIDAD? ¿UNA EXPEDICIÓN CIENTÍFICA?
¿UN ELABORADO PROYECTO ARTÍSTICO?
QUIÉN SABE. PERO SE VA.
LO IMPORTANTE ES QUE, CUANTO MÁS SE ADENTRA UNO EN UN CAMPO GRAVITATORIO, MÁS DESPACIO PASA EL TIEMPO.
CUANTO MÁS SE ACERCA AL HORIZONTE DEL AGUJERO NEGRO, MÁS LENTO VA SU TIEMPO COMPARADO CON EL DE LOS DEMÁS HABITANTES DEL PLANETA.

ESO SIGNIFICA QUE DESDE EL PUNTO DE VISTA DE ESTOS...
...QUE LO OBSERVAN MEDIANTE TELESCOPIOS...

Y TAMBIÉN PARA EL MUNDO ENTERO

SE ACERCA AL AGUJERO NEGRO CADA VEZ MÁS LENTAMENTE.
¿EN SERIO?
SÍ.
¡VAYA!

PASARÁN AÑOS Y MÁS AÑOS...
Y, DESDE EL PLANETA, SEGUIRÁN VIENDO QUE NO ACABA DE LLEGAR.

DE HECHO, PASARÁN GENERACIONES ENTERAS...

Y SEGUIRÁN VIENDO CÓMO SE ACERCA LENTAMENTE AL HORIZONTE...

PROBABLEMENTE SE ESCRIBIRÁN CANCIONES Y SE CONTARÁN HISTORIAS SOBRE ESTE HOMBRE...

...QUE LLEVARÁ EN EL ESPACIO DESDE TIEMPO INMEMORIAL.

SE CONVIERTE EN LEYENDA.
¡SÍ!
PERO LAS COSAS SON DISTINTAS DESDE SU PUNTO DE VISTA.

SOLO TARDÓ UNOS POCOS AÑOS EN LLEGAR A LAS INMEDIACIONES DEL HORIZONTE DEL AGUJERO NEGRO.
Y ENTONCES SE DETUVO, JUSTO AL LADO DEL AGUJERO.
Y SE VUELVE PARA OBSERVAR, A TRAVÉS DE LOS TELESCOPIOS DE LA NAVE, LA LUZ PROCEDENTE DE SU PLANETA.
¿QUÉ ES LO QUE VE?

TAN CERCA DEL AGUJERO NEGRO, LOS EVENTOS DE SU MUNDO SE SUCEDEN A TODA VELOCIDAD ANTE SUS OJOS.
¿ES LA SITUACIÓN OPUESTA A LA ANTERIOR?

SÍ, DESDE SU PUNTO DE VISTA, EL TIEMPO EN EL PLANETA PASA MÁS RÁPIDO.

VE CÓMO SE SUCEDEN LAS GENERACIONES, LOS IMPERIOS...
TRANSCURREN CIENTOS DE AÑOS EN LO QUE PARA ÉL ES UN MES.
¡ESO ES MUCHÍSIMA HISTORIA!

QUIZÁ CON LA AYUDA DE LOS ORDENADORES DE LA NAVE PUEDA GENERAR RESÚMENES ÚTILES DE LOS EVENTOS CLAVE DE LA HISTORIA QUE OBSERVA...

...PARA PODER ESTUDIAR Y ENTENDER TODO LO QUE VE.

SI HUBIESE LLEGADO REALMENTE AL HORIZONTE, PARECERÍA QUE HA VIVIDO ETERNAMENTE EN COMPARACIÓN CON SU PLANETA.
PERO NO PODRÍA DAR MEDIA VUELTA.
¿POR QUÉ?
¿PORQUE HABRÍA ENTRADO EN EL AGUJERO NEGRO?
SÍ.
ASÍ QUE SE ACERCA MUCHO...
PERO NO DEMASIADO.

¿Y CONSIGUE VOLVER?
SÍ. USANDO LOS PROPULSORES DE SU NAVE, DA MEDIA VUELTA.

PARA ÉL HABRÍAN TRANSCURRIDO SOLO CINCO O SEIS AÑOS.
PERO EN SU PLANETA HAN PASADO MUCHÍSIMAS GENERACIONES.

Y ÉL HA PRESENCIADO TANTÍSIMA HISTORIA...

SÍ.
QUE AHORA LO VEN COMO ALGUIEN MUY VIEJO Y SABIO.

RECORRE EL MUNDO CONTANDO TODO LO QUE PRESENCIÓ...
QUIZÁ HAYA QUIEN LO CONSIDERE UN DIOS...
SOBRE TODO SI NADIE RECUERDA QUE PARTIÓ TANTO TIEMPO ATRÁS, SALVO COMO UNA LEYENDA.
¡EXACTO!

EL CONOCIMIENTO REPRESENTA PODER, Y LA GENTE LO SABE.

SABEMOS, POR SUPUESTO, QUE AL POCO TIEMPO ALGUIEN FUNDARÁ UNA IGLESIA DEL HOMBRE DEL ESPACIO...
QUE LE RENDIRÁ CULTO A ÉL O A UNA IDEALIZACIÓN DEL SER SABIO Y APARENTEMENTE INMORTAL EN QUE SE HA CONVERTIDO.
O A AMBOS.
MMM...

ESA ES MI SOLUCIÓN PARA TU PROPUESTA DE INFINITO + TIEMPO + VIDA.
BIEN...
LA HISTORIA ES FASCINANTE...
Y ¿SABES QUÉ?
EN LO ESENCIAL, ¡ES CIERTA!

¿QUÉ PARTE LO ES?
EL TIEMPO PASA MÁS LENTO CUANTO MÁS NOS ADENTRAMOS EN UN CAMPO GRAVITATORIO.
ES ALGO QUE USAMOS AQUÍ EN LA TIERRA.

¿DE VERDAD?
SÍ. YO IMAGINÉ UN ENORME AGUJERO NEGRO PARA QUE EL EFECTO FUESE MÁS EXTREMO, PERO SE DA EN CUALQUIER CAMPO GRAVITATORIO.
EL TIEMPO EN LA SUPERFICIE TERRESTRE PASA UN POCO MÁS LENTAMENTE QUE EN UNA ÓRBITA ELEVADA.
SI NO HUBIESEN TENIDO EN CUENTA ESA DIFERENCIA AL DISEÑAR EL SISTEMA DE SATÉLITES GPS, NO SE HARÍA UNA NAVEGACIÓN MUY PRECISA.
¿EN SERIO?
¿DE VERDAD SE PUEDE ALTERAR EL TIEMPO?
SÍ.
Y PUESTO QUE LOS SATÉLITES GPS MIDEN EL TIEMPO QUE TARDAN LAS SEÑALES EN LLEGAR HASTA ELLOS Y DE VUELTA A NOSOTROS Y LO USAN PARA CALCULAR NUESTRA POSICIÓN, MÁS VALE QUE LO TENGAN EN CUENTA, O NOS DARÍAN DATOS DE POSICIÓN ERRÓNEOS.

EN OTRAS PARTES DE NUESTRA GALAXIA DONDE LA CONCENTRACIÓN DE MASA ES MUCHO MÁS EXTREMA, ESAS DIFERENCIAS SON ENORMES.
IMAGINA SI UNOS SERES CONSCIENTES TUVIESEN QUE VIVIR EN UN ENTORNO ASÍ...

¡SERÍA ALGO ALUCINANTE!

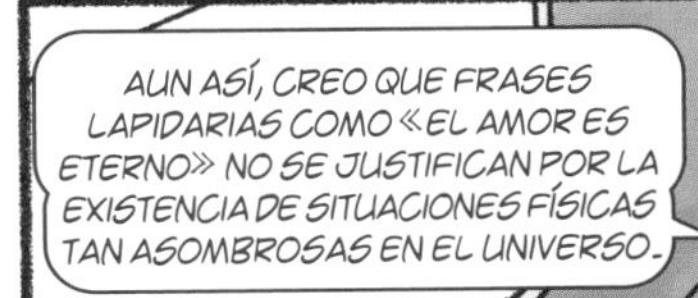
AUN ASÍ, CREO QUE FRASES LAPIDARIAS COMO «EL AMOR ES ETERNO» NO SE JUSTIFICAN POR LA EXISTENCIA DE SITUACIONES FÍSICAS TAN ASOMBROSAS EN EL UNIVERSO.
Y, DESDE SU PUNTO DE VISTA, NUESTRO VIAJERO NO DEJARÁ DE TENER UNA VIDA DE DURACIÓN NORMAL.
TRAS LA CUAL MORIRÁ COMO LOS DEMÁS.

CREO QUE HAS DEMOSTRADO QUE PUEDO DECIR QUE ANTES TE EQUIVOCASTE AL AFIRMAR QUE NADA VIVE ETERNAMENTE.
... QUIZÁ SÍ HAYA ALGUNOS PUNTOS DE VISTA DESDE LOS CUALES ALGUNAS COSAS VIVEN PARA SIEMPRE.

BUENO, PIENSA LO QUE QUIERAS.
SOLO DIRÉ QUE ESOS PUNTOS DE VISTA SON INCOMPLETOS.

DE HECHO, DEJAN FUERA LO QUE SOSPECHO QUE ES LA VERDADERA BELLEZA UNIVERSAL DE TODO ESTO:
EN TODOS LOS LUGARES DEL UNIVERSO HAY VIDA Y MUERTE. LAS COSAS TIENEN UN FINAL...
Y DEJAN SITIO A UN NUEVO COMIENZO.

ENTONCES, ESOS AGUJEROS NEGROS...
ESE ABISMO AL FINAL DE LA VIDA DE ALGUNAS ESTRELLAS.
SÍ...

¿CÓMO PUEDE SER LA MUERTE UN NUEVO COMIENZO?
LOS AGUJEROS NEGROS ME PARECEN UN CEMENTERIO BASTANTE DEFINITIVO...

ES UNA BUENA PREGUNTA.
ACTUALMENTE, EL DESTINO DE LOS AGUJEROS NEGROS ES OBJETO DE INTENSA INVESTIGACIÓN.
MUCHO DE LO QUE HEMOS APRENDIDO SOBRE LOS AGUJEROS NEGROS GRACIAS A LA RELATIVIDAD GENERAL ES PROVISIONAL.
ESE MARCO NO INCLUYE LA FÍSICA CUÁNTICA, QUE SABEMOS QUE ES UNA PARTE IMPORTANTE DEL UNIVERSO.

¿QUIERES DECIR QUE LA TEORÍA DE EINSTEIN ES ERRÓNEA?

SERÍA MÁS PRECISO DECIR QUE ESTÁ INCOMPLETA.

¿CÓMO? ¿TODO LO QUE HAS DICHO SOBRE EL TIEMPO EN TU HISTORIA ERA ERRÓNEO?
NO.
DE HECHO, ES PRÁCTICAMENTE EN EL HORIZONTE DONDE LA FÍSICA CUÁNTICA EMPIEZA A CAMBIAR LA SITUACIÓN.
RECUERDA QUE NUESTRO VIAJERO SE ACERCÓ MUCHO AL HORIZONTE, PERO TUVO CUIDADO DE NO LLEGAR A ÉL, ASÍ QUE NO HAY PROBLEMA.

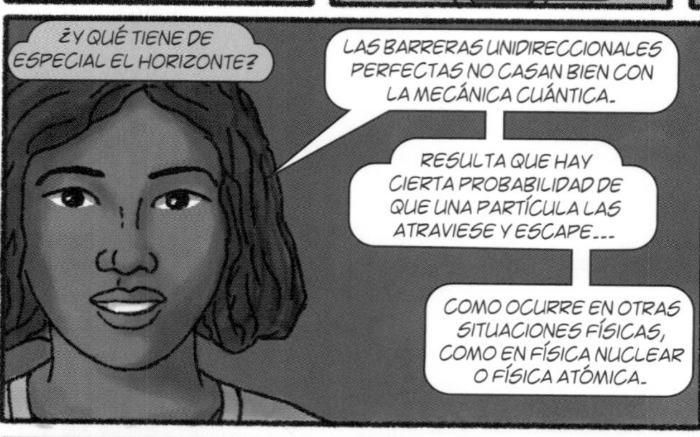
¿Y QUÉ TIENE DE ESPECIAL EL HORIZONTE?
LAS BARRERAS UNIDIRECCIONALES PERFECTAS NO CASAN BIEN CON LA MECÁNICA CUÁNTICA.
RESULTA QUE HAY CIERTA PROBABILIDAD DE QUE UNA PARTÍCULA LAS ATRAVIESE Y ESCAPE...
COMO OCURRE EN OTRAS SITUACIONES FÍSICAS, COMO EN FÍSICA NUCLEAR O FÍSICA ATÓMICA.

ENTONCES...
¿LOS AGUJEROS NEGROS NO SON NEGROS?
¿PUEDEN ESCAPAR COSAS?
ASÍ ES.

PARA LOS AGUJEROS NEGROS GRANDES QUE YO ESTUDIO COMO ASTRÓNOMA, SE TRATA DE UN EFECTO MINÚSCULO, QUE PUEDE IGNORARSE.

A VER... ¿UNA PERSONA PODRÍA VOLVER A SALIR?
¡AJÁ! SABÍA QUE ME LO PREGUNTARÍAS.

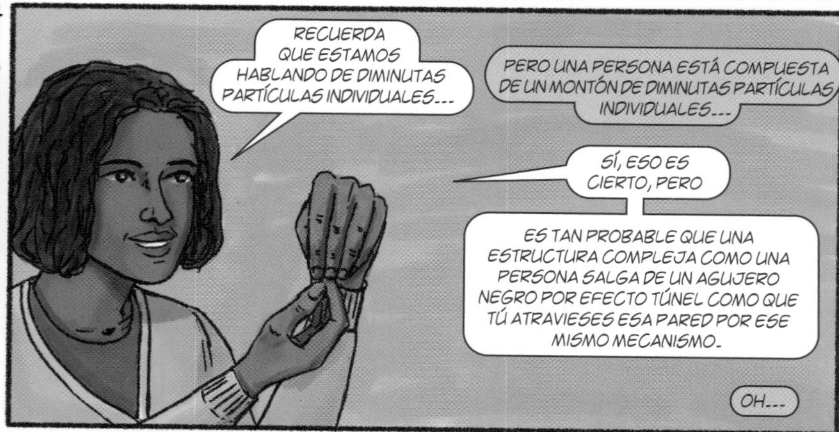
RECUERDA QUE ESTAMOS HABLANDO DE DIMINUTAS PARTÍCULAS INDIVIDUALES...
PERO UNA PERSONA ESTÁ COMPUESTA DE UN MONTÓN DE DIMINUTAS PARTÍCULAS INDIVIDUALES...
SÍ, ESO ES CIERTO, PERO
ES TAN PROBABLE QUE UNA ESTRUCTURA COMPLEJA COMO UNA PERSONA SALGA DE UN AGUJERO NEGRO POR EFECTO TÚNEL COMO QUE TÚ ATRAVIESES ESA PARED POR ESE MISMO MECANISMO.
OH...

¿Y YA ESTÁ?
¿LAS PARTÍCULAS PUEDEN ESCAPAR UN POCO?

NO, ESE ES SOLO EL PRINCIPIO DE UNA LARGA HISTORIA.
Y TAMBIÉN PASAN COSAS MUY INTERESANTES DENTRO DE LOS AGUJEROS NEGROS DE LA RELATIVIDAD GENERAL.
INCLUSO ANTES DE ENTRAR EN LA FÍSICA CUÁNTICA.

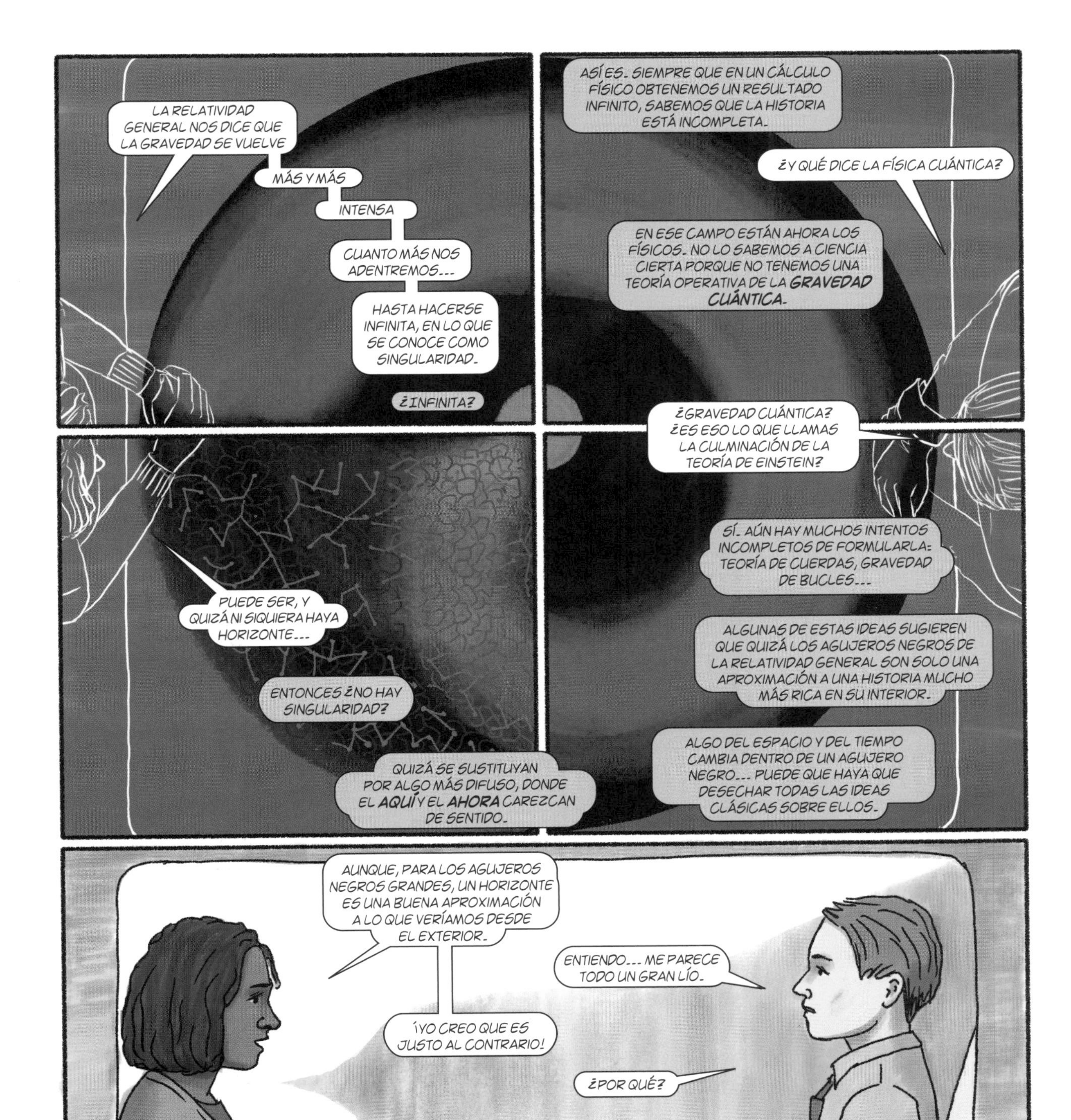
LA RELATIVIDAD GENERAL NOS DICE QUE LA GRAVEDAD SE VUELVE
MÁS Y MÁS
INTENSA
CUANTO MÁS NOS ADENTREMOS...
HASTA HACERSE INFINITA, EN LO QUE SE CONOCE COMO SINGULARIDAD.
¿INFINITA?
ASÍ ES. SIEMPRE QUE EN UN CÁLCULO FÍSICO OBTENEMOS UN RESULTADO INFINITO, SABEMOS QUE LA HISTORIA ESTÁ INCOMPLETA.
¿Y QUÉ DICE LA FÍSICA CUÁNTICA?
EN ESE CAMPO ESTÁN AHORA LOS FÍSICOS. NO LO SABEMOS A CIENCIA CIERTA PORQUE NO TENEMOS UNA TEORÍA OPERATIVA DE LA **GRAVEDAD CUÁNTICA**.
¿GRAVEDAD CUÁNTICA? ¿ES ESO LO QUE LLAMAS LA CULMINACIÓN DE LA TEORÍA DE EINSTEIN?
SÍ. AÚN HAY MUCHOS INTENTOS INCOMPLETOS DE FORMULARLA: TEORÍA DE CUERDAS, GRAVEDAD DE BUCLES...
ALGUNAS DE ESTAS IDEAS SUGIEREN QUE QUIZÁ LOS AGUJEROS NEGROS DE LA RELATIVIDAD GENERAL SON SOLO UNA APROXIMACIÓN A UNA HISTORIA MUCHO MÁS RICA EN SU INTERIOR.
PUEDE SER, Y QUIZÁ NI SIQUIERA HAYA HORIZONTE...
ENTONCES ¿NO HAY SINGULARIDAD?
QUIZÁ SE SUSTITUYAN POR ALGO MÁS DIFUSO, DONDE EL **AQUÍ** Y EL **AHORA** CAREZCAN DE SENTIDO.
ALGO DEL ESPACIO Y DEL TIEMPO CAMBIA DENTRO DE UN AGUJERO NEGRO... PUEDE QUE HAYA QUE DESECHAR TODAS LAS IDEAS CLÁSICAS SOBRE ELLOS.
AUNQUE, PARA LOS AGUJEROS NEGROS GRANDES, UN HORIZONTE ES UNA BUENA APROXIMACIÓN A LO QUE VERÍAMOS DESDE EL EXTERIOR.
ENTIENDO... ME PARECE TODO UN GRAN LÍO.
¡YO CREO QUE ES JUSTO AL CONTRARIO!
¿POR QUÉ?
POR UNA PARTE, LAS ECUACIONES DE EINSTEIN TAMBIÉN TIENEN UNA SINGULARIDAD EN LA DESCRIPCIÓN DEL ESPACIO-TIEMPO EN EL INICIO DEL UNIVERSO...
¿EL BIG BANG?
¡EXACTO!
SIGO SIN VER POR QUÉ...

LA HISTORIA DEL ESPACIO-TIEMPO CUÁNTICO, SEA LA QUE SEA, TAMBIÉN SERÁ IMPORTANTE AQUÍ.
YO APUESTO POR QUE, CUANDO TODO SE ACLARE, LA FÍSICA DENTRO DE LOS AGUJEROS NEGROS SERÁ MUY PARECIDA A LA DEL INICIO DEL UNIVERSO.
ASÍ QUE QUIZÁ LOS AGUJEROS NEGROS, EN APARIENCIA LA MUERTE DEFINITIVA, TENDRÍAN RELACIÓN CON EL NACIMIENTO ÚLTIMO, EL DEL UNIVERSO.
¡ESO SERÍA ALUCINANTE!

¡SÍ! HAY UNA ANTIGUA IDEA ESPECULATIVA SEGÚN LA CUAL EN CADA AGUJERO NEGRO NACE UN NUEVO UNIVERSO...

¡OH! **ESA** SÍ ES UNA IDEA FASCINANTE.
ME PREGUNTO SI LAS IDEAS CONTEMPORÁNEAS PODRÍAN LLEVARLA AÚN MÁS LEJOS...
SER MÁS ATREVIDAS.

QUIZÁ, EN ALGÚN SENTIDO, SEA NUESTRO UNIVERSO EL QUE ESTÁ NACIENDO DENTRO DE CADA AGUJERO NEGRO...
EEEH... ¿CÓMO?

SUGIERO QUE NUESTRO UNIVERSO, QUE CONTIENE UN MONTÓN DE AGUJEROS NEGROS, TANTO AHORA COMO A LO LARGO DE SU HISTORIA
TAMBIÉN ESTÁ NACIENDO,
DENTRO DE CADA UNO DE ESOS AGUJEROS.

¿NO HABRÍA ENTONCES UN PROBLEMA CON EL TIEMPO?
UN AGUJERO NEGRO QUE SE FORMA **AHORA** ¿ESTARÍA RELACIONADO CON EL NACIMIENTO, HACE MILES DE MILLONES DE AÑOS, DEL UNIVERSO QUE LO CONTIENE?

PUESTO QUE EL ESPACIO Y EL TIEMPO PODRÍAN DESINTEGRARSE POR COMPLETO DENTRO DE UN AGUJERO NEGRO, Y TAMBIÉN EN EL INICIO DEL UNIVERSO, ESO QUIZÁ NO SEA UN PROBLEMA...

UNA SITUACIÓN ASÍ PODRÍA SER UNA MANERA SUMAMENTE ELEGANTE DE REGULAR LA...

AQUÍ LO DEJAMOS...

AH, PERDÓN...
NO QUERÍA SER MALEDUCADA. HE PENSADO QUE DEBERÍA APUNTAR CIERTAS COSAS SOBRE UNA IDEA...
NO, LO DEJAMOS PORQUE ESTA ES MI PARADA.
TENGO QUE BAJARME.
AH, VALE.
HA SIDO UN PLACER HABLAR CONTIGO...
... AUNQUE DEBO RECONOCER QUE AL FINAL YA ME ESTABA PERDIENDO.
¡PERO A MÍ TAMBIÉN ME HA GUSTADO MUCHO HABLAR CONTIGO!
¡YO TAMBIÉN HE DISFRUTADO DE NUESTRA CHARLA!
¡ADIÓS!
¡ADIÓS!
¡BUENA SUERTE CON TU TRABAJO!

Notas

Página 136 y siguientes: hay numerosos tratamientos accesibles de los agujeros negros. Algunos de los libros ya mencionados en las notas de los capítulos anteriores plantean buenas discusiones, como Garfinkle y Garfinkle (capítulo 3, nota correspondiente a las páginas 46 y 47), Tyson, Strauss y Gott (capítulo 1, nota correspondiente a la página 12) y especialmente Thorne (capítulo 4, nota correspondiente a las páginas 79-82). Para un breve repaso, con énfasis en los agujeros negros astrofísicos reales (incluidos los supermasivos en el centro de nuestra propia galaxia), véase este otro: Katherine M. Blundell, *Black holes. A Very Short Introduction*, Oxford, Oxford University Press, 2015.

Página 139: el elemento clave de la física aquí se conoce como dilatación temporal gravitatoria, y es un efecto real debido a la relatividad general, como se menciona en la página 142 (véase también el material de lectura sobre relatividad en el capítulo 4). Puede que la hayas visto en acción (en la ficción) en la película de 2014 *Interstellar* (Paramount, Warner Bros.). La física de ese escenario se discute ampliamente en Kip Thorne, *The Science of Interstellar*, Nueva York, W. W. Norton & Co., 2014.

Página 142: lo esencial de los cálculos necesarios para ver el efecto en el contexto del GPS se discute en un excelente texto universitario: James B. Hartle, *Gravity. An Introduction to Einstein's General Relativity*, San Francisco, Addison-Wesley, 2003. El libro para un público general de Randall citado en las notas correspondientes a la página 45 del capítulo 3 también analiza el GPS y la dilatación temporal.

Página 144 (viñeta 4): el efecto túnel cuántico, la capacidad de atravesar una barrera que desde una perspectiva clásica sería impenetrable, suele ser uno de los elementos más sorprendentes de la física cuántica cuando la gente se topa con él por primera vez. El siguiente paso consiste en preguntarse si lo que es cierto para una partícula subatómica podría serlo para una persona. Sin embargo, el proceso de tunelado es en extremo estadístico, y la probabilidad de que todas las partículas de la persona hagan lo mismo (experimentar el efecto túnel) al mismo tiempo es casi nula. Esto no significa que el efecto túnel sea una de esas pequeña rarezas que no nos afecta en la vida cotidiana: *¡de no ser por él el Sol no funcionaría!* El efecto túnel no se menciona explícitamente en muchos de los libros propuestos hasta ahora, ni en los que tratan sobre física cuántica que se recomiendan en las notas del capítulo 8. Para otra rápida introducción a este campo, puede consultarse John Polkinghorne, *Quantum Theory. A Very Short Introduction*, Oxford, Oxford University Press, 2002.

Páginas 144 y 145: la naturaleza cuántica de los agujeros negros es hoy objeto de intensa investigación. Cuesta encontrar un buen libro que resuma la situación actual. Las ideas fundamentales, como la radiación de Hawking, se cubren en las partes iniciales de, por ejemplo, Leonard Susskind, *The Black Hole War. My Battle with Stephen Hawking to Make the World Safe for Quantum Mechanics*, Nueva York, Little, Brown & Co., 2008 [hay trad. cast.: *La guerra de los agujeros negros. Una controversia científica sobre las leyes últimas de la naturaleza*, Barcelona, Crítica, 2013]. Han pasado muchas más cosas en este campo desde que ese libro se publicó, y no solo por los avances que se han dado en nuestra comprensión del tipo de gravedad cuántica que se contempla en la teoría de cuerdas. He aquí unos pocos artículos de revista que ayudan a hacerse una idea de qué está pasando: Juan Maldacena, «Black Holes and Wormholes and the Secrets of Quantum Spacetime», *Scientific American*, noviembre de 2016, pp. 26-31; Jennifer Ouellette,

«Alice and Bob Meet the Wall of Fire», *Quanta Magazine*, diciembre de 2012, <https://www.quantamagazine.org/20121221-alice-and-bob-meet-the-wall-of-fire/>; Jennifer Ouellette, «The Fuzzball Fix for a Black Hole Paradox», *Quanta Magazine*, junio de 2015, <https://www.quantamagazine.org/20150623-fuzzballsblack-hole-firewalls/>; K. C. Cole, «Wormholes Untangle a Black Hole Paradox», *Quanta Magazine*, abril de 2015, <https://www.quantamagazine.org/20150424-wormholes-entanglement-firewalls-er-epr/>. Tengamos en cuenta que los distintos enfoques que se describen en estos textos revisan (a veces radicalmente) antiguas ideas sobre el conjunto del agujero negro, incluido el entorno del horizonte, no solo el interior.

Página 145: enfoques «holográficos» como la correspondencia AdS/CFT (que aparecerá en el capítulo 9) son una de las maneras de implementar la antigua idea de que el espacio-tiempo es en cierto modo emergente (no necesariamente fundamental). Hay varias formas de construir o modelar la física de un agujero negro en teoría de cuerdas, y la naturaleza emergente del espacio-tiempo es evidente en muchos de estos modelos de teoría de cuerdas. Todo esto proporciona nuevas ideas y comprensión de los agujeros negros, al menos en estos enfoques. (Algunas de estas ideas podrían aplicarse a la naturaleza algún día, pero aún estamos lejos de una situación así.) Algunas de las ideas que hacen hincapié en la emergencia y que se pueden consultar en diversos libros sobre teoría de cuerdas (como el de Greene y el de Gubser, mencionados en las notas del capítulo 3) son: dualidad-T, dualidad-S, hoja de universo frente a espacio-tiempo, dualidad gauge/gravedad y teoría de matrices. Conviene recordar que algunos de los otros enfoques a la gravedad cuántica, como la gravedad cuántica de bucles (véase el resumen en el libro de Smolin mencionado en la nota del capítulo 6 correspondiente a las páginas 128 y 129) también contienen indicios de que el espacio-tiempo se descompone en alguna otra descripción a distancias pequeñas. Se dirá más al respecto en el capítulo 9 y en sus correspondientes notas.

Página 145 (viñetas 1-4): una breve nota sobre el medio que estamos usando para esta narración. Las viñetas y otros elementos del arte secuencial forman una especie de espacio-tiempo (véanse mis comentarios en el prefacio); por ejemplo, las viñetas remiten al espacio, y su posición relativa (incluidos, sobre todo, los espacios existentes entre ellas) da una idea del paso del tiempo.* Es probable que las hayas leído en el orden convencional (o no habrías llegado hasta este punto del libro). La idea de alterar el flujo convencional del espacio-tiempo del libro en estas cuatro viñetas fue algo absolutamente deliberado por mi parte, habida cuenta de lo que se discute aquí.

*Véanse los siguientes libros para una discusión de distintos elementos de la mecánica de los cómics: Will Eisner, *Comics and Sequential Art*, Nueva York, W. W. Norton & Co., 2008 [hay trad. cast.: *El cómic y el arte secuencial*, Barcelona, Norma, 2002]; Will Eisner, *Graphic Storytelling and Visual Narrative*, Nueva York, W. W. Norton & Co., 2008 [hay trad. cast.: *La narración gráfica. Principios y técnicas del legendario dibujante Will Eisner*, Barcelona, Norma, 2017], Scott McCloud, *Understanding Comics. The Invisible Art*, Nueva York, Harper Collins, 1994 [hay trad. cast.: *Entender el cómic. El arte invisible*, Vizcaya, Atisberri, 2007].

Página 146 (viñeta 2): esto se remonta al menos a V. P. Frolov, M. A. Markov y V. F. Mukhanov, «Through a Black Hole into a New Universe?», *Physics Letters B*, vol. 216, 1989, pp. 272-276, donde, motivados por la idea de las modificaciones cuánticas al espacio-tiempo, los autores llevan a cabo el cálculo clásico que agrega la geometría espaciotemporal del interior de un agujero negro a la de un universo en expansión. Tales cálculos no son demostración de nada, pero pueden resultar sugerentes.

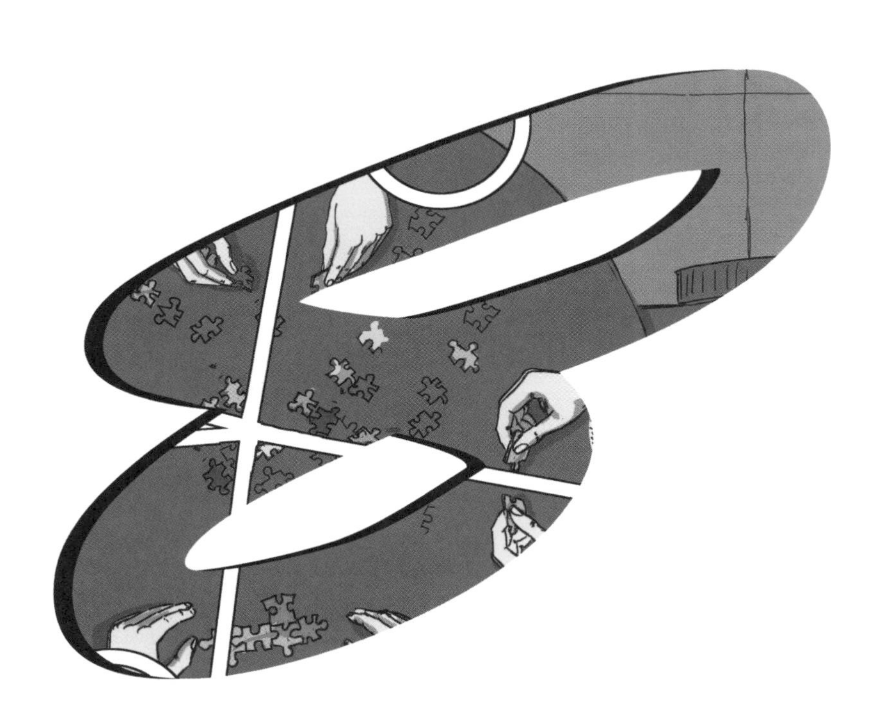

y Dios dijo...
$\nabla \cdot E = \frac{\rho}{\epsilon_0}$
$\nabla \cdot B = 0$
$\nabla \times E = -\frac{\partial B}{\partial t}$
...y se hizo la luz

¡HOLA!
¡HOLA!

SOLO QUERÍA DECIRTE:
¡FANTÁSTICA CAMISETA!
¡OH! ¡GRACIAS!
CREO QUE ERES LA PRIMERA PERSONA...

...QUE SE HA FIJADO EN ELLA DESDE QUE LA TENGO.
¿EN SERIO? ES ESTUPENDA...
Y Dios dijo...
$\nabla \cdot E = \frac{\rho}{\varepsilon_0}$
$\nabla \cdot B = 0$
$\nabla \times E = -\frac{\partial B}{\partial t}$
$\nabla \times B = \mu_0 J + \mu_0 \varepsilon_0 \frac{\partial E}{\partial t}$
... y se hizo la luz

SON UNAS DE MIS ECUACIONES FAVORITAS, ¡Y LA FRASE TIENE MUCHA GRACIA!
HE OÍDO HABLAR DE ESTAS CAMISETAS, PERO NUNCA HABÍA VISTO A ALGUIEN CON UNA DE ELLAS.

PROBABLEMENTE ESO SIGNIFICA QUE ERES UNA CIENTÍFICA...
O QUIZÁ UNA ENTUSIASTA DE LA CIENCIA, COMO YO.
CIENTÍFICA.
SOY FÍSICA TEÓRICA.
¿ERES UNA ENTUSIASTA DE LA CIENCIA?
¿CÓMO NO IBA A SERLO?
ESTÁ CLARO QUE LO ERES, TU CAMISETA CON LAS ECUACIONES DE MAXWELL... ¡ME ENCANTA!
¡TOTALMENTE DE ACUERDO!

MI CAMISETA FAVORITA PARA EL GIMNASIO ES LA QUE DICE «LA CIENCIA FUNCIONA, ZORRAS»...
LA QUE TIENE LA CURVA DEL CUERPO NEGRO DE LA WMAP.
¡AH, SÍ! ¡ES GENIAL!

¿EN QUÉ CAMPO DE LA FÍSICA TRABAJAS?
¿QUIERES SENTARTE?

SÍ, ENCANTADA.
HE QUEDADO LUEGO CON UNA AMIGA EN LA BIBLIOTECA...
PERO COMO VINE CON TIEMPO, ME SENTÉ EN ESTA ZONA A TRABAJAR UN RATO...
TENGO TIEMPO.
BUENO, SI ESTÁS OCUPADA..., NO HACE FALTA...

NO, NO.
ME VIENE BIEN UN DESCANSO.
ESTOY ATASCADA CON UN CÁLCULO.

ESPERO QUE CONSIGAS RESOLVERLO...
¿ES ALGO SUPERTÉCNICO, O PODRÍA ENTENDERLO YO?

NO SÉ CUÁNTA FÍSICA SABES...
ES UN NUEVO ENFOQUE PARA ENTENDER LA CONSTANTE COSMOLÓGICA...

¡AH!
¡COSMOLOGÍA!
HE ESTADO LEYENDO SOBRE ELLO RECIENTEMENTE.
AH, ¿SÍ?

¿PUEDO PREGUNTARTE SI ESTÁS A FAVOR O EN CONTRA DE LA IDEA DEL MULTIVERSO?
ES LA CUESTIÓN MÁS POLÉMICA HOY EN DÍA, ¿NO?
¡ME LO PREGUNTAN MUCHO!

CREO QUE AHORA MISMO SOY AGNÓSTICA.
ME PARECE QUE AÚN NO ESTAMOS PLANTEANDO LAS PREGUNTAS CORRECTAS.
¿EN SERIO? ¿CUÁLES SERÍAN ESAS PREGUNTAS?

CREO QUE DEBEMOS HACERNOS UNA MEJOR IDEA DE LO QUE ES REALMENTE EL ESPACIO-TIEMPO...
DE DÓNDE PROCEDE...
CÓMO SURGE.
VALE...
¿CREES QUE NO BASTA CON LO QUE SABEMOS A PARTIR DEL TRABAJO DE EINSTEIN SOBRE LA RELATIVIDAD?

ESO ES. CREO QUE NO.
ES COMO INTENTAR RESPONDER A LA PREGUNTA DE POR QUÉ EL CIELO ES AZUL ANTES DE SABER QUE LA ATMÓSFERA ESTÁ COMPUESTA DE MOLÉCULAS...
ANTES INCLUSO DE SABER LO QUE SON LAS MOLÉCULAS...
ENTONCES...
ESTÁS DICIENDO QUE NI SIQUIERA ESTAMOS CERCA DE HACERNOS LAS PREGUNTAS CORRECTAS...

NO LO SÉ A CIENCIA CIERTA, PERO ESA ES LA SENSACIÓN QUE TENGO.

¿SABES?
TENGO LA IMPRESIÓN DE QUE HAY UN MONTÓN DE GENTE EN TODO EL MUNDO TRABAJANDO EN UNO U OTRO ENFOQUE...
TODAS ESAS TEORÍAS Y MODELOS...

QUE A VECES ME PREGUNTO...
¿QUÉ TE PREGUNTAS?

AHORA QUE VIVIMOS EN ESTE MUNDO INTERCONECTADO, ¿NO PODRÍAMOS PROBAR CON UN NUEVO ENFOQUE?
¿COMO CUÁL?

AHORA MÁS QUE NUNCA DEBE DE HABER UNA MANERA DE CONSEGUIR QUE TODO EL MUNDO TRABAJE CONJUNTAMENTE PARA RESOLVER ALGUNOS DE ESTOS PROBLEMAS PARA ENTENDER EL ESPACIO-TIEMPO.
¿CÓMO?
CONECTANDO A TODO EL MUNDO A TRAVÉS DE LAS REDES SOCIALES, LA REALIDAD VIRTUAL O ALGO ASÍ...
ORGANIZARLOS DE LA MANERA ADECUADA...
ASIGNANDO A LAS PERSONAS CON LA EXPERIENCIA ADECUADA LAS PARTES ADECUADAS DEL PROBLEMA, Y ASÍ RESOLVERLO DE UNA VEZ POR TODAS.

ES UNA BUENA IDEA, PERO NO VEO CÓMO PODRÍA FUNCIONAR.
SI NADIE SABE CUÁL ES EL ENFOQUE CORRECTO, ¿CÓMO SE GESTIONARÍA ESE PROGRAMA?

QUIZÁ UN GRUPO DE EXPERTOS EN EL CAMPO PODRÍA DECIDIR CONJUNTAMENTE
BASÁNDOSE EN SU EXPERIENCIA, EN EL CONOCIMIENTO DE LA HISTORIA DEL CAMPO...
CREO QUE YO NO CONFIARÍA EN QUE CUALQUIER GRUPO DE PERSONAS PUDIESE DETERMINAR CUÁL ES EL ENFOQUE CORRECTO...
DE HECHO, PROBABLEMENTE NO HAYA UN ENFOQUE CORRECTO.

¿DE VERDAD?
¿NO IMPLICA ESO QUE NO HAY RESPUESTA A TODAS ESAS PREGUNTAS EN LAS QUE SE ESTÁN TRABAJANDO?
NO, NO. SOLO SIGNIFICA QUE ES DIFÍCIL ENCONTRAR RESPUESTAS DIRECTAMENTE...

ES COMO...

ES COMO RESOLVER UN **PUZLE**...
DE HECHO, SE PARECE **MUCHO**...
¿EN SERIO?

SÍ, NO HAY UNA SOLA MANERA DE HACERLO.

EL PUZLE NO TIENE UN ÚNICO PUNTO DE PARTIDA.

DE HECHO, VARIAS PERSONAS PUEDEN RESOLVERLO AL MISMO TIEMPO.

TAMBIÉN PODEMOS ATASCARNOS EN UN SITIO Y TRABAJAR EN OTRA PARTE DURANTE UN TIEMPO.

A VECES ESO PERMITE VOLVER SOBRE EL SITIO INICIAL DESDE UNA NUEVA DIRECCIÓN.

MMM...

SÍ, SE PARECE MUCHO A UN PUZLE...

PERO DE LOS DE DIEZ MIL PIEZAS, DE UN ENORME PAISAJE CON GRANDES ZONAS DONDE LOS DETALLES VARÍAN SUTILMENTE...

Y, QUE QUEDE CLARO...
... ESTE PUZLE NO VIENE CON UNA CAJA DONDE PODAMOS VER LO QUE REPRESENTA.

¡IMPRE-SIONA!

SÍ. NO TENEMOS NI IDEA DE CUÁL ES LA IMAGEN COMPLETA.

POR ESO SERÍA UN ERROR INTENTAR QUE TODO EL MUNDO SIGUIESE UN PLAN PREESTABLECIDO Y LIMITADO.

Y ESA ES TAMBIÉN LA RAZÓN POR LA QUE NO CONVIENE DESESTIMAR A LA LIGERA LAS INVESTIGACIONES DE LOS DEMÁS EN ESTE ÁMBITO.

MUCHAS VECES HA SUCEDIDO QUE ALGO QUE LA GENTE CONSIDERABA COMPLETAMENTE IRRELEVANTE HA RESULTADO SER MUY ÚTIL.

ENTONCES PARECE QUE CUALQUIER COSA VALE...

¿CÓMO SABEMOS QUE NO SE ESTÁ INVIRTIENDO MUCHO ESFUERZO
EN LA DIRECCIÓN EQUIVOCADA?
¿O QUE TODO ESE ESFUERZO NO ES EN VANO?

AL RESOLVER UN PUZLE SE TIENE UN AMPLIO GRADO DE LIBERTAD, PERO EXISTEN CIERTAS ESTRATEGIAS CUYA UTILIDAD ES DIFÍCIL DE NEGAR.

AHORA QUE LO PIENSO, CASI CUALQUIER COSA QUE SE ME OCURRE PARA RESOLVER UN PUZLE ENCAJA PERFECTAMENTE CON LO QUE HACEMOS EN FÍSICA TEÓRICA.

EXPLÍCAMELO...
¿CUÁL ES ENTONCES LA ESTRATEGIA BUENA?
SUPONGO QUE TIENE SENTIDO COMPROBAR QUE NO FALTAN PIEZAS.
ESO AQUÍ NO FUNCIONARÍA.
¡NO TENEMOS FORMA DE SABERLO!

VALE, ENTONCES NI ME PREOCUPO POR ESO.
ODIO ESFORZARME EN RESOLVER UN PUZLE Y DESPUÉS DARME CUENTA
DE QUE ME QUEDÉ ATASCADA EN UNA PARTE PORQUE ALGUIEN HABÍA PERDIDO ALGUNAS PIEZAS.

BUENO, ESO HAY QUE DARLO POR DESCONTADO DESDE EL PRINCIPIO...
NO QUE ALGUIEN HAYA PERDIDO PIEZAS, SINO QUE AÚN NO LAS HEMOS ENCONTRADO TODAS.
LAS PIEZAS SON IDEAS, PRINCIPIOS Y TÉCNICAS.
PUEDEN SER CAMPOS ENTEROS DE LAS MATEMÁTICAS O DE LA FÍSICA EN LOS QUE AÚN NO HEMOS PENSADO.
PERO NO DESISTIMOS, PORQUE COLOCAR LA GRAN CANTIDAD DE PIEZAS QUE YA TENEMOS PUEDE AYUDARNOS A ENCONTRAR OTRAS NUEVAS.

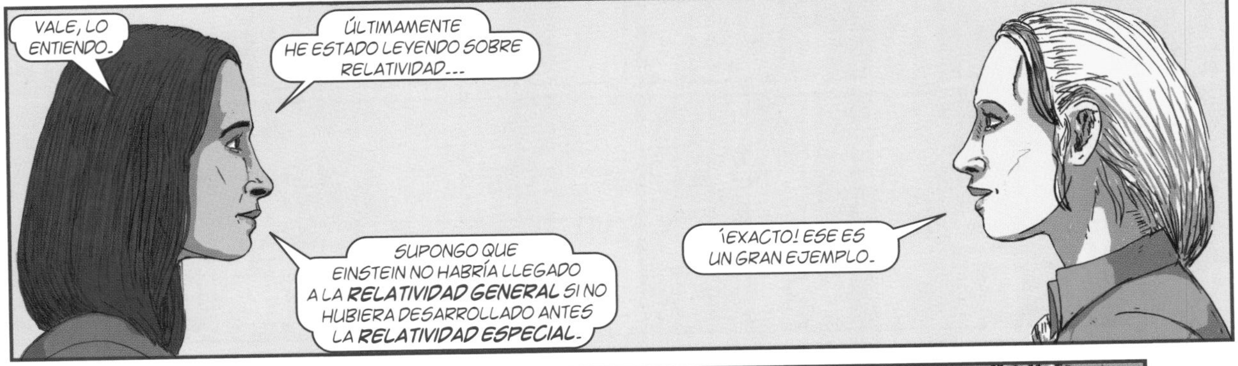
VALE, LO ENTIENDO.
ÚLTIMAMENTE HE ESTADO LEYENDO SOBRE RELATIVIDAD...
SUPONGO QUE EINSTEIN NO HABRÍA LLEGADO A LA **RELATIVIDAD GENERAL** SI NO HUBIERA DESARROLLADO ANTES LA **RELATIVIDAD ESPECIAL**.
¡EXACTO! ESE ES UN GRAN EJEMPLO.

MMMM...
Y LA RELATIVIDAD ESPECIAL SE INSPIRÓ EN GRAN MEDIDA EN LO QUE APARECE EN MI CAMISETA, ¿NO?
EL ELECTROMAGNETISMO.
EN PARTE, SÍ.
LA FÍSICA DE LAS ECUACIONES DE MAXWELL FUE UNA GRAN PIEZA DEL PUZLE, QUE CONDUJO A NUEVAS PIEZAS.

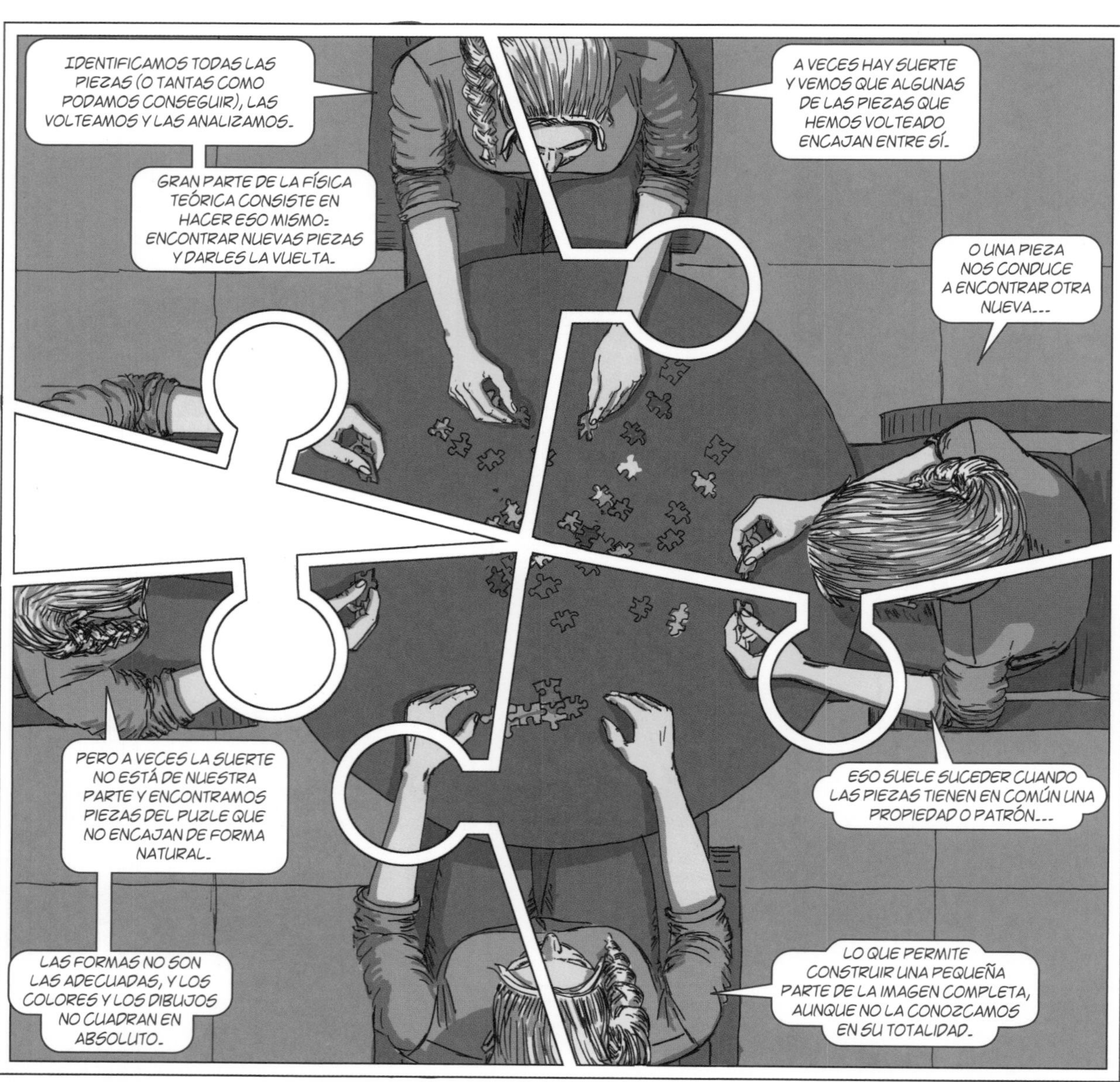
IDENTIFICAMOS TODAS LAS PIEZAS (O TANTAS COMO PODAMOS CONSEGUIR), LAS VOLTEAMOS Y LAS ANALIZAMOS.
GRAN PARTE DE LA FÍSICA TEÓRICA CONSISTE EN HACER ESO MISMO: ENCONTRAR NUEVAS PIEZAS Y DARLES LA VUELTA.
A VECES HAY SUERTE Y VEMOS QUE ALGUNAS DE LAS PIEZAS QUE HEMOS VOLTEADO ENCAJAN ENTRE SÍ.
O UNA PIEZA NOS CONDUCE A ENCONTRAR OTRA NUEVA...
ESO SUELE SUCEDER CUANDO LAS PIEZAS TIENEN EN COMÚN UNA PROPIEDAD O PATRÓN...
LO QUE PERMITE CONSTRUIR UNA PEQUEÑA PARTE DE LA IMAGEN COMPLETA, AUNQUE NO LA CONOZCAMOS EN SU TOTALIDAD.
PERO A VECES LA SUERTE NO ESTÁ DE NUESTRA PARTE Y ENCONTRAMOS PIEZAS DEL PUZLE QUE NO ENCAJAN DE FORMA NATURAL.
LAS FORMAS NO SON LAS ADECUADAS, Y LOS COLORES Y LOS DIBUJOS NO CUADRAN EN ABSOLUTO.

PERO...
¿QUÉ?
¿CÓMO SABEMOS QUE SON PIEZAS DEL PUZLE?
¿CÓMO SA...?

BUENO, A VECES LAS VEMOS EN LA NATURALEZA
MEDIANTE EXPERIMENTOS Y DEMÁS...
ASÍ QUE SABEMOS QUE FORMAN PARTE DEL PUZLE DE CÓMO FUNCIONA LA NATURALEZA PORQUE FORMAN PARTE DE ESTA.

PERO AUN ASÍ, NO ENCAJAN ENTRE SÍ.
ENTIENDO...
PERO NO TENEMOS LA IMAGEN DE LA CAJA PARA SABER LO SEPARADAS QUE PODRÍAN ESTAR UNAS DE OTRAS UNA VEZ COMPLETADO EL PUZLE.
¡ESO ES!

¡AH!
¿SERÍA COMO LA **MECÁNICA CUÁNTICA** Y LA **RELATIVIDAD GENERAL?**
¡EXACTAMENTE!
EXCELENTE EJEMPLO, DE HECHO.
ESAS PIEZAS SE ENCONTRARON APROXIMADAMENTE A LA VEZ, Y EN PARTE POR LA MISMA PERSONA.
¿EINSTEIN DESCUBRIÓ LA MECÁNICA CUÁNTICA?
CREÍ QUE LA ODIABA.
NO, NO, FUE UNO DE LOS PADRES FUNDADORES.

EXPLICÓ EL EFECTO FOTOELÉCTRICO EN 1905, LO QUE SUPUSO DE VERAS EL NACIMIENTO DE LA MECÁNICA CUÁNTICA MODERNA.
Y, COMO ES SABIDO, A LO LARGO DE LOS DIEZ AÑOS SIGUIENTES, CON LA RELATIVIDAD GENERAL, CREÓ TAMBIÉN LA TEORÍA MODERNA DE LA GRAVEDAD.

¿SABES...?

UNA DE LAS COSAS ASOMBROSAS DEL RECIENTE DESCUBRIMIENTO DE **ONDAS GRAVITATORIAS...**
¡SÍ! ¡HE OÍDO HABLAR DE ESO!

... ES EL HECHO DE QUE EL NOMBRE EN INGLÉS DEL INSTRUMENTO CON EL QUE SE DESCUBRIERON, **LIGO**, VIENE DE:
OBSERVATORIO GRAVITATORIO POR INTERFEROMETRÍA LÁSER
¿Y?

LOS LÁSERES FUERON FUNDAMENTALES PARA OBTENER LAS MEDICIONES PRECISAS NECESARIAS PARA EL DESCUBRIMIENTO.
FUE EINSTEIN QUIEN DETERMINÓ EN 1917 EL EFECTO CUÁNTICO CLAVE, LA **EMISIÓN ESTIMULADA**, QUE HACE QUE LOS LÁSERES FUNCIONEN.
Y, POR SUPUESTO, FUE EINSTEIN QUIEN DEDUJO, APROXIMADAMENTE EN ESA MISMA ÉPOCA, QUE PUESTO QUE LA GRAVEDAD SE REINTERPRETA EN RELATIVIDAD COMO LA FLEXIBILIDAD DEL ESPACIO-TIEMPO EN SÍ...
TENÍA QUE HABER PERTURBACIONES DEL ESPACIO-TIEMPO QUE VIAJASEN DE UN SITIO A OTRO: ¡ONDAS GRAVITATORIAS!

ENTONCES ¿UNA PIEZA DEL PUZLE SE USÓ PARA VERIFICAR OTRA PIEZA?

ESTOY SEGURA DE QUE NO TENÍA NI IDEA DE LO ESTRECHAMENTE RELACIONADAS QUE ACABARÍAN ESTANDO AMBAS COSAS CASI CIEN AÑOS DESPUÉS.

¡EXACTO! Y AMBAS PIEZAS LAS DESCUBRIÓ LA MISMA PERSONA.

PERO NO ENCAJAN ENTRE SÍ, ¿VERDAD?

SÍ, ESO ES...

PERO TIENEN QUE ENCAJAR DE ALGUNA MANERA, YA QUE AMBAS FORMAN PARTE DE LA NATURALEZA.

EN MECÁNICA CUÁNTICA VEMOS QUE LA MATERIA, LA FUERZA Y LA ENERGÍA ESTÁN FORMADAS POR COMPONENTES CUÁNTICOS A LA MÁS MÍNIMA ESCALA...

ESTA DESCRIPCIÓN CUÁNTICA EXPLICA CÓMO ESTÁ HECHA LA MATERIA DE LA QUE ESTAMOS COMPUESTOS Y QUE FORMA TODO LO QUE NOS RODEA...

LA USAMOS PARA MOVER LAS COSAS DE UN SITIO A OTRO...

COMO LOS ELECTRONES EN LOS CIRCUITOS DE NUESTRO TELÉFONO...

...PARA MANIPULAR CÓMO INTERACTÚAN LOS BLOQUES CUÁNTICOS DE LUZ (FOTONES) CON LOS ELECTRONES DE LA CÁMARA DEL TELÉFONO PARA TOMAR FOTOGRAFÍAS...

PERO ¿NADA DE ESTO VALE PARA LA GRAVEDAD?

HASTA AHORA, NO.

LA MAYORÍA DE LAS COSAS QUE FUNCIONARON PREVIAMENTE PARA LA MECÁNICA CUÁNTICA NO SIRVEN PARA LA GRAVEDAD.

¿COMO QUÉ?

PODEMOS INTENTAR DEFINIR COMPONENTES CUÁNTICOS DE LA FUERZA GRAVITATORIA (GRAVITONES) DE FORMA SIMILAR A COMO LOS FOTONES COMPONEN LA LUZ Y LA FUERZA ELECTROMAGNÉTICA...

¿Y...?

...NO FUNCIONA.

VAYA.

ENTENDEMOS LA GRAVEDAD A LAS ESCALAS MÁS GRANDES, DONDE RIGE EL MOVIMIENTO DE LOS PLANETAS, LAS ESTRELLAS Y LAS GALAXIAS: LA EVOLUCIÓN DEL UNIVERSO ENTERO

SE DESCRIBE EN TÉRMINOS DE LA CURVATURA Y LA TORSIÓN DEL ESPACIO-TIEMPO, COMO SI FUERA UN TEJIDO CONTINUO.

ESO NO PARECE FÁCIL DE RECONCILIAR CON LOS PEQUEÑOS COMPONENTES BÁSICOS, LO CUAL HA GENERADO UNA ENORME CONFUSIÓN.

ASÍ QUE, SÍ, NO SABEMOS CÓMO ENCAJAN AMBAS EN EL PUZLE...

CUANDO YO RESUELVO UN PUZLE GRANDE Y COMPLICADO, EMPIEZO BUSCANDO LAS PIEZAS DE LAS ESQUINAS.
¡EXACTO!
DE HECHO, ESO SE CORRESPONDE CON OTRA DE LAS COSAS IMPORTANTES QUE HACEMOS EN EL TRABAJO TEÓRICO: LA **CLASIFICACIÓN**.
ORGANIZAR LAS COSAS EN CATEGORÍAS.
TENEMOS PIEZAS DEL CONTORNO: ESA ES UNA CATEGORÍA.
Y LAS PIEZAS DE LAS ESQUINAS, QUE SON PIEZAS DEL CONTORNO AÚN MÁS ESPECIALES PORQUE UNEN DOS BORDES.
CUANTO MÁS ESPECIALIZADA ES UNA PIEZA, MÁS ÚTIL ES PARA HACERSE UNA IDEA DE LA IMAGEN COMPLETA...
¡ES MÁS O MENOS LO CONTRARIO DE LO QUE YO PENSABA!
CREÍA QUE LOS MODELOS ESPECIALIZADOS NORMALMENTE SON PROBLEMÁTICOS PORQUE SON, EN EL MEJOR DE LOS CASOS, IDEALIZACIONES DEL MUNDO REAL.
Y PUEDEN DESORIENTARNOS.
BUENO, QUIZÁ DEPENDA DE LA ESPECIALIZACIÓN...
PERO YO DIRÍA QUE, POR LO GENERAL, PUEDE SER ÚTIL TENER UN RASGO ESPECIAL.
ESE HA SIDO UN GRAN INDICADOR EN FÍSICA DURANTE SIGLOS.
LAS ESQUINAS Y LOS BORDES PUEDEN AYUDAR A ESTABLECER LAS BASES DE NUESTRO PUZLE.
NORMALMENTE, SON MÁS FÁCILES DE COLOCAR...
PORQUE ESTÁN MÁS CONSTREÑIDOS.
UN BORDE ES UN PUZLE UNIDIMENSIONAL: MÁS FÁCIL DE RESOLVER QUE OTRO BIDIMENSIONAL.
ASÍ QUE SIENTA UNA BASE...
A CONTINUACIÓN, PODEMOS CONSTRUIR HACIA EL INTERIOR...
UN MOMENTO. ESTO SE ESTÁ PONIENDO DEMASIADO ABSTRACTO.
NECESITO ALGO A LO QUE AFERRARME.

VALE...
ALGUNAS DE LAS COSAS DE LA NATURALEZA QUE ENTENDEMOS MUY BIEN PUEDEN SER COMO LAS PIEZAS DE CONTORNO.
LAS LEYES DEL MOVIMIENTO DE NEWTON...
LA LEY DE LA GRAVEDAD DE NEWTON, ETC.

Y ASÍ...
LA MECÁNICA NEWTONIANA PODRÍA SER INCLUSO UNA PIEZA DE ESQUINA...
¿EN SERIO?
PERO INTERVIENE EN TANTAS DE TODAS LAS COSAS QUE HACEMOS.
¿ESTÁS DICIENDO QUE ES SOLO EL CONTORNO DE LO QUE SABEMOS QUE HAY QUE ENTENDER SOBRE EL UNIVERSO?
SÍ. PODRÍA SER ASÍ.
LA CONCLUSIÓN ES QUE ENCONTRAMOS Y ENTENDIMOS ANTES ESOS ASPECTOS DE LA NATURALEZA PORQUE ERAN LOS MÁS FÁCILMENTE ACCESIBLES.
NO HAY RAZÓN PARA QUE, POR EL HECHO DE QUE FUESEN FÁCILES, TENGAN QUE SER LOS MÁS IMPORTANTES, O INCLUSO LOS MÁS ABUNDANTES.

¿Y SI RESULTASE QUE LAS LEYES DE NEWTON NO SON EN ABSOLUTO PIEZAS DE CONTORNO?

¿INFLUIRÍA ESO EN COMO PIENSAS?

NO DEMASIADO.
LA ATENCIÓN A LAS ESQUINAS Y LOS BORDES EN REALIDAD TIENE QUE VER CON EL HECHO DE QUE SUELEN SER MÁS FÁCILES DE ENCAJAR ENTRE SÍ
¡PORQUE TIENEN RASGOS EN COMÚN!
ASÍ QUE LO IMPORTANTE ES LA CLASIFICACIÓN.

NO SE TRATA DE CUÁL SEA LA CATEGORÍA, BORDE O ESQUINA. LO QUE QUEREMOS ES AGRUPAR PIEZAS QUE COMPARTAN UN RASGO...

¡EXACTO!

LA CLASIFICACIÓN EN CATEGORÍAS ES ALGO PARTICULARMENTE ÚTIL PARA LAS PIEZAS INTERIORES.
AGRUPAMOS LAS QUE COMPARTEN CIERTAS CARACTERÍSTICAS...
COMO EL COLOR, LA FORMA, LA PRESENCIA DE DETERMINADOS PATRONES O TEXTURAS, ETC.
ESO PUEDE LLEVAR MUCHO TIEMPO, PERO CREO QUE, UNA VEZ REALIZADA, LA CLASIFICACIÓN ACELERA MUCHO LAS COSAS.
HACE QUE RESULTE FÁCIL SABER DÓNDE BUSCAR CIERTAS CLASES DE PIEZA CUANDO RESUELVO UNA ZONA DEL PUZLE.
SOBRE TODO CUANDO NO DISPONGO DE UNA IMAGEN CON LA QUE TRABAJAR.
SÍ, YO HAGO LO MISMO.
CUANDO ERA NIÑA, SOLÍA HACER PUZLES CON MI FAMILIA.
UNA VEZ AL AÑO, POR NAVIDAD, MI PADRE TRAÍA UNO NUEVO, Y NOS PONÍAMOS A RESOLVERLO.
ME MOLESTABA QUE LA GENTE PROBASE PIEZAS AL AZAR, EN LUGAR DE USAR UN MÉTODO MÁS SISTEMÁTICO.
¡JA, JA!
SÍ, RECUERDO QUE ESO TAMBIÉN ME FRUSTRABA. AL FINAL, PREFERÍA HACERLOS YO SOLA...

UN BUEN EJEMPLO DE ESTO DE LA CLASIFICACIÓN SE DA CON LO QUE LLAMAMOS **TEORÍAS DE GAUGE** EN LA FÍSICA DE PARTÍCULAS.

¿EN QUÉ CONSISTEN?
LO QUE TIENES SOBRE EL PECHO ES UNA DE ELLAS.
QUÉ, ¿LA LUZ?
EL ELECTROMAGNETISMO.
ES EL EJEMPLO PROTOTÍPICO.

DÉJAME QUE TE MUESTRE...
¿PUEDO USAR MÁS ECUACIONES?

CLARO.
LO VEMOS SI NOS FIJAMOS NO EN LOS CAMPOS ELÉCTRICO Y MAGNÉTICO **E** Y **B**, SINO EN OBJETOS LLAMADOS POTENCIALES, QUE NORMALMENTE REPRESENTAMOS COMO **A** Y **V**.

¿OBJETOS?

SON COMO CUALQUIER OTRO CAMPO: MAGNITUDES QUE PUEDEN TENER DISTINTOS VALORES EN DISTINTOS PUNTOS DEL ESPACIO Y DEL TIEMPO...
COMO LOS CAMPOS **E** Y **B**, PERO TIENEN OTRO PAPEL.
REESCRIBIMOS LAS ECUACIONES DE MAXWELL PARA **A** Y **V**...
Escribe
$E = -\nabla V - \frac{\partial A}{\partial t}$
$B = \nabla \times A$
y Maxwell se convierte en...
$\Box^2 A = -\mu_0 J$
$\Box^2 V = -\frac{\rho}{\epsilon_0}$
if $\nabla \cdot A + \frac{1}{c^2}\frac{\partial V}{\partial t} = 0$
NO RECONOZCO ALGUNOS DE ESTOS SÍMBOLOS. ¿QUÉ ES...
NO PASA NADA. PUEDO EXPLICARTE LO ESENCIAL CON PALABRAS...
VALE. ¿POR QUÉ REESCRIBIMOS LAS ECUACIONES?

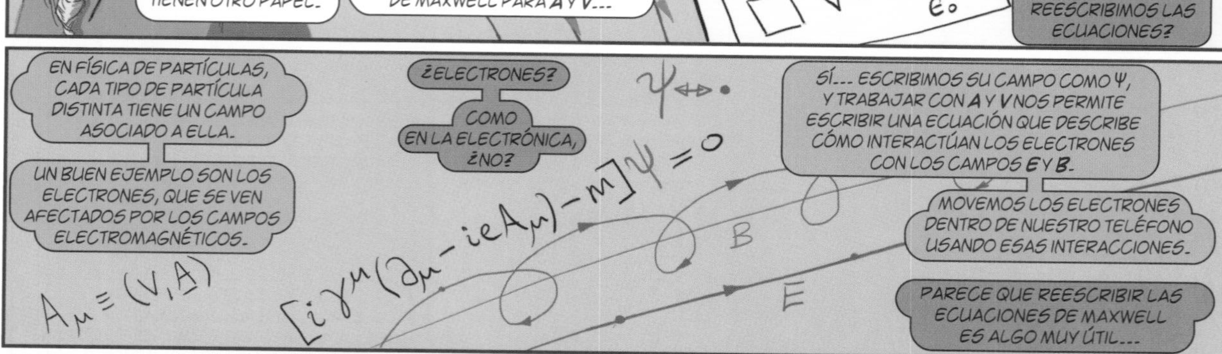

EN FÍSICA DE PARTÍCULAS, CADA TIPO DE PARTÍCULA DISTINTA TIENE UN CAMPO ASOCIADO A ELLA.
UN BUEN EJEMPLO SON LOS ELECTRONES, QUE SE VEN AFECTADOS POR LOS CAMPOS ELECTROMAGNÉTICOS.
¿ELECTRONES?
COMO EN LA ELECTRÓNICA, ¿NO?
SÍ... ESCRIBIMOS SU CAMPO COMO Ψ, Y TRABAJAR CON **A** Y **V** NOS PERMITE ESCRIBIR UNA ECUACIÓN QUE DESCRIBE CÓMO INTERACTÚAN LOS ELECTRONES CON LOS CAMPOS **E** Y **B**.
MOVEMOS LOS ELECTRONES DENTRO DE NUESTRO TELÉFONO USANDO ESAS INTERACCIONES.
PARECE QUE REESCRIBIR LAS ECUACIONES DE MAXWELL ES ALGO MUY ÚTIL...
$A_\mu \equiv (V, A)$
$[i\gamma^\mu(\partial_\mu - ieA_\mu) - m]\psi = 0$
B
E

ESO NO ES TODO.
RESULTA QUE LA FORMULACIÓN NOS PROPORCIONA UNA CLASE ESPECIAL DE LIBERTAD AL DESCRIBIR LOS POTENCIALES.
¿LIBERTAD?

SÍ. DOS CONJUNTOS DE POTENCIALES PUEDEN SER MATEMÁTICAMENTE DIFERENTES PERO DAR LUGAR A LA MISMA FÍSICA, LOS MISMOS CAMPOS ELECTROMAGNÉTICOS.
SE DICE QUE ESOS POTENCIALES ESTÁN EN UN GAUGE DIFERENTE.
¿GAUGE?
SÍ, GAUGE. ES LA PALABRA QUE SE USA.

LA PALABRA **GAUGE** REMITE A LA HISTORIA DE LA INGENIERÍA, Y TIENE QUE VER CON LAS VÍAS DE TREN Y DEMÁS, PERO ESO NO NOS IMPORTA...
ESTÁ RELACIONADA CON OTRA LIBERTAD...
NO TODOS LOS NÚMEROS QUE SE USAN AL DESCRIBIR EL CAMPO DE UN ELECTRÓN TIENEN SIGNIFICADO FÍSICO.
¿EN SERIO?
ENTONCES ¿POR QUÉ SE USAN?
PARECE UN DEFECTO EVIDENTE DEL SISTEMA, ¿VERDAD?
RESULTA QUE DESCRIBIR EL CAMPO DE ESA MANERA PERMITE AVANZAR, CONVIRTIENDO ESE DEFECTO EN VIRTUD.
¿CÓMO ES ESO UNA VIRTUD?
POR UNA PARTE, PORQUE PODEMOS ESCRIBIR ECUACIONES RAZONABLES SOBRE OBJETOS MATEMÁTICOS QUE SE COMPORTAN ADECUADAMENTE.
O SEA, ¿PORQUE LAS **MATEMÁTICAS** TIENEN SENTIDO?
SÍ.
PERO ¿CÓMO SABEMOS QUE NO HEMOS DEJADO DE HACER FÍSICA?

BUENA PREGUNTA.
LA PRUEBA ÚLTIMA ES EL **EXPERIMENTO**: ¿LAS ECUACIONES QUE OBTENEMOS DESCRIBEN LA NATURALEZA?
EN ESTE CASO, LA RESPUESTA ES QUE **SÍ**.
LAS ECUACIONES DESCRIBEN CÓMO EL ELECTROMAGNETISMO INTERACTÚA CON PARTÍCULAS CARGADAS COMO EL ELECTRÓN CON MAYOR PRECISIÓN QUE CUALQUIER OTRA TEORÍA FÍSICA QUE SE HAYA IDEADO PARA DESCRIBIR ALGO.
PERO SÍ, NO BASTA CON QUE LAS MATEMÁTICAS SEAN RAZONABLES.

VALE, PERO ¿QUÉ QUIERES DECIR CON «NO TODOS TIENEN SIGNIFICADO FÍSICO»?
HABLANDO CON PRECISIÓN: QUE SE ESPECIFICA UN ÁNGULO CUYO VALOR NO APARECE EN LA FÍSICA.

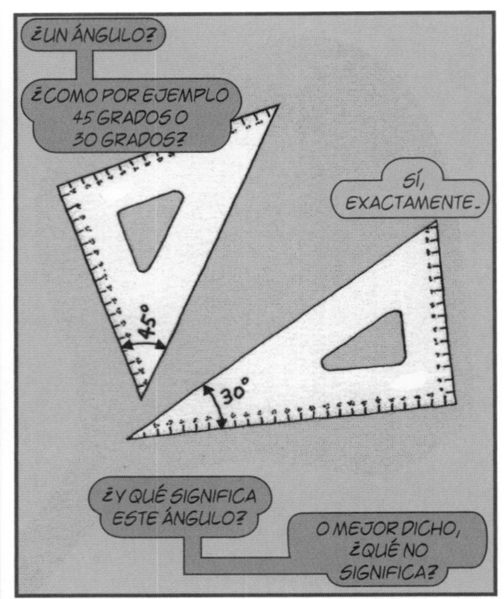
¿UN ÁNGULO?
¿COMO POR EJEMPLO 45 GRADOS O 30 GRADOS?
SÍ, EXACTAMENTE.
45°
30°
¿Y QUÉ SIGNIFICA ESTE ÁNGULO?
O MEJOR DICHO, ¿QUÉ NO SIGNIFICA?

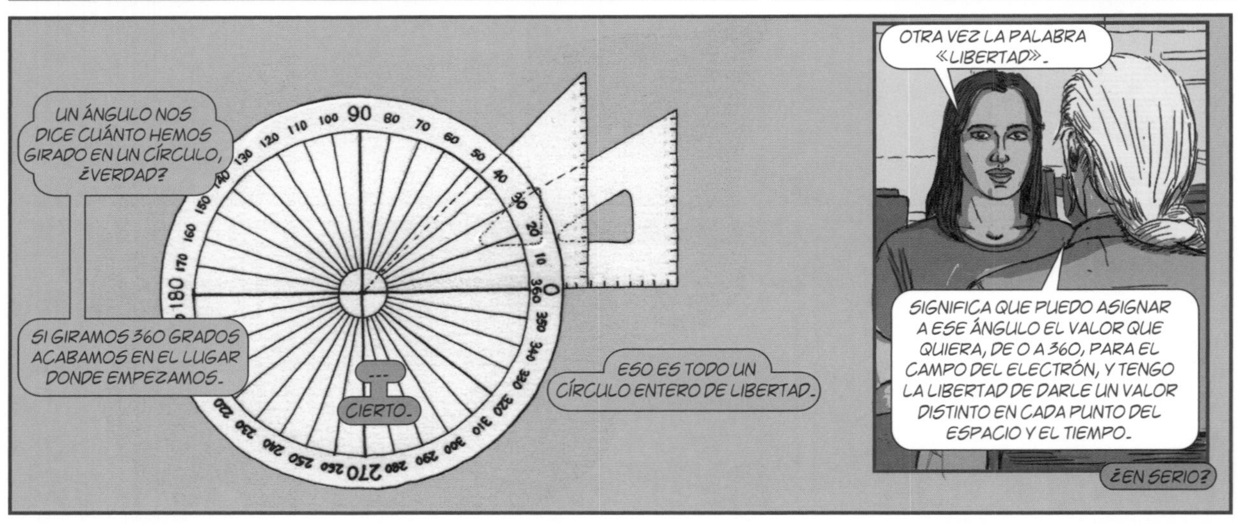
UN ÁNGULO NOS DICE CUÁNTO HEMOS GIRADO EN UN CÍRCULO, ¿VERDAD?
SI GIRAMOS 360 GRADOS ACABAMOS EN EL LUGAR DONDE EMPEZAMOS.
...
CIERTO.
ESO ES TODO UN CÍRCULO ENTERO DE LIBERTAD.
OTRA VEZ LA PALABRA «LIBERTAD».
SIGNIFICA QUE PUEDO ASIGNAR A ESE ÁNGULO EL VALOR QUE QUIERA, DE 0 A 360, PARA EL CAMPO DEL ELECTRÓN, Y TENGO LA LIBERTAD DE DARLE UN VALOR DISTINTO EN CADA PUNTO DEL ESPACIO Y EL TIEMPO.
¿EN SERIO?

SÍ. PUEDO ESPECIFICAR QUE EL ÁNGULO PARA EL CAMPO DEL ELECTRÓN ES...
JUSTO **AQUÍ**.
Y PUESTO QUE NO TIENE SIGNIFICADO FÍSICO, PUEDO ESPECIFICAR UN ÁNGULO COMPLETAMENTE DISTINTO PARA MI CAMPO DEL ELECTRÓN...

...AL OTRO LADO DE LA SALA. **ALLÍ**.
VALE, PERO ¿QUÉ CONSEGUIMOS CON ESO?
NOTO QUE SE ACERCA EL REMATE FINAL...
¡JA, JA!
¿QUÉ ES?
ANTES DEL REMATE, UNA IDEA MÁS, ¿VALE?
VALE.

SI NO HAY NADA EN LA FÍSICA QUE DEPENDA DEL ÁNGULO, SI QUIERO PUEDO CAMBIARLO.
Y PUEDO CAMBIARLO EN DISTINTA MEDIDA EN DISTINTOS PUNTOS DEL ESPACIO Y EL TIEMPO...
PARA CADA ELECTRÓN A LO LARGO Y ANCHO DEL UNIVERSO...
Y ESE CAMBIO NO DEBERÍA REFLEJARSE EN LA FÍSICA.
CLARO. TIENE SENTIDO.
LO QUE PASA ES QUE...

UNA COSA ES DECIR LO QUE ACABO DE AFIRMAR CON PALABRAS...
Y OTRA, ENCONTRAR LAS ECUACIONES PARA EL CAMPO DE ELECTRONES QUE LO IMPLEMENTEN.
¿ES POSIBLE?
CUANDO LO INTENTAMOS, LO QUE VEMOS ES QUE LAS ECUACIONES PARA EL CAMPO DE ELECTRONES POR SÍ SOLAS NO BASTAN.
LAS VARIACIONES A LO LARGO Y ANCHO DEL ESPACIO-TIEMPO NO DESAPARECEN COMO DEBERÍAN.

¿POR SÍ SOLAS?
¡EXACTO! AHÍ ESTÁ LA CLAVE.

EL CAMPO DE ELECTRONES NECESITA QUE OTROS CAMPOS AYUDEN A ABSORBER LAS VARIACIONES.
¿RECUERDAS QUE DIJE QUE HABÍA CIERTA LIBERTAD AL ESPECIFICAR LOS POTENCIALES ELECTROMAGNÉTICOS **A** Y **V**?
SÍ...

ESA LIBERTAD ES **EXACTAMENTE** LA CAPACIDAD DE ABSORBER ESAS VARIACIONES EN EL CAMPO DE ELECTRONES, QUE HACE QUE LA FÍSICA SEA INDEPENDIENTE DE ESE ÁNGULO EN TODOS LOS PUNTOS.
VALE, ENTIENDO.
¿ESTÁS DICIENDO QUE EL ELECTRÓN EN CIERTO SENTIDO **NECESITA** LOS POTENCIALES?
¿QUE NECESITA EL ELECTROMAGNETISMO?
SÍ. SUPONGO QUE LO QUE DIGO ES QUE ESTO ES LO QUE REALMENTE **SIGNIFICA** QUE UNA PARTÍCULA TENGA CARGA...

...TENEMOS ESA LIBERTAD DE GAUGE...
¿LA LIBERTAD DE ESPECIFICAR UN ÁNGULO?
SÍ.
Y EXIGIR QUE ESO SOLO SEA ALGO MATEMÁTICO, Y NO FÍSICO, NOS LLEVA A DESCUBRIR LAS ECUACIONES PRECISAS QUE DESCRIBEN LA INTERACCIÓN DE LOS ELECTRONES CON EL ELECTROMAGNETISMO.
SON LA BASE DE LA TEORÍA COMPLETA CONOCIDA COMO **ELECTRODINÁMICA CUÁNTICA**...
QUE RIGEN CÓMO INTERACTÚAN LA LUZ Y LA MATERIA QUE NOS RODEAN.

ESO ES ASOMBROSO, LO ENTIENDO...
PERO...
QUÉ...

QUE NO HAY CÍRCULOS EN CADA PUNTO DEL ESPACIO Y DEL TIEMPO POR TODO EL UNIVERSO, ¿NO?
ESO ES. EN ESTE MODELO
LOS CÍRCULOS NO SON REALES.

¿Y NO TE PARECE RARO QUE TUS ECUACIONES GIREN EN TORNO A UNA LIBERTAD DE HACER ALGO QUE TE ESFUERZAS POR VOLVER INVISIBLE?
SÍ. ES RARO.

LOS OBJETOS BÁSICOS EN ESTE ESQUEMA SABEN DE LA EXISTENCIA MATEMÁTICA DEL CÍRCULO, PERO LAS ECUACIONES FÍSICAS POR LAS QUE SE RIGEN ELIMINAN EL CÍRCULO POR COMPLETO DE LA HISTORIA.

ENTONCES ¿EL CÍRCULO ES SOLO UN TRUCO MATEMÁTICO PARA LLEGAR A LA SOLUCIÓN CORRECTA?
PODRÍAMOS DECIRLO ASÍ...

YO PREFIERO VERLO COMO UN ANDAMIAJE.
¿ANDAMIAJE?

SÍ, UNA ESTRUCTURA TEMPORAL QUE SE ERIGE COMO UNA ESPECIE DE REFERENCIA.
UNA VEZ CONSTRUIDA LA ESTRUCTURA FINAL (EN ESTE CASO, LA FÍSICA REAL), PODEMOS QUITAR EL ANDAMIO.
ENTIENDO.
ESTO SUCEDE A MENUDO, EN EL PROCESO PARA ENCONTRAR LA MANERA CORRECTA DE DESCRIBIR TAL O CUAL FENÓMENO FÍSICO...
NO DEJA DE SER RARO.
¡ESTOY DE ACUERDO!
LO BUENO ES QUE FUNCIONA.
ESA ES LA VERDADERA PRUEBA DE TODO ESTO: ¿CONCUERDA CON EL EXPERIMENTO?

HAS MENCIONADO LA ELECTRODINÁMICA CUÁNTICA, ¿VERDAD?
¿ES A ESO A LO QUE LLEVA TODO ESTO?
SÍ.
¿QUÉ HACE QUE SEA CUÁNTICA?

NO HE ENTRADO EN DETALLES PARA QUE LO ENTENDIESES TODO...

LO QUE HE DESCRITO ES CÓMO UNA ESTRUCTURA DETERMINADA
LA DEL CÍRCULO
AYUDA A ENCONTRAR LAS ECUACIONES QUE RELACIONAN A ELECTRONES Y FOTONES.
UN MOMENTO: ¿FOTONES?
SÍ.
¿PARTÍCULAS DE LUZ?
SÍ.
¿QUÉ PINTAN EN ESTA HISTORIA?

AH, VALE.
¿RECUERDAS QUE HE DICHO QUE EN FÍSICA DE PARTÍCULAS CADA PARTÍCULA TIENE SU CAMPO ASOCIADO?
SÍ. HAS MENCIONADO EL CAMPO DEL ELECTRÓN...
¿Y RECUERDAS ESOS CAMPOS QUE HE LLAMADO POTENCIALES V Y A?

¿LOS QUE EL CAMPO DE ELECTRONES NECESITA PARA HACER QUE EL CÍRCULO DESAPAREZCA?
ESOS...
RESULTA QUE, JUNTOS, SON LOS CAMPOS DE UNA PARTÍCULA ESPECIAL...
¿EL FOTÓN?

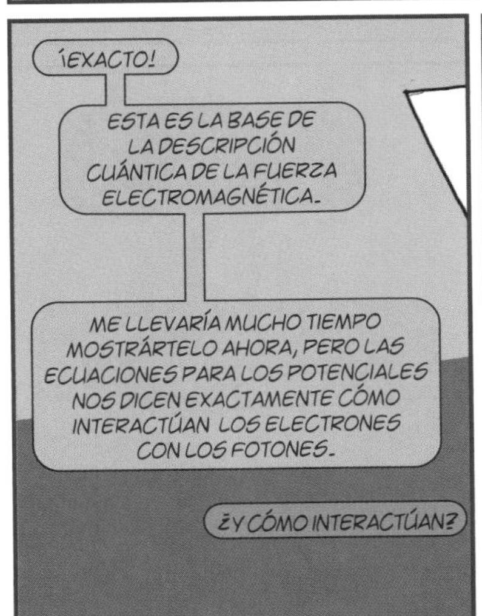

¡EXACTO!
ESTA ES LA BASE DE LA DESCRIPCIÓN CUÁNTICA DE LA FUERZA ELECTROMAGNÉTICA.
ME LLEVARÍA MUCHO TIEMPO MOSTRÁRTELO AHORA, PERO LAS ECUACIONES PARA LOS POTENCIALES NOS DICEN EXACTAMENTE CÓMO INTERACTÚAN LOS ELECTRONES CON LOS FOTONES.
¿Y CÓMO INTERACTÚAN?
AHORA QUE ESTAMOS EN EL NIVEL CUÁNTICO, ES MUY SENCILLO.

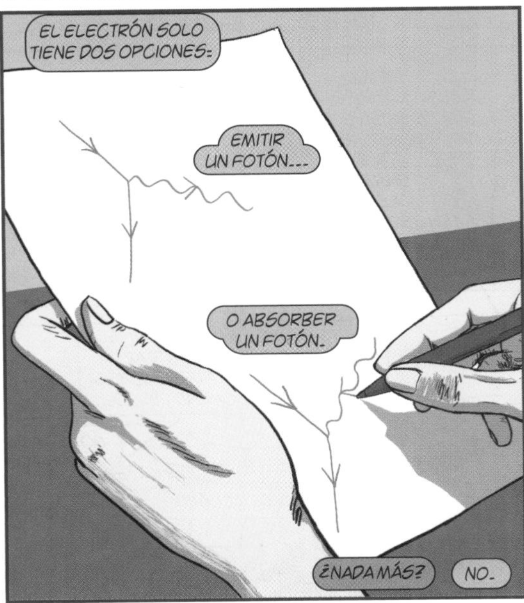

EL ELECTRÓN SOLO TIENE DOS OPCIONES:
EMITIR UN FOTÓN...
O ABSORBER UN FOTÓN.
¿NADA MÁS?
NO.

¿ESAS LÍNEAS SON CAMINOS?
SÍ.
RECTA PARA UN ELECTRÓN, ONDULADA PARA EL FOTÓN...
LA FLECHA SEÑALA LA DIRECCIÓN EN LA QUE SE MUEVE CADA PARTÍCULA.
¿EL FOTÓN ONDULA?
NO. ES SOLO UNA LÍNEA ONDULADA QUE USAMOS PORQUE SÍ.

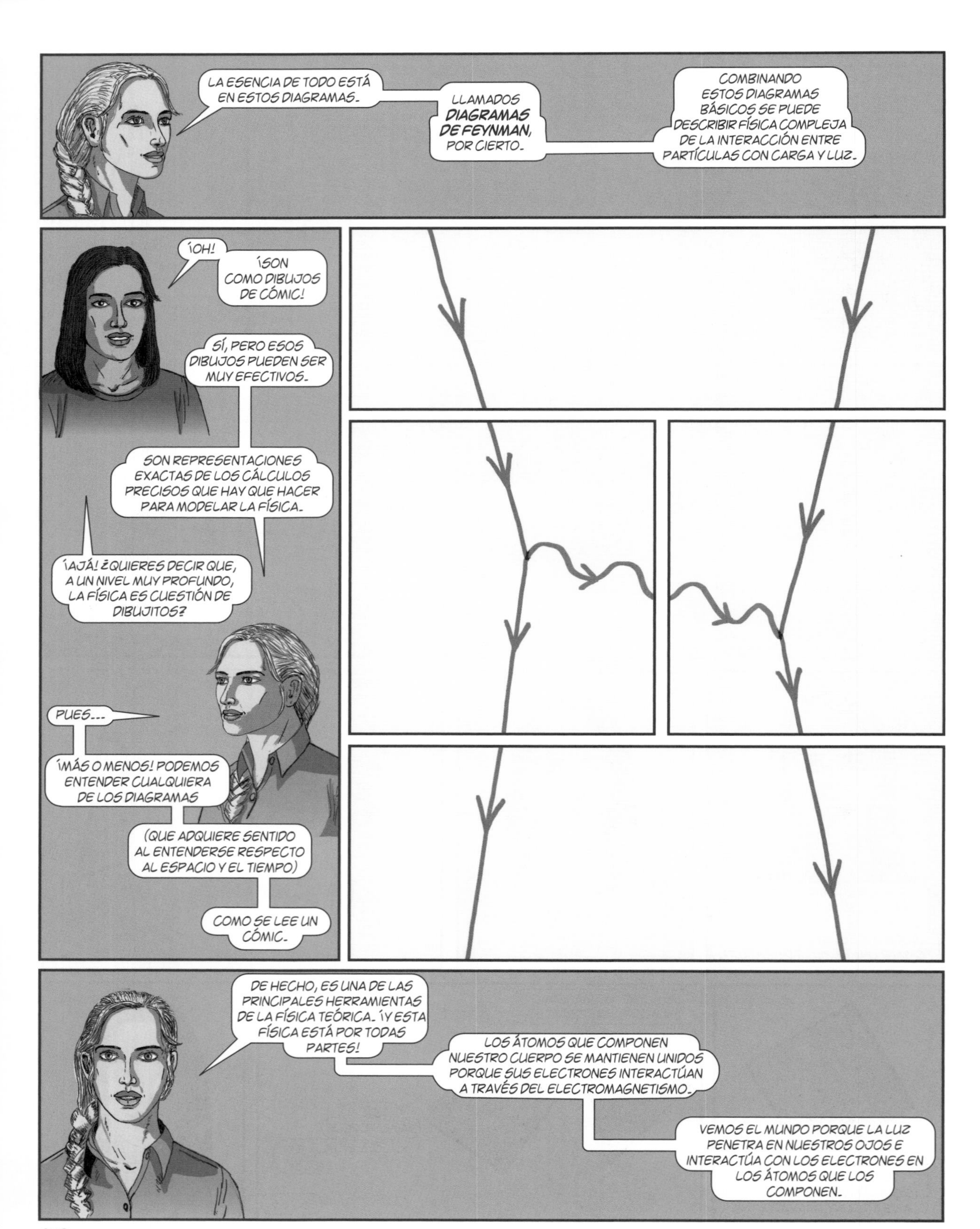
LA ESENCIA DE TODO ESTÁ EN ESTOS DIAGRAMAS.
LLAMADOS **DIAGRAMAS DE FEYNMAN,** POR CIERTO.
COMBINANDO ESTOS DIAGRAMAS BÁSICOS SE PUEDE DESCRIBIR FÍSICA COMPLEJA DE LA INTERACCIÓN ENTRE PARTÍCULAS CON CARGA Y LUZ.
¡OH!
¡SON COMO DIBUJOS DE CÓMIC!
SÍ, PERO ESOS DIBUJOS PUEDEN SER MUY EFECTIVOS.
SON REPRESENTACIONES EXACTAS DE LOS CÁLCULOS PRECISOS QUE HAY QUE HACER PARA MODELAR LA FÍSICA.
¡AJÁ! ¿QUIERES DECIR QUE, A UN NIVEL MUY PROFUNDO, LA FÍSICA ES CUESTIÓN DE DIBUJITOS?
PUES...
¡MÁS O MENOS! PODEMOS ENTENDER CUALQUIERA DE LOS DIAGRAMAS
(QUE ADQUIERE SENTIDO AL ENTENDERSE RESPECTO AL ESPACIO Y EL TIEMPO)
COMO SE LEE UN CÓMIC.
DE HECHO, ES UNA DE LAS PRINCIPALES HERRAMIENTAS DE LA FÍSICA TEÓRICA. ¡Y ESTA FÍSICA ESTÁ POR TODAS PARTES!
LOS ÁTOMOS QUE COMPONEN NUESTRO CUERPO SE MANTIENEN UNIDOS PORQUE SUS ELECTRONES INTERACTÚAN A TRAVÉS DEL ELECTROMAGNETISMO.
VEMOS EL MUNDO PORQUE LA LUZ PENETRA EN NUESTROS OJOS E INTERACTÚA CON LOS ELECTRONES EN LOS ÁTOMOS QUE LOS COMPONEN.

ENTONCES...
ESTO ES LO QUE DECÍAS QUE NO SIRVE PARA LA GRAVEDAD, ¿NO?
¡EXACTO!
SI ESCRIBIMOS LAS ECUACIONES PARA LA PARTÍCULA CUÁNTICA QUE SE INTERCAMBIA PARA GENERAR LA FUERZA GRAVITATORIA...
LOS GRAVITONES
Y EMPEZAMOS A CALCULAR, ENSEGUIDA NOS TOPAMOS CON PROBLEMAS.
LOS DIAGRAMAS QUE OBTENEMOS PARA ESE SISTEMA NOS DAN NÚMEROS ABSURDOS.
ES UNO DE LOS MAYORES PROBLEMAS POR RESOLVER DE LA FÍSICA.

¿A ESTO ES A LO QUE SE ENFRENTA LA GENTE CUANDO DICE...
UN MOMENTO.
¿QUÉ?

SEGURO QUE ESO ES INTERESANTE, PERO HE MENCIONADO LAS TEORÍAS DE GAUGE POR OTRO MOTIVO.
AH, VALE.
ADELANTE.

RESULTA QUE LAS CARACTERÍSTICAS QUE HE DESCRITO PARA EL ELECTROMAGNETISMO PUEDEN GENERALIZARSE.
¿QUÉ QUIERES DECIR CON «GENERALIZARSE»?
ES UNA EXPRESIÓN QUE USAMOS MUCHÍSIMO.

MMM...
SIGNIFICA QUE ENCONTRAMOS OTROS EJEMPLOS QUE TIENEN LAS MISMAS CARACTERÍSTICAS ESENCIALES, LO QUE AYUDA A FORMAR UNA ESPECIE DE PATRÓN.

PENSEMOS EN FORMAS.
ES COMO SI SOLO TUVIÉSEMOS LA IDEA DE UN TRIÁNGULO...

...Y DESPUÉS DESCUBRIÉSEMOS (O QUIZÁ INVENTÁSEMOS) LA IDEA DE UN CUADRADO.

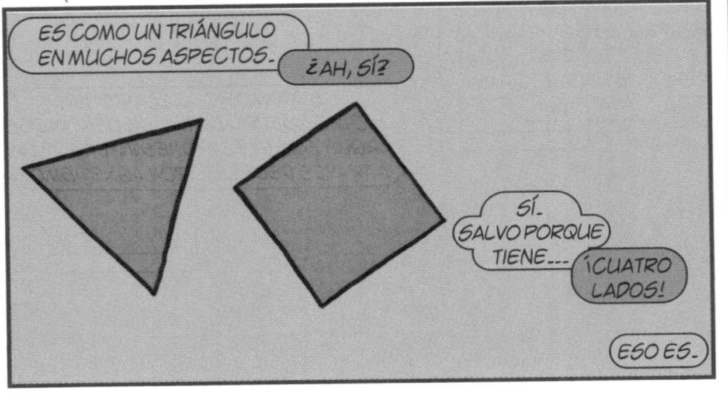
ES COMO UN TRIÁNGULO EN MUCHOS ASPECTOS.
¿AH, SÍ?
SÍ. SALVO PORQUE TIENE...
¡CUATRO LADOS!
ESO ES.

¿LAS «CARACTERÍSTICAS ESENCIALES» SON LOS LADOS?

PODEMOS TOMAR LOS LADOS. O LOS VÉRTICES, POR EJEMPLO.
EL CUADRADO TIENE CUATRO LADOS EN LUGAR DE TRES...
UNA **GENERALIZACIÓN** DEL TRIÁNGULO.
ENTIENDO.

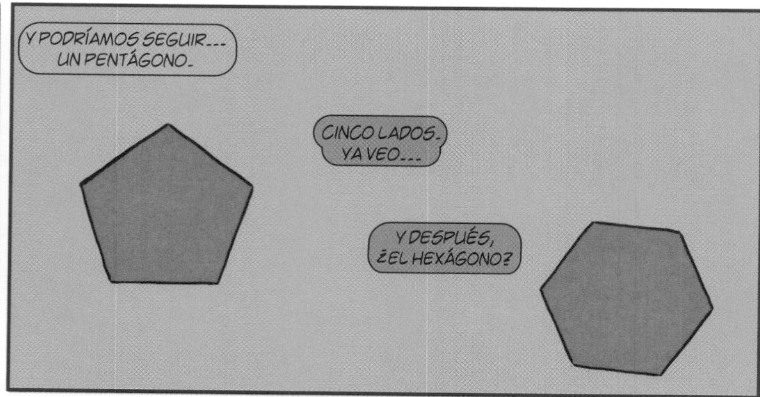
Y PODRÍAMOS SEGUIR... UN PENTÁGONO.
CINCO LADOS. YA VEO...
Y DESPUÉS, ¿EL HEXÁGONO?

ESO ES. LA CATEGORÍA GENERAL ES EL POLÍGONO.
TODAS ESAS FORMAS SON POLÍGONOS.
ESTE TIPO SENCILLO DE GENERALIZACIÓN
ES ALGO QUE HACEMOS MUCHO EN FÍSICA TEÓRICA.
Y A MENUDO CONDUCE A IDEAS INTERESANTES Y ÚTILES.

¿POR QUÉ FUNCIONA?
PARECE UN JUEGO MATEMÁTICO.

NADIE LO SABE, PERO EL CASO ES QUE **FUNCIONA**.
QUIZÁ SEA PORQUE LA NATURALEZA RECICLA LAS IDEAS BUENAS.
ASÍ QUE, SI ENCONTRAMOS UNA QUE SABEMOS QUE FUNCIONA EN LA NATURALEZA, LA EXPLORAMOS BUSCANDO GENERALIZACIONES...

ENTIENDO.
INTERESANTE.

¿Y DICES QUE ESO SE PUEDE HACER CON EL ELECTROMAGNETISMO?
LAS **TEORÍAS DE GAUGE**.
¡ESO ES! YANG Y MILLS GENERALIZARON EL ELECTROMAGNETISMO DE MAXWELL, ABRIENDO A LA INVESTIGACIÓN TODA UNA CLASE DE TEORÍAS CON CARACTERÍSTICAS COMUNES.
UNA FAMILIA ENTERA DE PIEZAS DEL PUZLE.

LAS LLAMAS PIEZAS DEL PUZLE. ¿SIGNIFICA ESO QUE SABEMOS QUE A LA NATURALEZA LE HAN PARECIDO ÚTILES DE ALGUNA FORMA?
ASÍ ES. RESULTA QUE...
¿Y CÓMO FUNCIONA REALMENTE LA GENERALIZACIÓN?
¿CUÁL ES LA CARACTERÍSTICA ESENCIAL CON LA QUE JUGAMOS?

HAY DISTINTAS DIRECCIONES QUE PODRÍAMOS EXPLORAR...
PERO UNA MANERA ÚTIL CONSISTE EN TOMAR EL CÍRCULO OCULTO DE ANTES Y SUSTITUIRLO POR OTRA CLASE DISTINTA DE FORMA.
¿DISTINTA?
SÍ... ES UN POCO COMO PASAR DEL TRIÁNGULO A LOS POLÍGONOS.

EL CÍRCULO ES EL EJEMPLO MÁS SENCILLO DE LO QUE SE LLAMAN VARIEDADES DE GRUPO, PERO ESO AHORA NO IMPORTA.
VALE.
LAS NUEVAS FORMAS TERMINAN DANDO UN NUEVO TIPO DE CARGA, DISTINTA DE LA ELÉCTRICA
Y TODA UNA NUEVA FAMILIA DE PARTÍCULAS CUYO COMETIDO ES TRANSMITIR LA INTERACCIÓN ENTRE ESAS NUEVAS CARGAS...

ENTONCES ¿MÁS DE UN FOTÓN?
¿TODA UNA FAMILIA DE ELLOS?
¡SÍ!

¿Y ESO ES ÚTIL EN LA NATURALEZA?
SÍ. ¿SABRÍAS DECIR DÓNDE?

A VER...

DESDE LUEGO, NO EN LA GRAVEDAD...
HAS DICHO QUE NO VALE PARA LA GRAVEDAD...

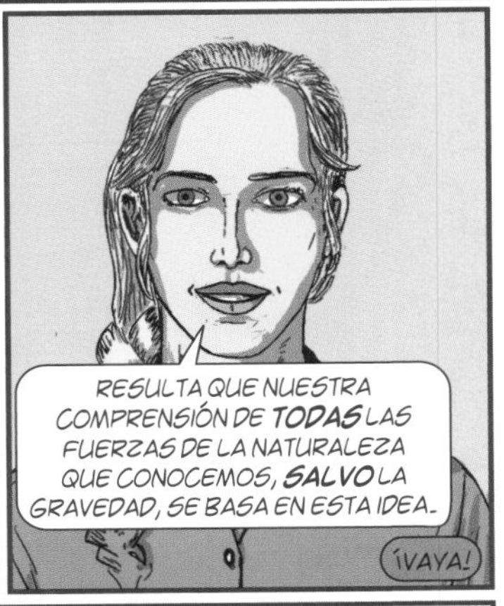

RESULTA QUE NUESTRA COMPRENSIÓN DE TODAS LAS FUERZAS DE LA NATURALEZA QUE CONOCEMOS, SALVO LA GRAVEDAD, SE BASA EN ESTA IDEA.
¡VAYA!

NO SOLO EL ELECTROMAGNETISMO, TAMBIÉN LAS FUERZAS NUCLEARES DÉBIL Y FUERTE QUE OPERAN EN EL NÚCLEO DE LOS ÁTOMOS
SON TODAS TIPOS DISTINTOS DE TEORÍAS DE GAUGE.
¡OOOH! ¡ES ALUCINANTE!

¡SÍ, LO ES!
TARDAMOS DÉCADAS EN AVERIGUAR TODOS LOS DETALLES Y COMPROBAR EXPERIMENTALMENTE QUE ERAN CORRECTOS.
PERO FUNCIONÓ.

POR EJEMPLO, TENEMOS LA FUERZA NUCLEAR FUERTE, QUE MANTIENE UNIDOS LOS NÚCLEOS ATÓMICOS.
LOS QUARKS, LAS PARTÍCULAS QUE FORMAN LOS NEUTRONES Y LOS PROTONES.
DESEMPEÑAN EL PAPEL DEL ELECTRÓN... PERO HAY SEIS TIPOS.
TIENEN UNA CARGA DE ESTE TIPO MÁS GENERAL, Y POR ELLO INTERACTÚAN MEDIANTE SU PROPIA VERSIÓN DEL FOTÓN...
...QUE RESULTA SER UNA FAMILIA DE OCHO PARTÍCULAS.
¿OCHO?
SÍ. SE LLAMAN GLUONES.
GLUONES. ¿EN SERIO?
SÍ, PORQUE LA INTERACCIÓN A TRAVÉS DE ELLOS HACE QUE LAS COSAS PERMANEZCAN UNIDAS.

SÍ, LO SÉ.
ES UN NOMBRE TONTO.

QUÉ...

¡PODRÍA PONER LAS ECUACIONES DE LOS GLUONES EN UNA CAMISETA!
SÍ. ¡PERO EN LETRA DIMINUTA!
SON MUCHOS MÁS CAMPOS Y ECUACIONES QUE LAS DE MAXWELL.
AUNQUE NO SÉ CUÁL SERÍA LA FRASE DE LA BIBLIA...

«Y DIOS DIJO...
...Y ENTONCES SE HIZO LA...»
¿ENERGÍA NUCLEAR?
NO FUNCIONA.

¿Y QUÉ TAL
«LA CIENCIA ES ALGO QUE SE PEGA»?
NO.

VALE. ME RINDO.
QUIZÁ SEA LO MEJOR.

ESE ES UN EJEMPLO DE CÓMO CONECTAR VARIAS PIEZAS DEL PUZLE AL ENCONTRAR UNA CARACTERÍSTICA QUE TODAS ELLAS TIENEN EN COMÚN...
QUE ES LA INVARIANCIA DE GAUGE.
VALE...
ES LA ANALOGÍA DEL PUZLE.
LO ENTIENDO.
DE HECHO, SE HA DEDICADO MUCHO TIEMPO A ESTUDIAR LAS TEORÍAS DE GAUGE, Y SE SIGUE HACIENDO.
ADEMÁS, RESULTAN SER HERRAMIENTAS ÚTILES EN SÍ MISMAS...
PERO UNA IMPORTANTE MOTIVACIÓN PARA ESTUDIARLAS ES DE NUEVO LA CLASIFICACIÓN:
SI PODEMOS ORGANIZAR Y ENTENDER TODAS SUS PROPIEDADES, PODRÍAMOS AVERIGUAR CÓMO ENCAJAN EN EL PUZLE...
Yang-Mills
$\mathcal{L} = -\frac{1}{4} F^a_{\mu\nu} F^{a\mu\nu}$
$F^a_{\mu\nu} \equiv \partial_\mu A^a_\nu - \partial_\nu A^a_\mu + g f^{abc} A^b A^c$
$A^a_\mu \in \mathrm{adj}(G)$
(if $G = U(1)$
→ Maxwell)
O SI LAS OTRAS PIEZAS DEL PUZLE EMPIEZAN A MOSTRAR PROPIEDADES QUE RECONOCIMOS EN LAS TEORÍAS DE GAUGE
PODEMOS RECURRIR A ELLAS Y REUTILIZARLAS.
¡COMO CUANDO RESOLVEMOS UN PUZLE!
¡EXACTO!
PERO ¿SUCEDE ESO REALMENTE?
¿OCURRE EN LA INVESTIGACIÓN REAL?
¡POR SUPUESTO!
DE HECHO, EL EJEMPLO QUE ACABO DE MENCIONAR ES UN CASO EXCELENTE.
¿RELACIONADO CON LAS TEORÍAS DE GAUGE?
SÍ
Y CON LA GRAVEDAD.
¿LA GRAVEDAD? PERO...
¿CÓMO?
CONTINUARÁ...

Notas

Página 153: veánse los capítulos 1 y 3 para más información sobre las ecuaciones de Maxwell.

Página 157: véase la nota correspondiente a las páginas 79-82 del capítulo 4, y la correspondiente a las páginas 110-112 del capítulo 6 para lecturas sobre relatividad especial y general. Asimismo, estas dos biografías desentrañan muy bien el recorrido físico que Einstein realiza desde la relatividad especial a la general: Abraham Pais, *Subtle Is the Lord. The Science and the Life of Albert Einstein*, Oxford, Oxford University Press, 1982 [hay trad. cast.: *El Señor es sutil. La ciencia y la vida de Albert Einstein*, Barcelona, Ariel, 1984]; Walter Isaacson, *Einstein. His Life and Universe*, Nueva York, Simon & Schuster, 2007. [Hay trad. cast.: *Einstein. Su vida y su universo*, Barcelona, Debate, 2008.]

Páginas 159 y 160: los capítulos 6 y 7 incluyen extensas discusiones sobre la conciliación de la mecánica cuántica y la relatividad general. Para referencias, véanse sus notas.

Página 159: para una mirada desde dentro, fascinante y estimulante, a la historia del descubrimiento de las ondas gravitatorias efectuado en el LIGO (Laser Interferometer Gravitational-Wave Observatory), véase Janna Levin, *Black Hole Blues and Other Songs from Outer Space*, Nueva York, Alfred A. Knopf, 2016.

Páginas 164-167: esta es la llamada «formulación de los potenciales» del electromagnetismo, y es el punto de partida para la mayoría de los tratamientos cuánticos, así como para el recorrido hacia las generalizaciones de este enfoque para describir otras fuerzas. Culmina en lo que se conoce como teoría cuántica de campos. Una exposición muy accesible de la mecánica de la paradigmática teoría cuántica de la luz y de las partículas cargadas, a la que esta discusión conduce, es: Richard P. Feynman, *QED: The Strange Theory of Light and Matter*, Princeton (New Jersey), Princeton University Press, 1985. [Hay trad. cast.: *Electrodinámica cuántica. La extraña teoría de la luz y la materia*, Madrid, Alianza, 2014.]

Seguro que ya le has dado muchas vueltas a la teoría cuántica a partir de lo que has visto en las conversaciones anteriores, y quizá hayas leído alguna cosa adicional. Si quieres seguir profundizando, esta es una exposición accesible de elementos de la teoría cuántica, con un toque de física de partículas: Brian Cox y Jeff Forshaw, *The Quantum Universe (And Why Anything that Can Happen, Does)*, Boston, Da Capo Press, 2012 [hay trad. cast.: *El universo cuántico. Y por qué todo lo que puede suceder, sucede*, Barcelona, Debate, 2014]. Para quien quiera profundizar aún más, cuesta encontrar un mejor punto de partida que este: Leonard Susskind y Art Friedman, *Quantum Mechanics. The Theoretical Minimum*, Nueva York, Basic Books, 2014. El libro de Polkinghorne que se menciona en las notas correspondientes a la página 144 (viñeta 4) del capítulo 7 es también un recurso interesante.

Página 168: dos buenas referencias técnicas (pero escritas con estilo sencillo y estimulante) que profundizan en la teoría cuántica de campos y tratan ampliamente cosas como la invariancia de gauge son: Anthony Zee, *Quantum Field Theory in a Nutshell*, Princeton (New Jersey), Princeton University Press, 2010; Tom Lancaster y Stephen J. Blundell, *Quantum Field Theory for the Gifted Amateur*, Oxford, Oxford University Press, 2014.

Páginas 169 y 170: los libros antes mencionados ofrecen extensas discusiones y explicaciones adicionales sobre esas maravillosas herramientas denominadas diagramas de Feynman y su uso en la teoría cuántica de campos.

Página 170: una nota sobre el medio. No dejes pasar la ocasión de usar tu sustancial (porque has leído hasta aquí) conocimiento de cómo funciona el tiempo en el arte secuencial contemporáneo para explorar por completo cómo operan los diagramas de Feynman. Lee las viñetas en el orden convencional, haciendo que el tiempo transcurra a medida que te mueves secuencialmente, y te contarán una historia sobre la interacción de las partículas. Pero también puedes leerlas en otros órdenes, y descubrirás asimismo una historia coherente.

Página 173: Estas generalizaciones del electromagnetismo se denominan teorías de Yang-Mills. La historia de cómo estas se combinaron con los campos de partículas adicionales para acabar describiendo las interacciones nucleares fuerte y débil es fantástica. Hay un estupendo texto de Christine Sutton en la colección de ensayos editada por Farmelo y que se menciona en la nota correspondiente a la página 15 del capítulo 1. Una versión más elaborada de la historia se puede encontrar en este libro increíblemente minucioso: Frank Close, *The Infinity Puzzle. Quantum Field Theory and the Hunt for an Orderly Universe*, Nueva York, Basic Books, 2011.

PENSABA QUE HABÍAS DICHO QUE LAS TEORÍAS DE GAUGE Y LA GRAVEDAD NO ENCAJABAN JUNTAS. ¿TE LO ESTABAS INVENTANDO, O...?
ES UNA HISTORIA INTERESANTE Y ENREVESADA.
VOY A INTENTAR EXPLICÁRTELA.

SURGIÓ DE ESA BÚSQUEDA POR ENCONTRAR UNA TEORÍA CUÁNTICA DE LA GRAVEDAD.
¿POR INTENTAR ENCAJAR ESAS DOS GRANDES PIEZAS DEL PUZLE?
SÍ.
EN ESTA HISTORIA FUERON FUNDAMENTALES CUESTIONES RELACIONADAS CON LA CLASIFICACIÓN.
DURANTE AÑOS, LOS CIENTÍFICOS ESTUDIARON DIVERSAS TEORÍAS DE LA GRAVEDAD POR SU PROPIO INTERÉS...
Y MODIFICARON CIERTOS ASPECTOS PARA VER CÓMO SE COMPORTABAN...
$S=\frac{1}{16\pi G}\int d^Dx\sqrt{-g}\{R-2\Lambda\}$
D= 3,
4,
5,
6,
ASÍ, TUVIMOS GRAVEDAD EN ESPACIO-TIEMPOS DE DISTINTO NÚMERO DE DIMENSIONES...
$\Lambda<0$,
>0,
$=0$
GRAVEDAD CON DISTINTOS TIPOS DE **CONSTANTE COSMOLÓGICA**...

¿CONSTANTE COSMOLÓGICA?
ME HAS DICHO QUE TRABAJABAS EN ESO...
ES LA ENERGÍA DEL ESPACIO, ¿NO?
ALGO ASÍ.

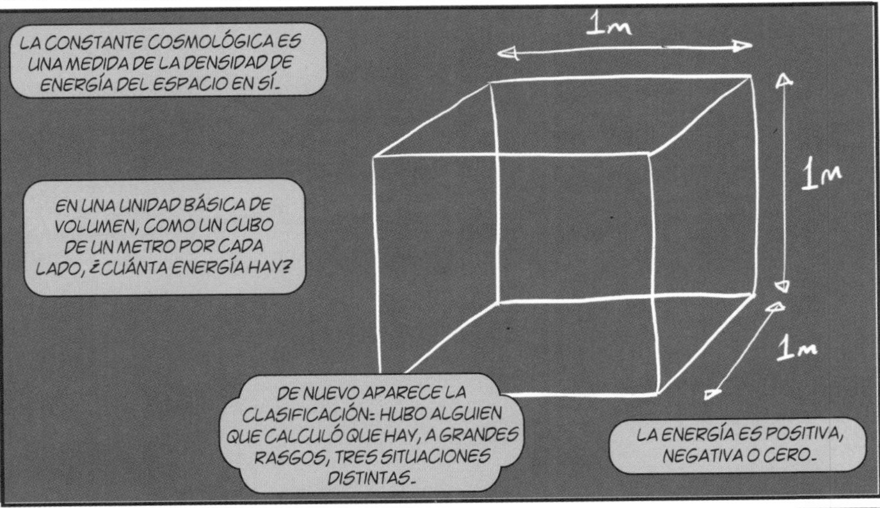
LA CONSTANTE COSMOLÓGICA ES UNA MEDIDA DE LA DENSIDAD DE ENERGÍA DEL ESPACIO EN SÍ.
1m
1m
1m
EN UNA UNIDAD BÁSICA DE VOLUMEN, COMO UN CUBO DE UN METRO POR CADA LADO, ¿CUÁNTA ENERGÍA HAY?
DE NUEVO APARECE LA CLASIFICACIÓN: HUBO ALGUIEN QUE CALCULÓ QUE HAY, A GRANDES RASGOS, TRES SITUACIONES DISTINTAS.
LA ENERGÍA ES POSITIVA, NEGATIVA O CERO.

ALGUNOS HAN DEDICADO GRAN PARTE DE SUS CARRERAS A CATALOGAR MINUCIOSAMENTE QUÉ CLASE DE FÍSICA SE OBTIENE EN CADA UNA DE ESTAS SITUACIONES...
AUNQUE NO ESTUVIESE CLARO QUE TUVIESE ALGO QUE VER CON NUESTRO MUNDO.
¿POR QUÉ?
COMO YA HE DICHO: NUNCA SE SABE LO QUE PODRÍA SER ÚTIL.

ES PARTE DEL PROCESO DE VOLTEAR LAS PIEZAS PARA ANALIZARLAS.
ESCRIBIMOS ARTÍCULOS INFORMANDO DE LOS RESULTADOS Y CONFIAMOS EN QUE SEAN ÚTILES DE ALGUNA MANERA.
¡QUIZÁ AL MENOS A NUESTROS COLEGAS LES INTERESE LEERLOS!

PERO ¿ESTÁS DICIENDO QUE SE PUDO RELACIONAR ESTE TRABAJO SOBRE LA GRAVEDAD CON LAS TEORÍAS DE GAUGE?
teoría de gauge
¿gravedad?
NO ME ACLARO: CREÍ QUE HABÍAS DICHO QUE ESAS TEORÍAS NO VALÍAN PARA LA GRAVEDAD.
¡AJÁ!
ESA FUE LA GRAN SORPRESA.
¿EH?
TIENE QUE VER CON LA BÚSQUEDA DE UNA DESCRIPCIÓN MÁS SIMPLE PARA UNA SITUACIÓN COMPLICADA.
A VECES, LA FÍSICA DE LAS TEORÍAS DE GAUGE EN NUESTRAS CUATRO DIMENSIONES ESPACIOTEMPORALES SE PUEDE INTERPRETAR DE UNA FORMA COMPLETAMENTE DIFERENTE...
4 Dimensiones
SI EXISTE UN GRAN NÚMERO DE TIPOS DISTINTOS DE GLUONES...
... QUE INTERACCIONAN TODOS ELLOS ENTRE SÍ INTENSAMENTE...
SÍ, ESA ES LA SALVEDAD A LO QUE DIJE ANTES.
LOS CIENTÍFICOS NO CONSEGUÍAN QUE LAS TEORÍAS DE GAUGE SIRVIESEN PARA DESCRIBIR LA GRAVEDAD CUÁNTICA
EN PARTE PORQUE ESAS TEORÍAS OPERABAN EN EL MISMO NÚMERO DE DIMENSIONES QUE LA DE LA GRAVEDAD.
¿PERO QUÉ?
NO ENTIENDO POR QUÉ ESO ES MÁS SENCILLO.
TIENES RAZÓN.
NO TIENE POR QUÉ SERLO.
PARA CIERTAS CUESTIONES, ES PREFERIBLE LIMITARSE A LOS GLUONES Y A LAS CUATRO DIMENSIONES...
PERO, PARA OTRAS, LA GRAVEDAD PUEDE SER UNA DESCRIPCIÓN MÁS SENCILLA DE LA FÍSICA.
YA ESTAMOS OTRA VEZ CON LA ABSTRACCIÓN...
¡AJÁ! BUENA PREGUNTA.
EL HECHO DE CAER SE DEBE A LA ATRACCIÓN DE LA GRAVEDAD, ¿VERDAD?
A QUE LA TIERRA ATRAE AL OBJETO.
CIERTO. ESO ES LO QUE YO DIGO.
ESO ES TODO LO QUE HACE...

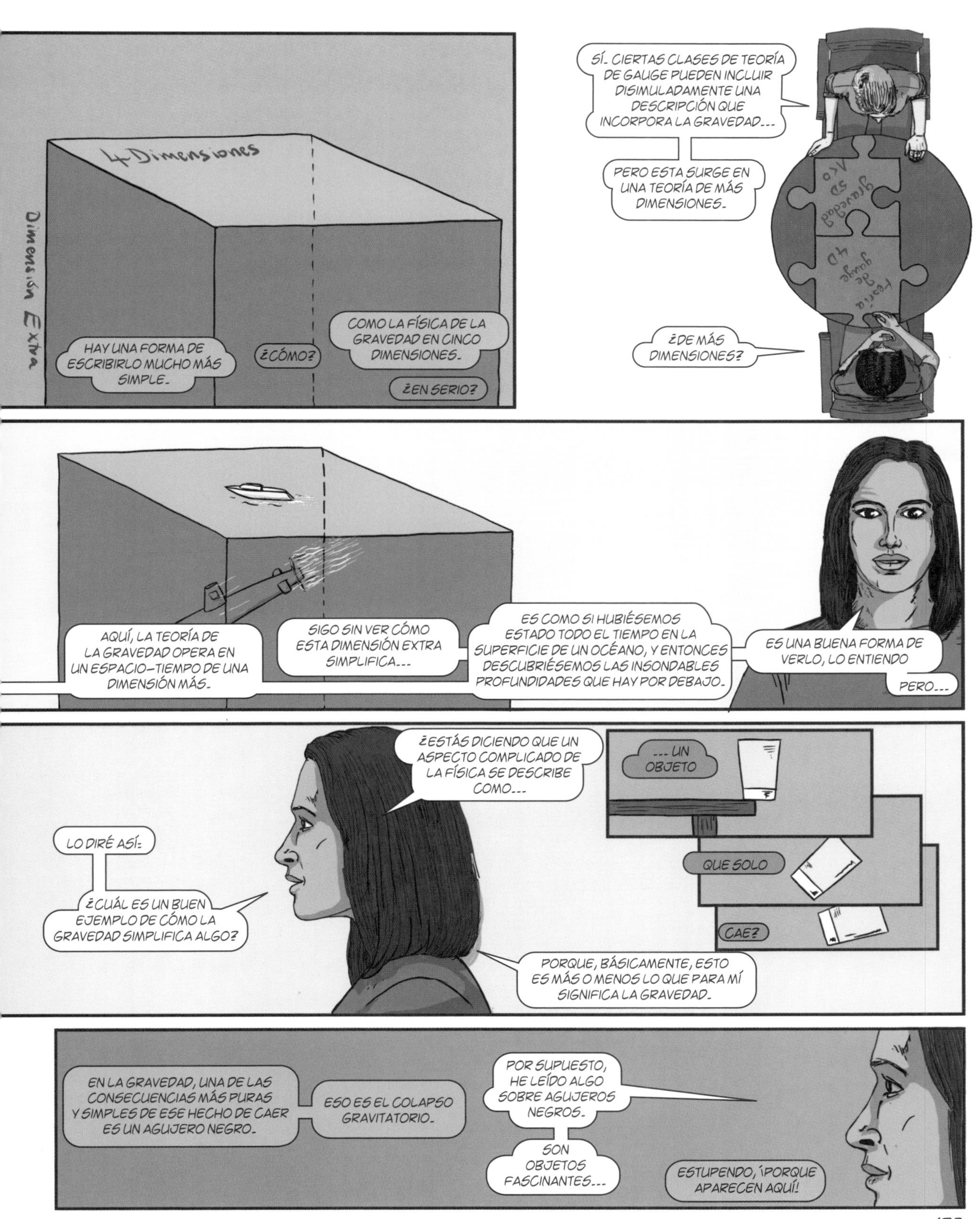

4 Dimensiones
Dimensión Extra
HAY UNA FORMA DE ESCRIBIRLO MUCHO MÁS SIMPLE.
¿CÓMO?
COMO LA FÍSICA DE LA GRAVEDAD EN CINCO DIMENSIONES.
¿EN SERIO?
SÍ. CIERTAS CLASES DE TEORÍA DE GAUGE PUEDEN INCLUIR DISIMULADAMENTE UNA DESCRIPCIÓN QUE INCORPORA LA GRAVEDAD...
PERO ESTA SURGE EN UNA TEORÍA DE MÁS DIMENSIONES.
gravedad 5D
teoría de gauge 4D
¿DE MÁS DIMENSIONES?
AQUÍ, LA TEORÍA DE LA GRAVEDAD OPERA EN UN ESPACIO-TIEMPO DE UNA DIMENSIÓN MÁS.
SIGO SIN VER CÓMO ESTA DIMENSIÓN EXTRA SIMPLIFICA...
ES COMO SI HUBIÉSEMOS ESTADO TODO EL TIEMPO EN LA SUPERFICIE DE UN OCÉANO, Y ENTONCES DESCUBRIÉSEMOS LAS INSONDABLES PROFUNDIDADES QUE HAY POR DEBAJO.
ES UNA BUENA FORMA DE VERLO, LO ENTIENDO
PERO...
¿ESTÁS DICIENDO QUE UN ASPECTO COMPLICADO DE LA FÍSICA SE DESCRIBE COMO...
... UN OBJETO
QUE SOLO
CAE?
LO DIRÉ ASÍ:
¿CUÁL ES UN BUEN EJEMPLO DE CÓMO LA GRAVEDAD SIMPLIFICA ALGO?
PORQUE, BÁSICAMENTE, ESTO ES MÁS O MENOS LO QUE PARA MÍ SIGNIFICA LA GRAVEDAD.
EN LA GRAVEDAD, UNA DE LAS CONSECUENCIAS MÁS PURAS Y SIMPLES DE ESE HECHO DE CAER ES UN AGUJERO NEGRO.
ESO ES EL COLAPSO GRAVITATORIO.
POR SUPUESTO, HE LEÍDO ALGO SOBRE AGUJEROS NEGROS.
SON OBJETOS FASCINANTES...
ESTUPENDO, ¡PORQUE APARECEN AQUÍ!

UN SISTEMA MUY ENMARAÑADO QUE LA GENTE INTENTA ENTENDER ES AQUEL EN EL QUE HAY UN MONTÓN DE ELEMENTOS NUCLEARES, COMO GLUONES, TODOS APELOTONADOS E INTERACTUANDO ENTRE SÍ.

¿POR QUÉ?

ES ALGO QUE PUEDE DARSE EN LAS COLISIONES ENTRE NÚCLEOS ATÓMICOS, O INCLUSO EN LOS NÚCLEOS DE DETERMINADOS TIPOS DE ESTRELLAS, POR EJEMPLO.

ENTIENDO.

ES UNA CONFIGURACIÓN EN LA QUE ES DIFICILÍSIMO HACER CÁLCULOS USANDO LOS MÉTODOS HABITUALES.

PERO EXISTEN INDICIOS DE QUE PODRÍA HABER UNA MANERA MÁS FÁCIL DE CALCULAR LO QUE QUEREMOS SABER...

VALE.

BONITO DIBUJO, POR CIERTO. A MÍ TAMBIÉN ME GUSTA DIBUJAR...

¡GRACIAS!

¿ME ESTÁS DICIENDO QUE LOS GLUONES DE ALGUNA MANERA CREARON UN AGUJERO NEGRO

COMO HACE UNA ESTRELLA CUANDO COLAPSA?

NO, EN ABSOLUTO. SON GLUONES EN EL ESPACIO-TIEMPO TETRADIMENSIONAL ORDINARIO.

A FIN DE CUENTAS, ESTAMOS HABLANDO DE LA NATURALEZA. SOLO INTENTAMOS ENCONTRAR BUENAS HERRAMIENTAS PARA DESCRIBIR SUS DISTINTOS ASPECTOS.

A VECES ES PREFERIBLE DESCRIBIRLA USANDO UNA HERRAMIENTA, LA TEORÍA DE GAUGE, Y OTRAS ES MEJOR USAR OTRA, LA GRAVEDAD.

PERO NO ES NI LA UNA NI LA OTRA. ES LO QUE ES.

ES LO QUE ES...

ESO ME PARECE UN POCO FILOSÓFICO.

SI NO ESTAMOS AVERIGUANDO A CIENCIA CIERTA CÓMO FUNCIONA LA NATURALEZA...

DE HECHO, ES ALGO MUY PRAGMÁTICO. EN MI OPINIÓN, ES ASÍ COMO DEBERÍAN OPERAR LOS FÍSICOS.

¿QUÉ QUIERES DECIR?

NO ERES LA PRIMERA EN CONFUNDIR LA NATURALEZA CON LAS HERRAMIENTAS QUE USAMOS PARA DESCRIBIRLA.

LA GENTE SE LÍA CON ESTO DEBIDO A LA HISTORIA DE ESTE CAMPO...

EN LA FÍSICA CLÁSICA NEWTONIANA HAY MUCHOS EJEMPLOS SATISFACTORIOS DE FENÓMENOS DEBIDAMENTE DESCRITOS COMO PARTÍCULAS O COMO ONDAS.

LUEGO LLEGA LA FÍSICA DEL SIGLO XX CON UN MONTÓN DE SITUACIONES EN LAS QUE HACEN FALTA AMBOS ASPECTOS PARA COMPRENDERLAS.

¿Y ESO ES LO QUE HACE LA MECÁNICA CUÁNTICA? ¿AYUDAR A ENTENDER LOS ÁTOMOS Y...

¡EXACTO!

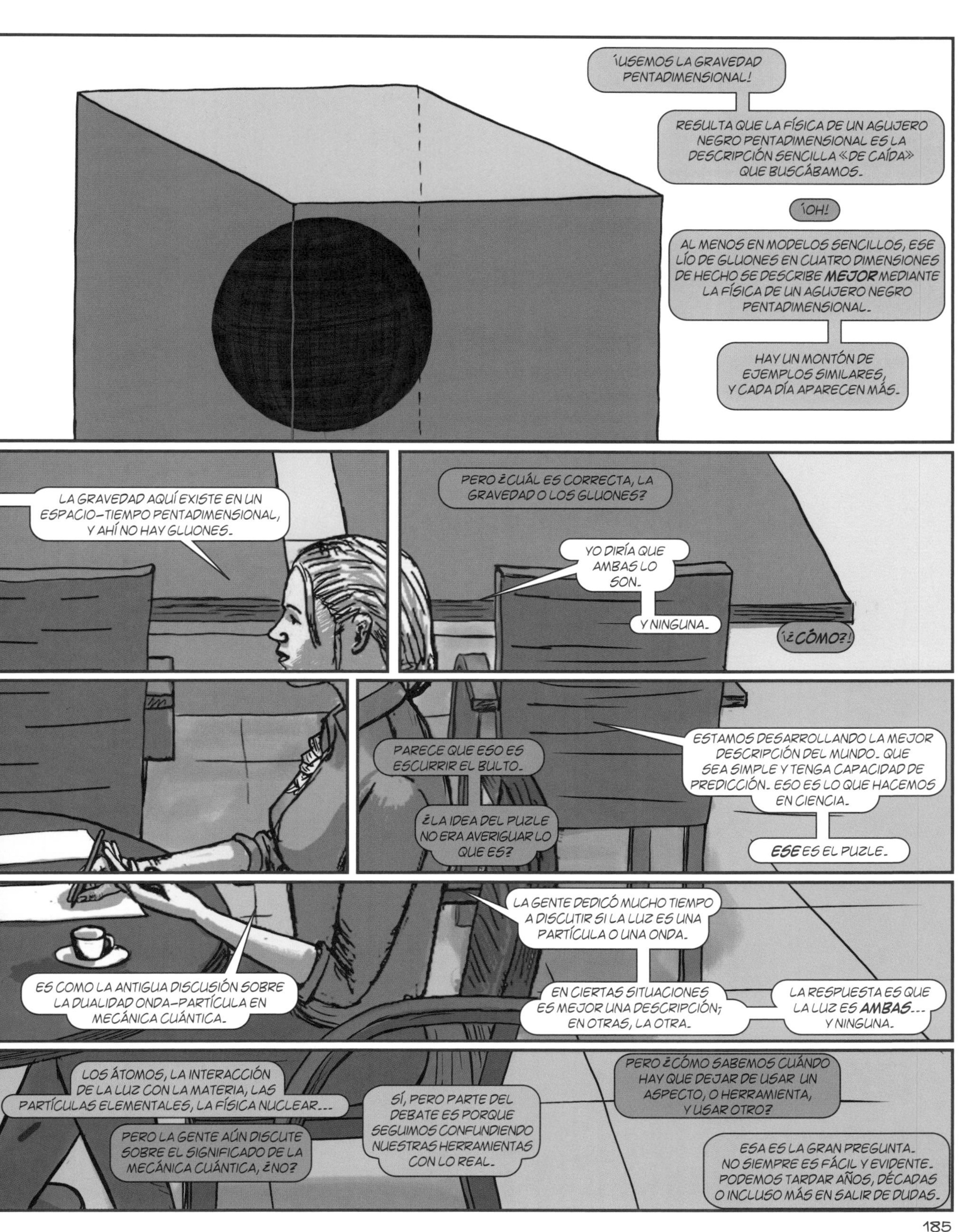
¡USEMOS LA GRAVEDAD PENTADIMENSIONAL!
RESULTA QUE LA FÍSICA DE UN AGUJERO NEGRO PENTADIMENSIONAL ES LA DESCRIPCIÓN SENCILLA «DE CAÍDA» QUE BUSCÁBAMOS.
¡OH!
AL MENOS EN MODELOS SENCILLOS, ESE LÍO DE GLUONES EN CUATRO DIMENSIONES DE HECHO SE DESCRIBE **MEJOR** MEDIANTE LA FÍSICA DE UN AGUJERO NEGRO PENTADIMENSIONAL.
HAY UN MONTÓN DE EJEMPLOS SIMILARES, Y CADA DÍA APARECEN MÁS.
LA GRAVEDAD AQUÍ EXISTE EN UN ESPACIO-TIEMPO PENTADIMENSIONAL, Y AHÍ NO HAY GLUONES.
PERO ¿CUÁL ES CORRECTA, LA GRAVEDAD O LOS GLUONES?
YO DIRÍA QUE AMBAS LO SON.
Y NINGUNA.
¡¿CÓMO?!
PARECE QUE ESO ES ESCURRIR EL BULTO.
¿LA IDEA DEL PUZLE NO ERA AVERIGUAR LO QUE ES?
ESTAMOS DESARROLLANDO LA MEJOR DESCRIPCIÓN DEL MUNDO. QUE SEA SIMPLE Y TENGA CAPACIDAD DE PREDICCIÓN. ESO ES LO QUE HACEMOS EN CIENCIA.
ESE ES EL PUZLE.
ES COMO LA ANTIGUA DISCUSIÓN SOBRE LA DUALIDAD ONDA-PARTÍCULA EN MECÁNICA CUÁNTICA.
LA GENTE DEDICÓ MUCHO TIEMPO A DISCUTIR SI LA LUZ ES UNA PARTÍCULA O UNA ONDA.
EN CIERTAS SITUACIONES ES MEJOR UNA DESCRIPCIÓN; EN OTRAS, LA OTRA.
LA RESPUESTA ES QUE LA LUZ ES **AMBAS**... Y NINGUNA.
LOS ÁTOMOS, LA INTERACCIÓN DE LA LUZ CON LA MATERIA, LAS PARTÍCULAS ELEMENTALES, LA FÍSICA NUCLEAR...
PERO LA GENTE AÚN DISCUTE SOBRE EL SIGNIFICADO DE LA MECÁNICA CUÁNTICA, ¿NO?
SÍ, PERO PARTE DEL DEBATE ES PORQUE SEGUIMOS CONFUNDIENDO NUESTRAS HERRAMIENTAS CON LO REAL.
PERO ¿CÓMO SABEMOS CUÁNDO HAY QUE DEJAR DE USAR UN ASPECTO, O HERRAMIENTA, Y USAR OTRO?
ESA ES LA GRAN PREGUNTA. NO SIEMPRE ES FÁCIL Y EVIDENTE. PODEMOS TARDAR AÑOS, DÉCADAS O INCLUSO MÁS EN SALIR DE DUDAS.

ENTIENDO.
¿Y CREES QUE ESO ES LO QUE SUCEDE AQUÍ CON LOS GLUONES DE LA TEORÍA DE GAUGE Y LA GRAVEDAD?
SÍ... PARECE UNA DE ESAS MANERAS SUTILES EN QUE ENCAJAN ALGUNAS DE LAS PIEZAS DE NUESTRO PUZLE.
PERO AÚN QUEDA MUCHO CAMINO POR RECORRER.
ESTOS SON MODELOS SIMPLIFICADOS DE LOS GLUONES... Y TAMBIÉN DE LA GRAVEDAD.
¿SIMPLIFICADOS? ENTONCES ¿PUEDE QUE NO TENGAN NADA QUE VER CON EL MUNDO REAL?

CREO QUE NOS ENSEÑAN COSAS SOBRE ÉL... SEÑALAN EL CAMINO CORRECTO... PERO QUEDA MUCHO POR HACER.

POR EJEMPLO, AÚN TENEMOS MUCHO QUE APRENDER SOBRE LA GRAVEDAD DE NUESTRO MUNDO. ESA GRAVEDAD EN MÁS DIMENSIONES QUE SURGE DE LOS GLUONES NO ES LA DE NUESTRO MUNDO.
¿POR QUÉ NO?
PARA EMPEZAR, PORQUE ES PENTADIMENSIONAL.
VALE. CIERTO.
ADEMÁS, ES UNA GRAVEDAD CON CONSTANTE COSMOLÓGICA NEGATIVA. HASTA DONDE SABEMOS, EN NUESTRO UNIVERSO DICHA CONSTANTE ES POSITIVA.

¡OH!
¿PUEDE NUESTRA GRAVEDAD EN CUATRO DIMENSIONES ENTENDERSE COMO UNA TEORÍA DE LOS GLUONES, O DE LO QUE SEA, EN OTRO NÚMERO DE DIMENSIONES?
¡BUENA PREGUNTA!
ESO ES EXACTAMENTE LO QUE MUCHA GENTE LLEVA TIEMPO INTENTANDO DILUCIDAR.
¿Y BIEN?
NADIE HA ENCONTRADO AÚN UNA RESPUESTA CONVINCENTE.

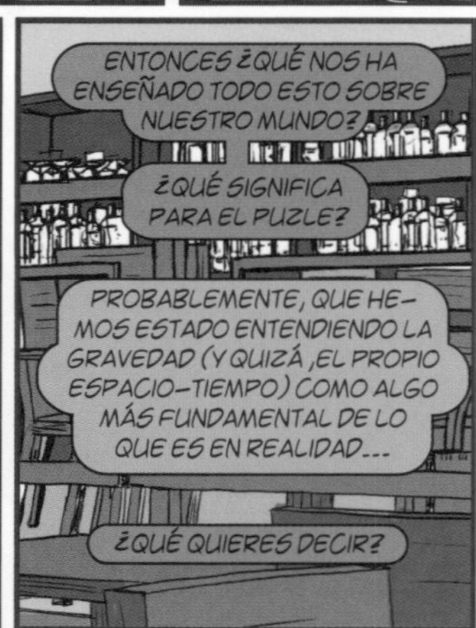

ENTONCES ¿QUÉ NOS HA ENSEÑADO TODO ESTO SOBRE NUESTRO MUNDO?
¿QUÉ SIGNIFICA PARA EL PUZLE?
PROBABLEMENTE, QUE HEMOS ESTADO ENTENDIENDO LA GRAVEDAD (Y QUIZÁ ,EL PROPIO ESPACIO-TIEMPO) COMO ALGO MÁS FUNDAMENTAL DE LO QUE ES EN REALIDAD...
¿QUÉ QUIERES DECIR?

MUCHAS DE SUS PROPIEDADES, COMO LAS POSICIONES DEFINIDAS O EL NÚMERO DE DIMENSIONES, SON EN REALIDAD PROPIEDADES QUE SOLO EMERGEN EN LA SITUACIÓN ADECUADA...

¿POR QUÉ ES ESO MENOS FUNDAMENTAL?

TIENES RAZÓN. NO ES UNA BUENA EXPRESIÓN.

ESE ES PARTE DEL PROBLEMA. EL LENGUAJE QUE USAMOS NORMALMENTE EN ESTE CAMPO NO SE ADAPTA DEMASIADO BIEN A LOS DESCUBRIMIENTOS QUE ESTAMOS HACIENDO.

TE LO EXPLICO CON UNA ANALOGÍA.

¡VALE!

ES PROBABLE QUE EN CIERTOS ASPECTOS EL ESPACIO-TIEMPO ACABE PARECIÉNDOSE MUCHO A ESE VASO DE AGUA QUE ESTÁS BEBIENDO.
¿QUÉ ASPECTOS?
LA HUMEDAD, LA VERTIBILIDAD
EL HECHO DE QUE PUEDE FLUIR E INCLUSO SALPICAR, Y DEMÁS.

ESA FLUIDEZ Y LIBERTAD PARA CAMBIAR DE FORMA ES ALGO QUE POSEE EL AGUA, Y TAMBIÉN EL ESPACIO-TIEMPO...
PERO EXISTE OTRA DESCRIPCIÓN DEL AGUA IGUALMENTE VÁLIDA.
¿EN SERIO?
SÍ. ESTOY SEGURA DE QUE LA CONOCES BIEN: ES UN CONJUNTO DE DIMINUTAS MOLÉCULAS DE H2O.
AH, CLARO. VALE...

¿CUÁL ES EL ASPECTO DE VERTIBILIDAD DEL ESPACIO-TIEMPO?
EINSTEIN NOS ENSEÑÓ QUE EL ESPACIO-TIEMPO ES FLEXIBLE. DE HECHO, LA GRAVEDAD NO ES MÁS QUE ESA VARIACIÓN DE LA FORMA.
VALE. TODO ESO DE LA CURVATURA DEL ESPACIO-TIEMPO...
SÍ. TAMBIÉN TENEMOS ESAS PERTURBACIONES DEL ESPACIO-TIEMPO LLAMADAS ONDAS GRAVITATORIAS...
¡EL RECIENTE DESCUBRIMIENTO!
SÍ.

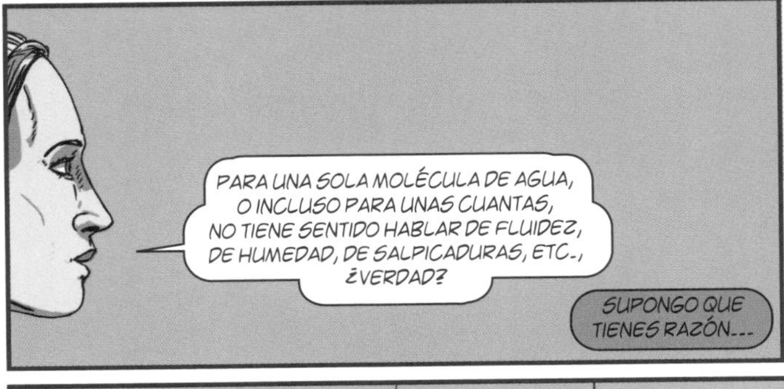
PARA UNA SOLA MOLÉCULA DE AGUA, O INCLUSO PARA UNAS CUANTAS, NO TIENE SENTIDO HABLAR DE FLUIDEZ, DE HUMEDAD, DE SALPICADURAS, ETC., ¿VERDAD?
SUPONGO QUE TIENES RAZÓN...

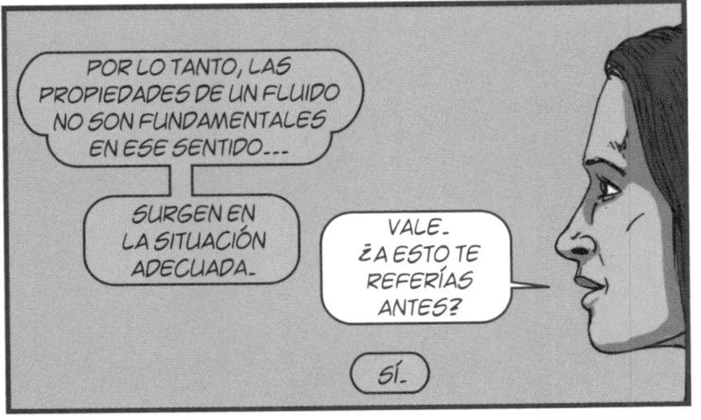
POR LO TANTO, LAS PROPIEDADES DE UN FLUIDO NO SON FUNDAMENTALES EN ESE SENTIDO...
SURGEN EN LA SITUACIÓN ADECUADA.
VALE. ¿A ESTO TE REFERÍAS ANTES?
SÍ.

NO SON FUNDAMENTALES, PERO SÍ IMPORTANTES.
SERÍA ABSURDO DESCRIBIR EL COMPORTAMIENTO DEL AGUA MIENTRAS BAJA POR NUESTRA GARGANTA A PARTIR DE LA INTERACCIÓN PRECISA DE LOS BILLONES DE MOLÉCULAS DE H2O.
ASÍ QUE ESCRIBIMOS NUESTRAS ECUACIONES FÍSICAS EN FUNCIÓN DE LA FLUIDEZ, LAS SALPICADURAS, ETC. ¡SE ADECÚA A LA SITUACIÓN!
EL PRAGMATISMO QUE DECÍAS...
SÍ.

POR OTRA PARTE, LA DESCRIPCIÓN MOLECULAR (EN LA QUE, POR CIERTO, INTERVIENE LA FÍSICA CUÁNTICA) ES ÚTIL PARA ABORDAR OTRAS CUESTIONES
COMO LA INTERACCIÓN DEL AGUA CON OTROS COMPUESTOS, O CÓMO SE EVAPORA Y SE TRANSFORMA EN VAPOR, O SE CONGELA Y SE VUELVE HIELO, ETC.

ENTONCES ¿QUÉ SON LAS MOLÉCULAS DE AGUA?
YA SABES: H2O, DOS ÁTOMOS DE HIDRÓGENOS LIGADOS A UNO DE OXÍGENO...
NO.
DECÍAS QUE HAY OTRO ASPECTO DEL ESPACIO-TIEMPO, EL ASPECTO MOLECULAR, COMO TAMBIÉN TIENE EL AGUA...
¿CÓMO ES?

AH, VALE.
MUCHOS ESTÁN TRABAJANDO EN ELLO, USANDO MUCHOS ENFOQUES DISTINTOS.
PERO SE HAN ENCONTRADO INDICIOS INTERESANTES...
Y YO CREO QUE ESA CONEXIÓN ENTRE LOS GLUONES Y LA GRAVEDAD PENTADIMENSIONAL ES UNO DE ELLOS.
¿LOS GLUONES SON LAS MOLÉCULAS?

MÁS O MENOS. FORMAN PARTE DE UNA HISTORIA MÁS AMPLIA, QUE PROCEDE DE UNA SITUACIÓN QUE SE DA EN LA TEORÍA DE CUERDAS, DONDE LAS MOLÉCULAS DEL ESPACIO-TIEMPO SON OBJETOS LLAMADOS D-BRANAS.

PERO ENTRAR EN LA TEORÍA DE CUERDAS, LAS D-BRANAS Y DEMÁS LLEVARÍA MÁS TIEMPO...
NO PASA NADA. LO APUNTO Y LUEGO LO BUSCO EN INTERNET...
BUENA IDEA. HAY MUCHÍSIMA INFORMACIÓN...

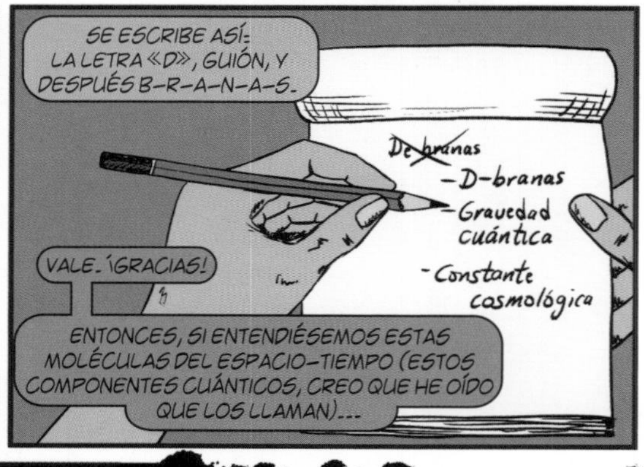
SE ESCRIBE ASÍ: LA LETRA «D», GUIÓN, Y DESPUÉS B-R-A-N-A-S.
De branas
-D-branas
-Gravedad cuántica
-Constante cosmológica
VALE. ¡GRACIAS!
ENTONCES, SI ENTENDIÉSEMOS ESTAS MOLÉCULAS DEL ESPACIO-TIEMPO (ESTOS COMPONENTES CUÁNTICOS, CREO QUE HE OÍDO QUE LOS LLAMAN)...

¿PARA QUÉ SERVIRÍAN?
EN PRIMER LUGAR, CUANDO ESTÁN EN LA SITUACIÓN ADECUADA, QUIZÁ MUCHOS DE ELLOS JUNTOS EN INTERACCIÓN...
SÍ...
COSAS QUE ASOCIAMOS CLÁSICAMENTE CON EL ESPACIO-TIEMPO, COMO EL NÚMERO DE DIMENSIONES, LAS POSICIONES DEFINIDAS, ETC., SURGIRÍAN COMO LAS EXPRESIONES QUE CONVENDRÍA USAR.
¿COMO LA HUMEDAD DEL AGUA?
¡EXACTO!
PERO, LEJOS DE ESE RÉGIMEN, ESPERAMOS QUE DESCRIBAN LA FÍSICA EN SITUACIONES EN LAS QUE NUESTRA COMPRENSIÓN ACTUAL DE LA GRAVEDAD Y EL ESPACIO-TIEMPO DEJA DE TENER VALIDEZ...
¿COMO DÓNDE?

EL INTERIOR DE LOS AGUJEROS NEGROS SERÍA UN SITIO, SIN DUDA. HAY QUIEN DICE QUE EL HORIZONTE TAMBIÉN...
PERO A MÍ AHORA ME INTERESAN PARTICULARMENTE LAS CUESTIONES COSMOLÓGICAS.
HE LEÍDO ALGO SOBRE COSMOLOGÍA HACE POCO...

ENTONCES HABRÁS OÍDO HABLAR DEL BIG BANG, EL PRIMER MOMENTO DEL QUE TENEMOS CONSTANCIA EN LA HISTORIA DEL UNIVERSO...

¿DONDE TODO COMENZÓ? CLARO.

DONDE APARENTEMENTE COMENZÓ TODO...

ES UNA SITUACIÓN EN LA QUE LAS ECUACIONES DE LA GRAVEDAD PIERDEN VALIDEZ.

ES DONDE LA FÍSICA IMPORTANTE OCURRE A ESCALAS TAN MINÚSCULAS QUE ESTAMOS SEGUROS DE QUE LA FÍSICA CUÁNTICA DEBE SER IMPORTANTE...

ENTENDER ESE RÉGIMEN NOS DIRÁ POR QUÉ EL UNIVERSO QUE VEMOS A NUESTRO ALREDEDOR ES COMO ES...

YA VEO. ¿Y AHÍ ES DONDE ESTA OTRA DESCRIPCIÓN DEL ESPACIO-TIEMPO SERÁ ÚTIL?

¡ESO ESPERAMOS!

EL OTRO SITIO OBVIO ES LA CUESTIÓN DE LA CONSTANTE COSMOLÓGICA.

MUCHOS CREEN QUE ESO ES LO QUE ES LA ENERGÍA OSCURA, LA FUERZA QUE ACELERA LA EXPANSIÓN DEL UNIVERSO...

UNA CONSTANTE COSMOLÓGICA POSITIVA HACE QUE EL ESPACIO QUIERA EXPANDIRSE...

ENTIENDO.

AHORA MISMO NO TENEMOS NI IDEA DE QUÉ DETERMINA EL VALOR DE LA CONSTANTE COSMOLÓGICA PARA UN ESPACIO-TIEMPO.

¿EN SERIO? ESO NO LO SABÍA...

SI EL PROPIO ESPACIO-TIEMPO VA A SURGIR DE UNA DESCRIPCIÓN CUÁNTICA MÁS FUNDAMENTAL...

...YO CREO QUE EL VALOR DE LA CONSTANTE COSMOLÓGICA DEBERÍA HACERLO TAMBIÉN.

DEBERÍA SER ALGO QUE PODEMOS CALCULAR A PARTIR DE LA TEORÍA SUBYACENTE.

¿QUÉ QUIERES DECIR?

EN PRINCIPIO, PUEDO CALCULAR LO VISCOSA QUE ES EL AGUA A PARTIR DE SU DESCRIPCIÓN FUNDAMENTAL EN FUNCIÓN DE MOLÉCULAS DE H2O.

ASÍ QUE, SEGÚN NUESTRA ANALOGÍA, ¿POR QUÉ NO LA CONSTANTE COSMOLÓGICA?

¿ES EN ESO EN LO QUE TRABAJAS?

ESE ES UNO DE MIS OBJETIVOS, SÍ...

PERO ESTÁS DICIENDO QUE EL EJEMPLO DE LOS GLUONES, O LAS D-BRANAS Y TODO ESO... ¿NO SON LA HISTORIA COMPLETA?
NO. CREO QUE NO LO SON.
CREO QUE NECESITAREMOS ALGO MÁS QUE LA TEORÍA DE CUERDAS PARA RESOLVER EL PUZLE COMPLETO.
PERO NOS HA DADO BUENAS PISTAS. DE NUEVO, QUIZÁ UNA NUEVA REGIÓN DEL PUZLE QUE PODAMOS RESOLVER.
PARECE QUE UNA DE LAS PISTAS ES QUE APARECEN DIMENSIONALIDADES MÁS ALTAS.
PARA NO PERDERME, ¿TENGO QUE EMPEZAR A PENSAR EN DIMENSIONALIDADES MÁS ALTAS?

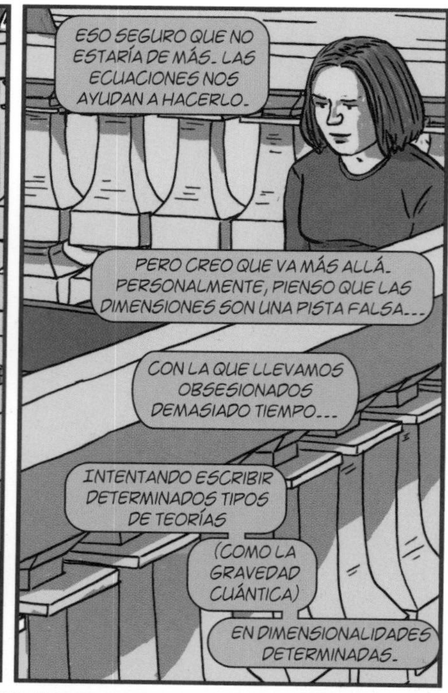
ESO SEGURO QUE NO ESTARÍA DE MÁS. LAS ECUACIONES NOS AYUDAN A HACERLO.
PERO CREO QUE VA MÁS ALLÁ. PERSONALMENTE, PIENSO QUE LAS DIMENSIONES SON UNA PISTA FALSA...
CON LA QUE LLEVAMOS OBSESIONADOS DEMASIADO TIEMPO...
INTENTANDO ESCRIBIR DETERMINADOS TIPOS DE TEORÍAS
(COMO LA GRAVEDAD CUÁNTICA)
EN DIMENSIONALIDADES DETERMINADAS.

SI LA TEORÍA DE CUERDAS Y TODO ESO NOS HA ENSEÑADO ALGO, ES QUE OPERAR EN UNA DETERMINADA DIMENSIONALIDAD ES MENOS IMPORTANTE DE LO QUE PENSAMOS...
PERO VIVIMOS EN UNA DIMENSIONALIDAD PARTICULAR, ¿NO?

SÍ, PERO SOLO PARA LOS TIPOS DE FÍSICA QUE NOS HEMOS ENCONTRADO HASTA AHORA. CREO QUE ESE VA A SER EL MAYOR CAMBIO EN LA FÍSICA QUE ESTÁ POR LLEGAR.
UN GRAN AVANCE EN EL PUZLE.
¡CREO QUE ESA ES UNA AFIRMACIÓN AUDAZ!
¿LO ES?
A MÍ ME PARECE BASTANTE EVIDENTE.
PERO QUIZÁ YO NO TENGA PERSPECTIVA...

SERÁ COMO SI NOS DIÉSEMOS CUENTA DE QUE TODO UN GRUPO DE PIEZAS AZULES NO FORMABAN PARTE DEL LAGO EN EL PAISAJE DEL PUZLE, SINO DEL CIELO.

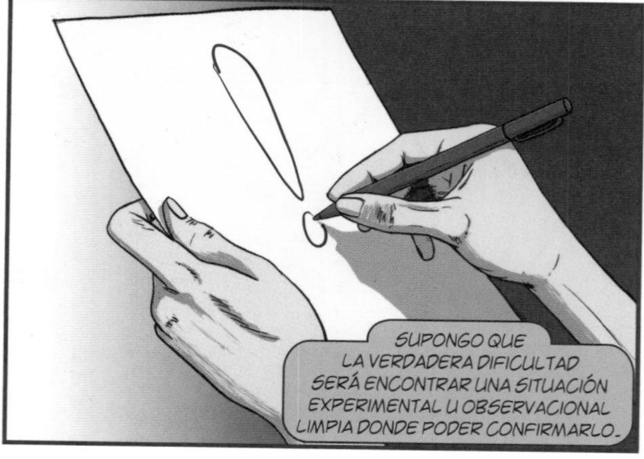
SUPONGO QUE LA VERDADERA DIFICULTAD SERÁ ENCONTRAR UNA SITUACIÓN EXPERIMENTAL U OBSERVACIONAL LIMPIA DONDE PODER CONFIRMARLO.

¿QUÉ QUIERES DECIR?
ALGUIEN SIEMPRE PODRÍA DECIR QUE NO LO ESTAMOS INTERPRETANDO ADECUADAMENTE...
COMO CON TU CONFIGURACIÓN CON UN MONTÓN DE GLUONES...

POR LA FORMA EN QUE HAS DESCRITO LAS COSAS, PUEDE QUE NUNCA LLEGUEMOS A UNA DECISIÓN DEFINITIVA AL RESPECTO...
¿AL RESPECTO DE QUÉ?
DE NO MOVERNOS EN NUESTRAS CUATRO DIMENSIONES.

POR UNA PARTE, ES TE-TRADIMENSIONAL...
MIENTRAS QUE, POR LA OTRA, ES PEN-TADIMENSIONAL Y APARECE LA GRAVEDAD.
PERO, SEGÚN LO QUE HAS DICHO, NADIE QUE VIVA EN NUESTRAS CUATRO DIMENSIONES VA A SENTIR ESA GRAVEDAD PENTADIMENSIONAL...
CIERTO...
DIRÁN SIMPLEMENTE QUE VIVIMOS EN CUATRO DIMENSIONES Y QUE HEMOS ENCONTRADO UN BUEN TRUCO PARA HACER QUE LAS ECUACIONES PAREZCAN PENTADIMENSIONALES.

SÍ, SUPONGO QUE TIENES RAZÓN, PERO...
¿ESO NO TE MOLESTA?

NO. AL FINAL EL PRAGMATISMO SE IMPONDRÁ.
¿CÓMO?

MIRA, HACE POCO MÁS DE CIEN AÑOS, EINSTEIN ESCRIBIÓ SUS ECUACIONES DE CAMPO PARA LA RELATIVIDAD GENERAL Y REPENSÓ LA GRAVEDAD.
ESAS ECUACIONES DESCRIBEN LA GRAVEDAD NO COMO UNA FUERZA, COMO HIZO NEWTON
SINO COMO EL RESULTADO DE TRATAR EL ESPACIO-TIEMPO COMO UN TEJIDO QUE PUEDE DOBLARSE Y RETORCERSE EN FUNCIÓN DE LA MATERIA Y ENERGÍA QUE HAYA EN ÉL.
RESULTA, COMO SABEMOS, QUE TODO SE HA CONFIRMADO EXPERIMENTALMENTE.

PERO LA SIMPLICIDAD SUGIERE QUE TAMBIÉN PODRÍAMOS USAR EL LENGUAJE Y LA INTUICIÓN QUE VIENE DE DECIR QUE EL ESPACIO-TIEMPO ES DE HECHO UNA COSA QUE SE CURVA Y SE DOBLA.
ESO HACE QUE LAS ECUACIONES SEAN CONCEPTUALMENTE MÁS SENCILLAS, Y QUE SEA MÁS FÁCIL TRABAJAR CON ELLAS.
¿ME ESTÁS DICIENDO QUE ACEPTEMOS SIN MÁS QUE EL ESPACIO-TIEMPO ES AHORA CURVO, PORQUE ES LA OPCIÓN MÁS SIMPLE?

¡VAYA! SE ESTÁ HACIENDO TARDE. HE QUEDADO CON UNA AMIGA EN LA BIBLIOTECA.
¡OH! BUENO, GRACIAS POR CHARLAR CONMIGO DURANTE TANTO RATO.
HE DISFRUTADO MUCHO. A VECES ES BUENO TOMAR DISTANCIA Y EXPLICARLE A ALGUIEN LAS COSAS SOBRE LAS QUE HAS ESTADO PENSANDO...
¡Y TÚ HACES MUY BUENAS PREGUNTAS!
¡GRACIAS!

CLARO... LA LUZ QUE SE CURVA POR EL SOL, LAS ONDAS GRAVITATORIAS Y DEMÁS... PERO ¿A DÓNDE QUIERES LLEGAR CON ESTO?
AHORA TODOS HABLAMOS DE DOBLAR Y CURVAR EL ESPACIO-TIEMPO, PERO PODRÍAMOS PENSAR EN LA GRAVEDAD SIMPLEMENTE COMO UNA FUERZA DESCRITA POR ESAS ECUACIONES.
PODEMOS OLVIDARNOS DE LOS DOBLECES Y CURVATURAS DEL ESPACIO-TIEMPO, OPTAR POR NO CREER EN TODO ESO, Y LIMITARNOS A HACER FÍSICA A PARTIR DE LAS ECUACIONES.

SÍ. NO SOLO ES CONCEPTUALMENTE MÁS SENCILLO, SINO EL MEJOR CAMINO.

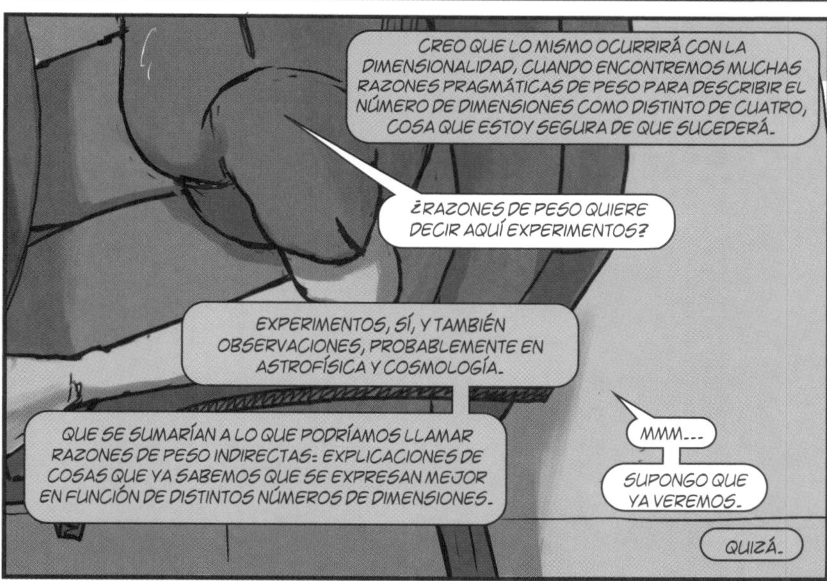
CREO QUE LO MISMO OCURRIRÁ CON LA DIMENSIONALIDAD, CUANDO ENCONTREMOS MUCHAS RAZONES PRAGMÁTICAS DE PESO PARA DESCRIBIR EL NÚMERO DE DIMENSIONES COMO DISTINTO DE CUATRO, COSA QUE ESTOY SEGURA DE QUE SUCEDERÁ.
¿RAZONES DE PESO QUIERE DECIR AQUÍ EXPERIMENTOS?
EXPERIMENTOS, SÍ, Y TAMBIÉN OBSERVACIONES, PROBABLEMENTE EN ASTROFÍSICA Y COSMOLOGÍA.
QUE SE SUMARÍAN A LO QUE PODRÍAMOS LLAMAR RAZONES DE PESO INDIRECTAS: EXPLICACIONES DE COSAS QUE YA SABEMOS QUE SE EXPRESAN MEJOR EN FUNCIÓN DE DISTINTOS NÚMEROS DE DIMENSIONES.
MMM...
SUPONGO QUE YA VEREMOS.
QUIZÁ.

¿PODEMOS SEGUIR EN CONTACTO?
¡CLARO!
ESTE ES MI EMAIL...

CIAO!
¡ADIÓS!

Notas

Página 182: un gran número de tipos distintos de gluon. Es lo que en otras fuentes aparece como «gran N». Típicamente, N es una medida del tamaño de la estructura que generaliza el círculo (el «rango» del «grupo de gauge», para quien esté interesado) y el número de tipos distintos de gluon que generalizan el fotón crece como N^2.

Páginas 182-185: esta conexión a través de distintas dimensionalidades entre la física de la teoría de gauge y la de la gravedad se denomina correspondencia AdS/CFT, y es un ejemplo de un fenónemo más amplio en teoría de cuerdas llamado dualidad gauge/gravedad.* El cambio en la dimensionalidad es en parte la razón por la que se denomina «holográfica».** AdS/CFT se puede expresar de tal manera que no sea necesario hacer referencia a sus orígenes en la teoría de cuerdas, y su estructura es tan robusta que se ha convertido en una potente herramienta para abordar problemas físicos que (tiempo atrás) parecían muy alejados del ámbito de la teoría de cuerdas, y es usada por científicos de diversos campos, como la física de la materia condensada y la nuclear, para organizar tipos de física. Hasta la fecha, existen pocas exposiciones de AdS/CFT en forma de libro accesibles para no expertos.*** Este es un excelente artículo de algunos de sus pioneros: Igor Klebanov y Juan Maldacena, «Solving Quantum Field Theories via Curved Spacetimes», *Physics Today*, vol. 62, 2009, p. 28.

* La versión mejor entendida de la correspondencia implica campos adicionales que proporcionan al modelo en conjunto una simetría adicional llamada «supersimetría», pero esto excede con mucho el ámbito de esta conservación. Véanse las lecturas.

** La idea de que es posible modelar la gravedad usando física en una dimensionalidad menor que aquella en la que opera (esto es, que es «holográfica») se debe a Gerard 't Hooft. Véase su ensayo en A. Ali, J. Ellis y S. Randjbar-Daemi, eds., *Conference on Highlights of Particle and Condensed Matter Physics (SALAMFEST)*, River Edge (New Jersey), World Scientific, 1993. (Una versión en libre acceso está disponible aquí: <https://arxiv.org/abs/gr-qc/9310026/>.)

*** El librito de otro de los pioneros de AdS/CFT, Gubser (que se mencionó en las notas del capítulo 3 correspondientes a las páginas 52 y 53), trata algunos de los elementos esenciales de AdS/CFT, susceptibles de ser aplicados a ideas en el campo de la física de iones pesados, y está escrito para no expertos, pero aparte de dicho libro, poca cosa más existe. Han empezado a aparecer algunos más técnicos como manuales de investigación para aplicar AdS/CFT a distintos tipos de física. Al hojear el catálogo de Cambridge University Press aparecen recientes títulos excelentes. Este tipo de aplicaciones —que conectan campos muy distintos, y muy distintos tipos de físicos— han sido uno de los últimos ejemplos destacados de los beneficios que proporciona tratar la investigación como un «puzle», tal y como se describe en las conversaciones de los capítulos 8 y 9. Para hacerse una idea de todo esto (si no eres experto, merece la pena echar un vistazo a las secciones iniciales, antes de que se vuelva demasiado técnico), véase por ejemplo Makoto Natsuume, *AdS/CFT Duality User Guide*, Tokio, Springer, 2015 (hay una versión disponible online aquí: <https://arxiv.org/abs/1409.3575>).

Páginas 186-190: las conversaciones de los capítulos 6 y 7 hicieron referencia a la idea de que la descripción geométrica del espacio-tiempo dejaba de ser válida y era sustituida por algo distinto en una teoría cuántica de la gravedad, y sobre ello se vuelve aquí. En las notas correspondientes a dichos capítulos se encontrarán referencias de lectura adicional. Indicios de cómo funciona esto aparecen de diversas maneras en la teoría de cuerdas (a través de distintos tipos de dualidad de cuerdas), y en este contexto AdS/CFT es una de ellas. Para un ejemplo de discusión sobre en qué medida el de AdS/CFT constituye un caso de espacio-tiempo emergente (y varias otras de las referencias) véase Dean Rickles, «AdS/CFT Duality and the Emergence of Spacetime», *Studies in History and Philosophy of Science*, B, vol.44, 2013, pp. 312-320.

Un conjunto de técnicas más recientes basadas en el enfoque AdS/CFT es de naturaleza aún más explícitamente cuántica, y muestra que el espacio-tiempo se puede reconstruir o inferir entrelazando objetos en el espacio-tiempo dual. Véanse las conferencias (de nivel avanzado) de uno de los pioneros de ese enfoque: Mark Van Raamsdonk, «Lectures on Gravity and Entanglement», en *New Frontiers in Fields and Strings*, Joseph Polchinski, Pedro Vieira y Oliver DeWolfe, eds., Singapur y River Edge (New Jersey), World Scientific, 2017 (hay una versión en acceso abierto disponible online aquí: <http://arxiv.org/abs/1609.00026/>).

Sin duda, nuestra comprensión del espacio-tiempo está evolucionando a gran velocidad en este ámbito. Sería estupendo que de aquí surgieran predicciones para nuestro propio universo susceptibles de ser claramente puestas a prueba. Como un comienzo en esta dirección, Erik Verlinde ha hecho una propuesta sobre cómo la gravedad de nuestro universo podría ser emergente, lo que tendría consecuencias para el problema sobre el origen de la materia oscura. Véase, por ejemplo, Erik Verlinde, «Emergent Gravity and the Dark Universe», <http://arxiv.org/abs/1611.02269/>. Se trata de un artículo científico de nivel avanzado, pero una alternativa es este artículo: Natalie Wolchover, «The Case against Dark Matter», *Quanta Magazine*, noviembre de 2016, <http://www.quantamagazine.org/20161129-verlinde-gravity-dark-matter/>.

Páginas 188 y 189: téngase en cuenta que el lenguaje del arte narrativo secuencial sobre la página entra en juego aquí para ilustrar la descomposición del espacio-tiempo. Las viñetas forman el tejido de este en los cómics (véase el prefacio y las notas correspondientes a la página 145 [viñetas 1-4] del capítulo 7), y su disposición relativa, incluidos los espacios entre ellas, representa el tiempo. Su disolución en estas páginas no solo altera la estructura del espacio-tiempo, sino que hace que se vuelva completamente absurda.

Página 188: las D-branas se explican en las referencias sobre AdS/CFT que aparecen antes, pero este es un libro de nivel avanzado dedicado por completo a ellas: Clifford V. Johnson, *D-Branes*, Cambridge, Cambridge University Press, 2002. También contiene algunos capítulos sobre AdS/CFT, incluidas algunas primeras sugerencias sobre cómo la idea podría usarse a modo de herramienta para aplicaciones.

Página 190: el libro de Randall (véanse las notas correspondientes a la página 45 del capítulo 3) describe algunas ideas y enfoques sobre el rompecabezas de cómo las dimensiones adicionales, si existen, podrían algún día revelarse experimentalmente. Quizá nuestra interlocutora tiene algo de esto en mente, o puede que se trate de ideas sobre alguno de los escenarios de tipo AdS/CFT que se acaban de describir. O quizá sean otras ideas distintas.

Página 193: puede verse el libro de Levin sobre el LIGO y las ondas gravitatorias (véanse las notas correspondientes a la página 159 del capítulo 8).

¿A QUÉ TE DEDICAS ESTOS DÍAS?
OTRA VEZ DE VIAJE PARA UNA CONFERENCIA...
DE HECHO, ESTOY HACIENDO ESCALA ENTRE VUELOS, DE CAMINO A...
DEJA QUE LO ADIVINE: ¿EL ENCUENTRO DE LA UAI SOBRE AGUJEROS NEGROS?
¡EXACTO! ¿TAN PREDECIBLE SOY?
NO, EN ABSOLUTO. PERO EL OTRO DÍA VI UN ANUNCIO Y PENSÉ EN TI. Y LA ÚLTIMA VEZ QUE NOS VIMOS CREO QUE VOLVÍAS DE UN ENCUENTRO DE LA UAI, ASÍ QUE...
SÍ, ¡ES VERDAD!
BUENA MEMORIA. DE ESO HACE YA UNOS AÑOS.

SÍ, DARÉ UNA CHARLA SOBRE UN TRABAJO RECIENTE QUE HICE CON UN ALUMNO SOBRE CHORROS EN AGNS, Y LUEGO VOLVERÉ A CASA...
TENGO QUE EMPEZAR A PREPARAR UNA SOLICITUD DE FINANCIACIÓN QUE DEBO ENTREGAR DENTRO DE POCO.
ASÍ QUE NADA DE HACER TURISMO ESTA VEZ.

QUÉ LÁSTIMA...
¡ENTONCES SUPONGO QUE ME SIENTO AÚN MÁS HONRADA POR QUE HAYAS ENCONTRADO UN RATO PARA VERNOS Y SALUDARNOS EN PERSONA!
¡JA!
BUENO, ESTOY UNAS HORAS EN LA CIUDAD Y PENSÉ QUE ESTARÍA BIEN PONERNOS AL DÍA.

¿QUÉ HAS ESTADO HACIENDO *TÚ*?

¿RECUERDAS LO MUCHO QUE HABLÁBAMOS SOBRE MULTIVERSOS EN LA UNIVERSIDAD?
CLARO...
PUES ESTOY DÁNDOLE VUELTAS AL ASUNTO OTRA VEZ.
¿EN SERIO?

NO PUEDO EVITARLO. PARECE QUE TODO EL MUNDO HABLA DE ELLO, Y TOMA PARTIDO POR UNO U OTRO BANDO COMO EN UNA ESPECIE DE GUERRA.
INCLUSO GENTE DE FUERA DEL ÁMBITO ME PREGUNTA SOBRE ELLO. ¡HACE UN RATO TUVE UN INTENSO DEBATE AL RESPECTO EN UNA CAFETERÍA!
PARECE QUE CADA DOS MESES HAY UNA PELÍCULA O UNA SERIE DE TELEVISIÓN QUE LO MENCIONA...
DEBE DE HABER ALGO EN EL AMBIENTE...
¡PUEDE SER!

¿EN TU CAMPO TAMBIÉN SE HABLA TANTO DE ELLO?
EN ABSOLUTO...
O, EN TODO CASO, MUY POCO.

SINCERAMENTE, CREO QUE LA MAYORÍA DE MIS COLEGAS SE DESESPERAN AL VER CÓMO EN TU CAMPO ESTÁ TAN OBSESIONADOS CON LA CUESTIÓN.
¿DE VERDAD?
ES COMPRENSIBLE...
EN ASTRONOMÍA, NUESTRA PRIORIDAD SON LOS DATOS, Y NO ESCASEAN LOS INSTRUMENTOS QUE PROPORCIONAN DATOS MÁS QUE SUFICIENTES PARA MANTENERNOS OCUPADOS.
ESO ES VERDAD.

LO CIERTO ES QUE, EN LA CUESTIÓN DEL MULTIVERSO, NI LOS EXPERIMENTOS NI LAS OBSERVACIONES SIRVEN DE REFERENCIA, SALVO QUIZÁ UNA MEDICIÓN DE LA CONSTANTE COSMOLÓGICA...
SI ES QUE ES EN EFECTO LA ENERGÍA OSCURA.
LA VERDADERA CUESTIÓN ES POR QUÉ PREOCUPARNOS POR BILLONES DE OTROS UNIVERSOS QUE PUEDE QUE NI SIQUIERA SEAMOS CAPACES DE VER CUANDO NOS LLEGAN TANTOS NUEVOS DATOS DEL QUE SÍ PODEMOS OBSERVAR.

ESO ES EN PARTE LO QUE ME MOLESTA SOBRE EL ASUNTO, Y NO CONSIGO DEJAR DE DARLE VUELTAS.
¿EN PARTE? ¿QUÉ MÁS TE MOLESTA?
CREO QUE LA SITUACIÓN ES, EN CIERTO SENTIDO, PEOR DE LO QUE DICES.
A PESAR DE LO QUE SE PIENSA EN TU CAMPO, DESDE UNA PERSPECTIVA PURAMENTE TEÓRICA CREO QUE ES BASTANTE RAZONABLE QUE HAYAMOS LLEGADO AHORA A ESTA CUESTIÓN.
NUESTRO DESEO DE ENTENDER EL UNIVERSO PRIMIGENIO NOS CONDUCE A ELLA INEVITABLEMENTE.

EN CUANTO PROFUNDIZAMOS MÁS EN LA FÍSICA
(EN LA MEDIDA EN QUE LA ENTENDEMOS)
QUE DIO LUGAR A UN UNIVERSO COMO EL NUESTRO, VEMOS QUE ESTE NO ES LA ÚNICA POSIBILIDAD.
ES NATURAL SUPONER QUE ESAS OTRAS POSIBILIDADES SON IGUALMENTE VÁLIDAS. Y EL SIGUIENTE PASO QUE ALGUNOS DAN ES SUPONER QUE OCURRIERON...
VOILÀ! OTROS UNIVERSOS.
Y EL DESCUBRIMIENTO DE LA ENERGÍA OSCURA HA CONTRIBUIDO A CENTRAR UN POCO LA DISCUSIÓN...

MMM...
«CENTRAR» NO ES LA PALABRA QUE YO USARÍA.

¡JA, JA! YA...
POR OTRA PARTE, CREO QUE NO ESTAMOS EN CONDICIONES DE ABORDAR REALMENTE LA CUESTIÓN DEL MULTIVERSO. NI SIQUIERA ESTOY SEGURA DE QUE SEA LA CUESTIÓN CORRECTA.

PROBABLEMENTE TENGAS RAZÓN EN ESO.
PERO NO IMPIDE QUE LA GENTE DISCUTA SOBRE ELLO.

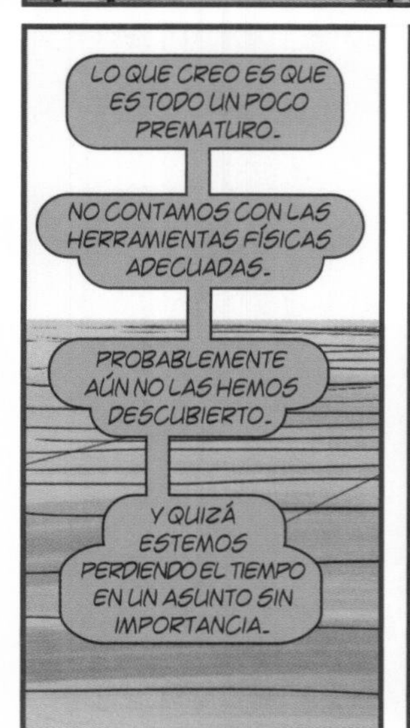
LO QUE CREO ES QUE ES TODO UN POCO PREMATURO.
NO CONTAMOS CON LAS HERRAMIENTAS FÍSICAS ADECUADAS.
PROBABLEMENTE AÚN NO LAS HEMOS DESCUBIERTO.
Y QUIZÁ ESTEMOS PERDIENDO EL TIEMPO EN UN ASUNTO SIN IMPORTANCIA.

¿CÓMO PODEMOS TENER UNA DISCUSIÓN COMPLETA SOBRE EL ORIGEN DEL UNIVERSO, DEL ESPACIO Y EL TIEMPO EN SÍ, SI AÚN NO TENEMOS UNA TEORÍA COMPLETA DEL ESPACIO Y EL TIEMPO?
ESO ES VERDAD... PERO HAY QUIEN DIRÍA QUE ENCONTRAR ESA TEORÍA ES UNA ANTIGUA ASPIRACIÓN QUE QUIZÁ NUNCA SE HAGA REALIDAD.
QUIZÁ NO PODAMOS ASPIRAR A MÁS DE LO QUE YA TENEMOS.
¿POR QUÉ ESTÁS TAN SEGURA DE QUE AÚN NOS FALTA MUCHO PARA TENER LAS HERRAMIENTAS ADECUADAS?

BÁSICAMENTE, NO CREO QUE NINGUNO DE LOS ENFOQUES UTILIZADOS SEAN LO BASTANTE MECANOCUÁNTICOS.
¿LO BASTANTE CUÁNTICOS?
NUESTRO MUNDO ES UNO EN EL QUE EXISTE LA FÍSICA CUÁNTICA...

CLARO. PERO SOBRE TODO EN EL ÁMBITO ATÓMICO Y SUBATÓMICO.
PERO DEBIÓ DE SER PARTICULARMENTE IMPORTANTE CUANDO NACIÓ EL UNIVERSO, YA QUE ENTONCES LA FÍSICA MÁS IMPORTANTE FUE SUBATÓMICA...
SÍ, SÍ, ES CIERTO... ¿CÓMO LO INTERPRETAS?

QUIERO VER SI
AUNQUE NO TENGAMOS UNA TEORÍA CUÁNTICA COMPLETA DEL ESPACIO-TIEMPO QUE PUEDA SERNOS ÚTIL
PUEDE DERIVARSE ALGUNA CONSECUENCIA IMPORTANTE QUE TENGA EFECTOS REALES DEL HECHO DE QUE HAY MÚLTIPLES UNIVERSOS, PORQUE EL NUESTRO ES FUNDAMENTALMENTE MECANOCUÁNTICO...

UNA TEORÍA CUÁNTICA COMPLETA...
ESO ES: NO UNA TEORÍA CLÁSICA CON UNOS TOQUES CUÁNTICOS.
VALE. ¿Y QUÉ ENTIENDES POR UNA CONSECUENCIA IMPORTANTE?

AÚN NO ESTOY SEGURA.
SIGO BUSCANDO LA IDEA...

LA VERSIÓN MÁS FUERTE DE LO QUE DIGO SERÍA QUE PUDIESE DEMOSTRAR QUE EL MERO HECHO DE QUE EL UNIVERSO SEA MECANOCUÁNTICO SE DEDUZCA DE LA EXISTENCIA DEL MULTIVERSO...
O VICEVERSA: DEMOSTRAR ALGO SOBRE EL MULTIVERSO QUE SE DEDUZCA DE QUE NUESTRO UNIVERSO ES CUÁNTICO. ¡ALGO MEDIBLE!
¡PARECE UNA TAREA TITÁNICA!
SÍ, PERO ¿NO SERÍA FANTÁSTICO?
SIN DUDA. PERO ¿NO ACABARÍAS CON LA IDEA DE EVERETT A LA INVERSA?
¿LA IDEA DE QUE, CADA VEZ QUE SE HACE UNA MEDICIÓN QUE IMPLICA ELEGIR ENTRE VALORES CUÁNTICOS, NACE OTRO UNIVERSO EN EL QUE SE OBTUVO EL OTRO VALOR?
SÍ.
NO. ESO NUNCA ME HA PARECIDO MUY PREDICTIVO, SINO SOLO INTERPRETATIVO. BUSCO ALGO QUE SEA PREDICTIVO...
O AL MENOS VINCULAR LOS MULTIVERSOS A ALGUNA CARACTERÍSTICA DEL UNIVERSO OBSERVABLE.

HAS HABLADO DE LA VERSIÓN MÁS FUERTE...
¿CON QUÉ VERSIONES MÁS DÉBILES TE CONFORMARÍAS?

MMM...
ME IMAGINO ALGO COMO EL ARGUMENTO DE DIRAC, PERO CON UN TOQUE COSMOLÓGICO.

¿EL ARGUMENTO DE DIRAC? ¿CUÁL DE ELLOS?
RECUERDA QUE DEMOSTRÓ ELEGANTEMENTE QUE SI INTRODUCIMOS CARGAS MAGNÉTICAS PUNTUALES EN EL ELECTROMAGNETISMO...

EL HECHO DE QUE VIVIMOS EN UN MUNDO CUÁNTICO OBLIGA A QUE LA CARGA ELÉCTRICA EXISTA SOLO EN UNIDADES DISCRETAS.

LA CUANTIZACIÓN DE LA CARGA, CLARO...
PERO NADIE HA ENCONTRADO AÚN UNO DE ESOS MONOPOLOS MAGNÉTICOS.

CIERTO... PERO NUNCA SE HA EXPLICADO EL HECHO DE QUE LAS PARTÍCULAS CON CARGA ELÉCTRICA LA TENGAN SOLO EN UNIDADES DISCRETAS.

¿ESTÁS DICIENDO QUE **DEBEN** EXISTIR LOS MONOPOLOS?

DIGO QUE, PUESTO QUE BASTA CON QUE EXISTA UN MONOPOLO EN ALGÚN LUGAR DEL UNIVERSO PARA EXPLICAR LA CUANTIZACIÓN DE LA CARGA, ES UNA POSIBILIDAD SUGERENTE.

HABLAS COMO UNA VERDADERA TEÓRICA...
PERO ¿QUÉ QUIERES HACER CON ESO?
ESTOY DICIENDO QUE QUIERO FORMULAR ALGO ASÍ, PERO PARA EL MULTIVERSO.

ALGO FUERTE Y CONVINCENTE QUE USE PLENAMENTE LA NATURALEZA CUÁNTICA DE NUESTRO UNIVERSO PARA EXPRESAR LAS CONSECUENCIAS DEL MULTIVERSO.

YA VEO.
ES DISTINTO DE LO QUE LA GENTE INTENTA DECIR ACTUALMENTE SOBRE LOS MULTIVERSOS, QUE ES
SI NO ME EQUIVOCO:
LA ACELERACIÓN OBSERVADA DE LA EXPANSIÓN DEL UNIVERSO **SUGIERE** QUE LA LLAMADA ENERGÍA OSCURA RESPONSABLE DE ELLA ES UNA CONSTANTE COSMOLÓGICA POSITIVA PARA NUESTRO UNIVERSO.
A DÍA DE HOY NO TENEMOS UNA TEORÍA PARA CALCULAR SU VALOR NUMÉRICO A PARTIR DE UNOS PRINCIPIOS FUNDAMENTALES...
POR LO QUE **PODRÍA** SER ESENCIALMENTE INCALCULABLE.
Constante cosmológica
Λ=?
ASÍ QUE SUPONEMOS QUE **QUIZÁ** EXISTA UNA MULTITUD DE UNIVERSOS, CON DISTINTOS VALORES DE ESTE NÚMERO INCALCULABLE...
Λ=?
Y QUE VIVIMOS EN UNO QUE TIENE EL VALOR **JUSTO** PARA QUE EL UNIVERSO SEA LO SUFICIENTEMENTE COMPLEJO Y DURADERO...
...PARA QUE SE DESARROLLE VIDA INTELIGENTE, QUE CREE LA FÍSICA, MIDA LA CONSTANTE COSMOLÓGICA, SE PLANTEE CÓMO CALCULARLA, Y...
¡Y SE DESCUBRA ASÍ EL MULTIVERSO! ¡JE, JE!
EXPRESADO ASÍ, CASI PARECE QUE EL PROPÓSITO ÚLTIMO DEL UNIVERSO ES QUE APARECIÉSEMOS Y REFLEXIONÁSEMOS SOBRE ÉL...
¿Y ASÍ HICIÉSEMOS QUE SURGIESE?
ESE SERÍA UN BUEN RELATO CORTO, SÍ.
SÍ, DE UNOS BREVÍSIMOS 13.800 MILLONES DE AÑOS...

PERO TU IDEA ES INTERESANTE...
SERÍA MÁS PREDICTIVA QUE LA VÍA ANTRÓPICA BASADA EN UN SOLO NÚMERO, LA CONSTANTE COSMOLÓGICA.

NO ES QUE TENGA NADA CONTRA EL RAZONAMIENTO ANTRÓPICO PER SE.
CLARO. FUNCIONÓ PARA LA RESONANCIA DE HOYLE, DESDE LUEGO.

HOYLE SITUÓ SU PROPIA EXISTENCIA EN EL CENTRO DE SU RAZONAMIENTO PARA PREDECIR QUE DEBÍA EXISTIR UNA NUEVA RESONANCIA DEL CARBONO-12 QUE EL SOL UTILIZASE EN SU CICLO DE GENERACIÓN DE ENERGÍA.

¡AH, SÍ, ES VERDAD!
¡TRIPLE ALFA!
PERO CREO QUE YO PREFERIRÍA UN MARCO DE CÁLCULO ALGO MÁS FUERTE EN EL QUE BASAR UN ARGUMENTO ANTRÓPICO.

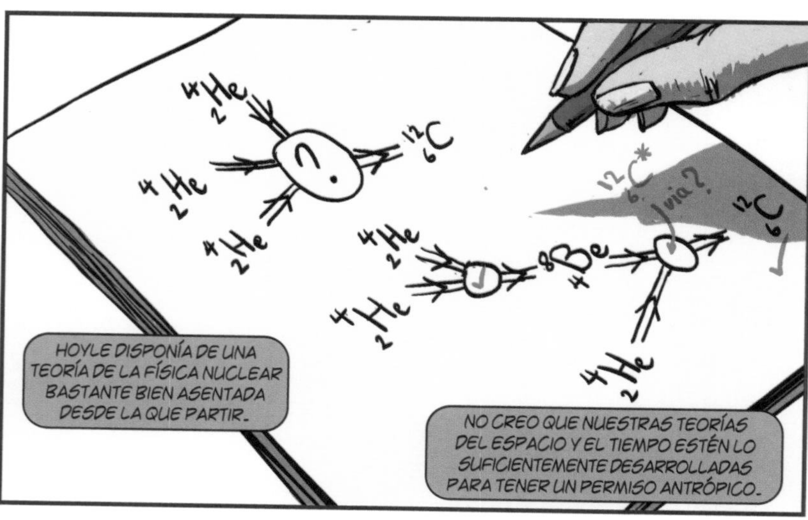
^4_2He
^4_2He
?
$^{12}_6C$
^4_2He
^4_2He
^8_4Be
$^{12}_6C^*$
¿vía?
$^{12}_6C$
^4_2He
HOYLE DISPONÍA DE UNA TEORÍA DE LA FÍSICA NUCLEAR BASTANTE BIEN ASENTADA DESDE LA QUE PARTIR.
NO CREO QUE NUESTRAS TEORÍAS DEL ESPACIO Y EL TIEMPO ESTÉN LO SUFICIENTEMENTE DESARROLLADAS PARA TENER UN PERMISO ANTRÓPICO.

¿PERMISO ANTRÓPICO?

¡JE!
PERMISO PARA USAR LA CARTA ANTRÓPICA AL REFLEXIONAR SOBRE EL UNIVERSO.

AH, VALE.
DEBERÍAMOS IMPLANTAR EL USO DE ESA EXPRESIÓN...

A VER SI LO ENTIENDO BIEN...
QUIERES ALGUNA CLASE DE PROPIEDAD OBSERVACIONAL DEL UNIVERSO QUE SEA CONSECUENCIA DE LA EXISTENCIA DE UN MULTIVERSO.

LO DIRÉ MÁS ROTUNDAMENTE.
QUIERO QUE LA EXISTENCIA DE UN MULTIVERSO IMPLIQUE
(DADO QUE SABEMOS QUE NUESTRO UNIVERSO OBEDECE LAS LEYES DE LA MECÁNICA CUÁNTICA)

QUE IMPLIQUE ALGO MUY ESPECÍFICO Y OBSERVABLE.
¿POR «OBSERVABLE» ENTIENDES ALGO QUE UN ASTRÓNOMO PODRÍA VER?

ESO SERÍA LO IDEAL...
ES ALGO COSMOLÓGICO, ASÍ QUE QUIERO QUE TENGA CONSECUENCIAS COSMOLÓGICAS.
CONSECUENCIAS ESCRITAS EN EL FIRMAMENTO QUE YA HEMOS OBSERVADO Y NO HEMOS EXPLICADO, O QUE QUIZÁ VEREMOS ALGÚN DÍA PRÓXIMO.
O CONSECUENCIAS QUE, SI **NO** SE OBSERVAN, DESCARTEN EL MULTIVERSO.
CONSECUENCIAS OBSERVACIONALES...

ME CONFORMARÍA CON QUE FUESE ALGUNA PROPIEDAD INTERESANTE DEL ESPECTRO DE PARTÍCULAS ELEMENTALES
PERO CREO QUE ESO SOLO DARÍA INFORMACIÓN LOCAL SOBRE EL ESPACIO-TIEMPO DE NUESTRO PROPIO UNIVERSO...
NO ESTOY SEGURA.
ENTIENDO...
AH. Y NO PUEDEN SER LAS MISMAS OBSERVACIONES QUE LLEVARON A LA INFLACIÓN...

...ESO ES DEMASIADO AMBIGUO.
¿Y QUIERES TAMBIÉN PATATAS FRITAS?

¿CÓMO?
¡ES BROMA...!

ERA UNA LARGA LISTA DE PETICIONES AL UNIVERSO...
AH. ¡JA, JA! YA ENTIENDO.
SUPONGO QUE MI PREGUNTA ES: ¿QUÉ TE PARECE?

CREO QUE SERÍA ESTUPENDO. ES UNA IDEA INTERESANTE. PERO NO SÉ CÓMO PUEDO AYUDAR.
GRACIAS. ¿PUEDES PENSAR EN ALGÚN FENÓMENO O PATRÓN AÚN SIN EXPLICAR EN LOS DATOS ASTROFÍSICOS QUE TENGA LAS TRAZAS ADECUADAS?

QUIZÁ, SI SE NOS OCURRE UN BUEN CANDIDATO, PODRÍAMOS REALIZAR EL CAMINO INVERSO PARA VER QUÉ CÁLCULO NECESITARÍAMOS HACER...
YA VEO... PARECE INTERESANTE.

HACE 30 AÑOS, ALGO COMO LAS RÁFAGAS DE RAYOS GAMMA HABRÍAN SIDO UN BUEN PUNTO DE PARTIDA, PERO AHORA LAS ENTENDEMOS MUCHO MEJOR...
YA...

Y LA GENTE ELABORA TEORÍAS SOBRE INDICIOS QUE REVELARÍAN LA COLISIÓN DE NUESTRO UNIVERSO CON OTROS...
¿TE REFIERES A LOS ESCENARIOS DE BURBUJAS?
SÍ.
NO... NO. UNA BUENA IDEA, PERO DEMASIADO BURDA PARA LO QUE TENGO EN MENTE.
QUIZÁ SEA ALGO FUERA DEL SECTOR VISIBLE...
PROPIEDADES DE LA MATERIA OSCURA, O...

¡¿AGUJEROS NEGROS?!

¡LOS GENIOS COINCIDIMOS!
MI SOLICITUD DE FINANCIACIÓN TRATARÁ SOBRE LOS DATOS DE COLISIONES DE AGUJEROS NEGROS PROCEDENTES DE ONDAS GRAVITATORIAS...

DATOS ACUMULADOS DESDE LOS ANUNCIOS DEL LIGO Y A LO LARGO DE LOS PRÓXIMOS CINCO AÑOS...
QUIZÁ DE AHÍ SALGA ALGÚN DATO OBSERVACIONAL SORPRENDENTE.

SÍ...
PERO PROBABLEMENTE SE TARDEN AÑOS EN DESARROLLAR UN PATRÓN.
CIERTO. NO QUIERO APOSTARLO TODO A UNA SOLA CARTA.

Y ADEMÁS PODRÍA TARDAR AÑOS EN DESARROLLAR EL TIPO ADECUADO DE CÁLCULO PARA HACER USO DE LA PREDICCIÓN MECANOCUÁNTICA.

ESPERO QUE NO SEA TAN DIFÍCIL COMO CALCULAR LA CONSTANTE COSMOLÓGICA DESDE CERO.
¿NO NECESITARÁS UNA TEORÍA COMPLETA DE LA GRAVEDAD CUÁNTICA?
¡ESPERO QUE NO!

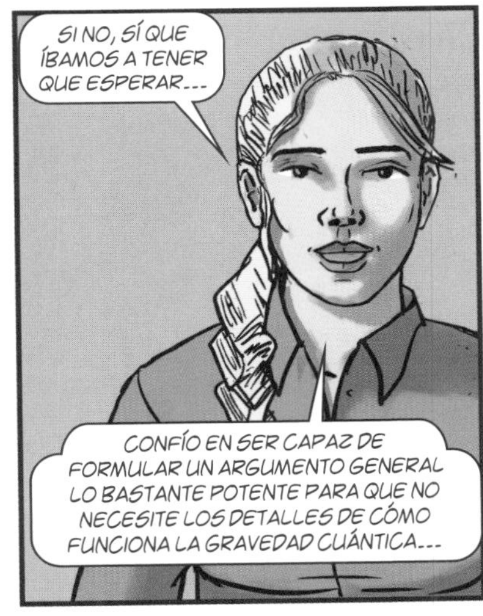
SI NO, SÍ QUE ÍBAMOS A TENER QUE ESPERAR...
CONFÍO EN SER CAPAZ DE FORMULAR UN ARGUMENTO GENERAL LO BASTANTE POTENTE PARA QUE NO NECESITE LOS DETALLES DE CÓMO FUNCIONA LA GRAVEDAD CUÁNTICA...

... SOLO ELEMENTOS ESENCIALES.
ENTIENDO. COMO HIZO DIRAC...
COMO YA HAS DICHO.
¡EXACTO!

SU ARGUMENTO ACABÓ APLICÁNDOSE A TODA CLASE DE TEORÍAS CUÁNTICAS CON OBJETOS CON CARGA QUE ÉL NI HABRÍA PODIDO SOÑAR EN 1931.
O COMO HIZO HAWKING AL DEMOSTRAR QUE LOS AGUJEROS NEGROS DEBEN EMITIR RADIACIÓN DEBIDO A LA MECÁNICA CUÁNTICA.
YA. PERO TAMBIÉN ES CIERTO QUE NINGÚN AGUJERO NEGRO EN ASTROFÍSICA POSEE UNA RADIACIÓN DE HAWKING MEDIBLE.
CIERTO. PERO LA PREDICCIÓN ES LO SUFICIENTEMENTE ROBUSTA PARA QUE PENSEMOS QUE TODA TEORÍA DE LA GRAVEDAD CUÁNTICA DEBA INCLUIRLA...
MMM...

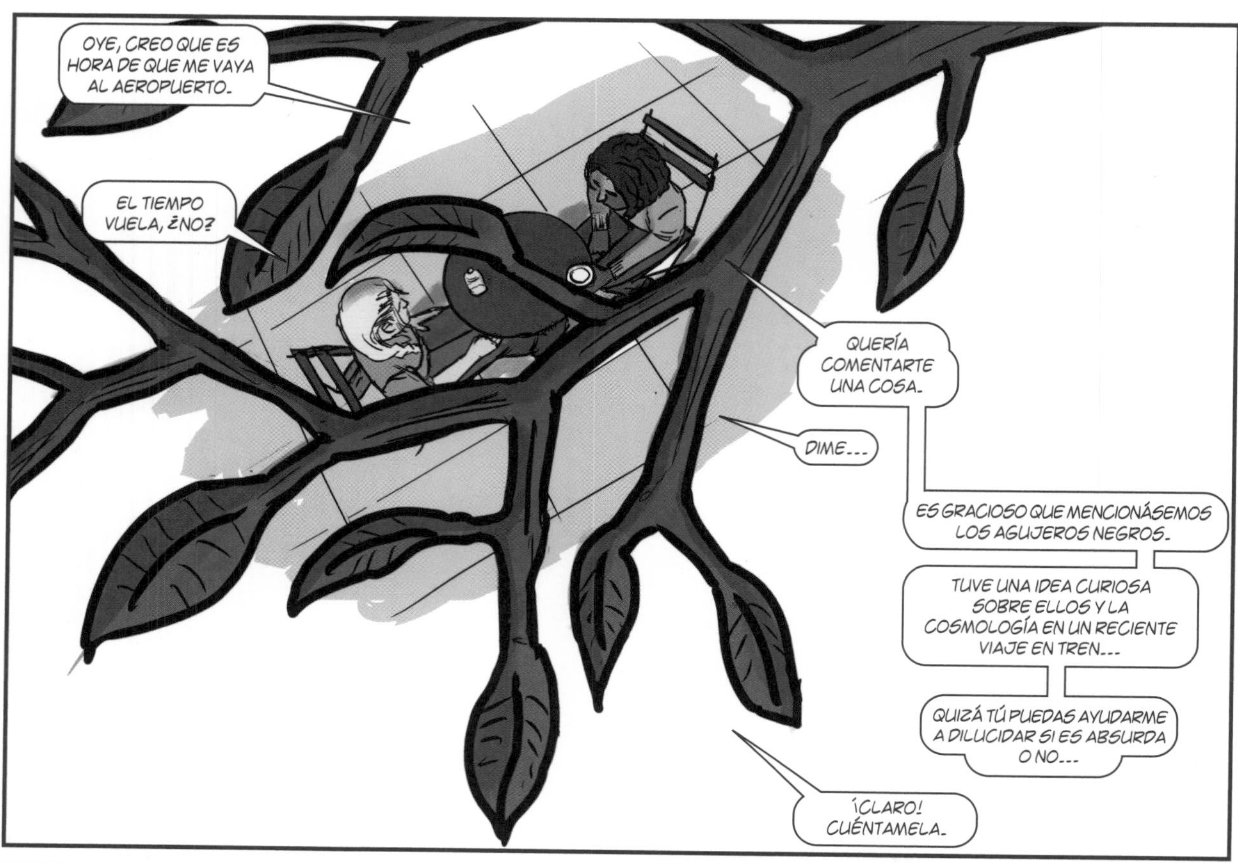
OYE, CREO QUE ES HORA DE QUE ME VAYA AL AEROPUERTO.
EL TIEMPO VUELA, ¿NO?
QUERÍA COMENTARTE UNA COSA.
DIME...
ES GRACIOSO QUE MENCIONÁSEMOS LOS AGUJEROS NEGROS.
TUVE UNA IDEA CURIOSA SOBRE ELLOS Y LA COSMOLOGÍA EN UN RECIENTE VIAJE EN TREN...
QUIZÁ TÚ PUEDAS AYUDARME A DILUCIDAR SI ES ABSURDA O NO...
¡CLARO! CUÉNTAMELA.

SI QUIERES, PUEDO ACOMPAÑARTE AL AEROPUERTO MIENTRAS HABLAMOS.
TENGO MUCHAS GANAS DE OÍRLO.
¡VALE!

BELLEZA
ANTIGUA MAS
SIEMPRE NUEVA
VOZ ETERNA
Y PALABRA
INTERIOR

Notas

Página 198: no hay por qué conocer dos siglas que aparecen aquí: UAI (Unión Astronómica International, <https://www.iau.org>) y AGN (abreviatura en inglés de Nucleo Galáctico Activo). Son simplemente palabras que podrían oírse en una conversación entre científicos dedicados a la astronomía. Pero sin duda merece la pena aprender más sobre ellas.

Página 198 y siguientes: las notas correspondientes a la página 45 del capítulo 3 sobre la discusión en torno a los multiversos serán útiles aquí.

Página 202: para más información sobre Dirac, su argumento sobre los monopolos, el resto de su obra y su discreto (y poco conocido) estilo como físico, véase esta excelente biografía: Graham Farmelo, *The Strangest Man. The Hidden Life of Paul Dirac, Mystic of the Atom*, Nueva York, Basic Books, 2009.

Página 202: sí, son los mismos monopolos (partículas puntuales con carga magnética) que se mencionan en el capítulo 4 (página 75).

Página 202: el —potente— argumento de Dirac es en realidad uno de los primeros ejemplos (quizá el primero de todos) de despliegue de métodos topológicos para entender mejor una teoría cuántica. De hecho, hay que mencionar aquí el Premio Nobel de Física de 2016, puesto que se trata del primer reconocimiento de ese calibre para el descubrimiento de fenómenos físicos a partir de consideraciones topológicas. Cada año, el sitio web del premio es una buena fuente de lecturas adicionales (desde información suplementaria en el momento en que se anuncia el galardón hasta los discursos de aceptación), y este año no es ninguna excepción: <https://www.nobelprize.org/prizes/physics/>. Quién sabe, quizá algún día el razonamiento topológico podría tener repercusión en la cosmología y la astrofísica observacionales. El contexto del multiverso parece un buen candidato.

Páginas 203 y 204: el planteamiento consistente en incluir la existencia propia como parte esencial de un argumento científico es lo que se conoce como razonamiento «antrópico». Los elementos antrópicos de diversos argumentos cosmológicos en el contexto del multiverso se describen en varios de los libros mencionados en las notas correspondientes a la página 45 del capítulo 3. Este asunto es objeto de intenso debate, ya que no a todo el mundo le agrada que se empleen tales argumentos. El único ejemplo conocido de razonamiento antrópico verdaderamente exitoso (dio pie a una predicción acertada) es el de Fred Hoyle (descrito en la conversación), cuya historia no ha dejado de ser fascinante. Se relata de manera breve en el libro de Weinberg mencionado en las notas correspondiente a las páginas 48-50 del capítulo 3.

Página 207: el experimento LIGO (Laser Interferometer Gravitational-Wave Observatory, Observatorio Gravitatorio por Interferometría Láser) para la detección de ondas gravitatorias se mencionó en el capítulo 8. Una fuente típica de ondas detectables son dos objetos muy masivos que se orbitan mutuamente. Las primeras detecciones anunciadas en el LIGO fueron de ondas emitidas por parejas de agujeros negros que orbitaban a gran velocidad el uno en torno al otro hasta acabar fusionándose. Estudiar a fondo tales eventos nos debería proporcionar información adicional sobre la naturaleza de los agujeros negros, y quizá de otros objetos. Véase el libro de Levin sobre el LIGO que se menciona en las notas correspondientes a la página 159 del capítulo 8.

RUTA
ALTERNATIVA

M104 RUTA ALTERNATIVA
... Y POR ESO TODA ESA EXTRAÑA FÍSICA DEL FLUIDO EN NUESTRO MUNDO TETRADIMENSIONAL ES IGUAL QUE LA FÍSICA NORMAL DE UN AGUJERO NEGRO EN CINCO DIMENSIONES.
¿CINCO DIMENSIONES?
SÍ, CON LA INTERPRETACIÓN CORRECTA.
¿LA INTERPRETACIÓN CORRECTA?
M104 RUTA ALTERNATIVA

SÍ. PODEMOS ENTENDER QUE NUESTRO ESPACIO TETRADIMENSIONAL ESTÁ EN EL BORDE...
NO. QUIERO DECIR QUE NO SÉ CÓMO ADOPTAR «LA INTERPRETACIÓN CORRECTA».
ESOS TEÓRICOS DE CUERDAS SOBRE LOS QUE LEES TIENEN CEREBROS CAPACES DE PENSAR EN TODAS ESAS DIMENSIONES ADICIONALES.

YO NO TENGO UN CEREBRO ASÍ, POR ESO ME PIERDO...

DISCÚLPENME.
NO CREO QUE NECESITE UN CEREBRO ESPECIAL PARA PENSAR SOBRE LAS DIMENSIONES ADICIONALES EN FÍSICA.

¿DE VERDAD? ¿POR QUÉ LO DICE?
POR ALGO QUE APRENDÍ HACE MUCHO TIEMPO, CUANDO ERA NIÑA.
¿CUANDO ERA NIÑA?
ENTONCES NO SUPE LO QUE SIGNIFICABA, PERO LO ENTENDÍ CON EL PASO DE LOS AÑOS.

¿QUÉ FUE LO QUE APRENDIÓ?

ES UNA HISTORIA ALGO LARGA. ¿CUÁNTO TIEMPO TIENEN?

BUENO...
¡AÚN QUEDA BASTANTE PARA NUESTRA PARADA!
BIEN.

COMO YA HE DICHO, ERA MUY JOVEN...
Y PAPÁ NOS LLEVÓ A MI HERMANO Y A MÍ A LA FERIA DEL PUEBLO.

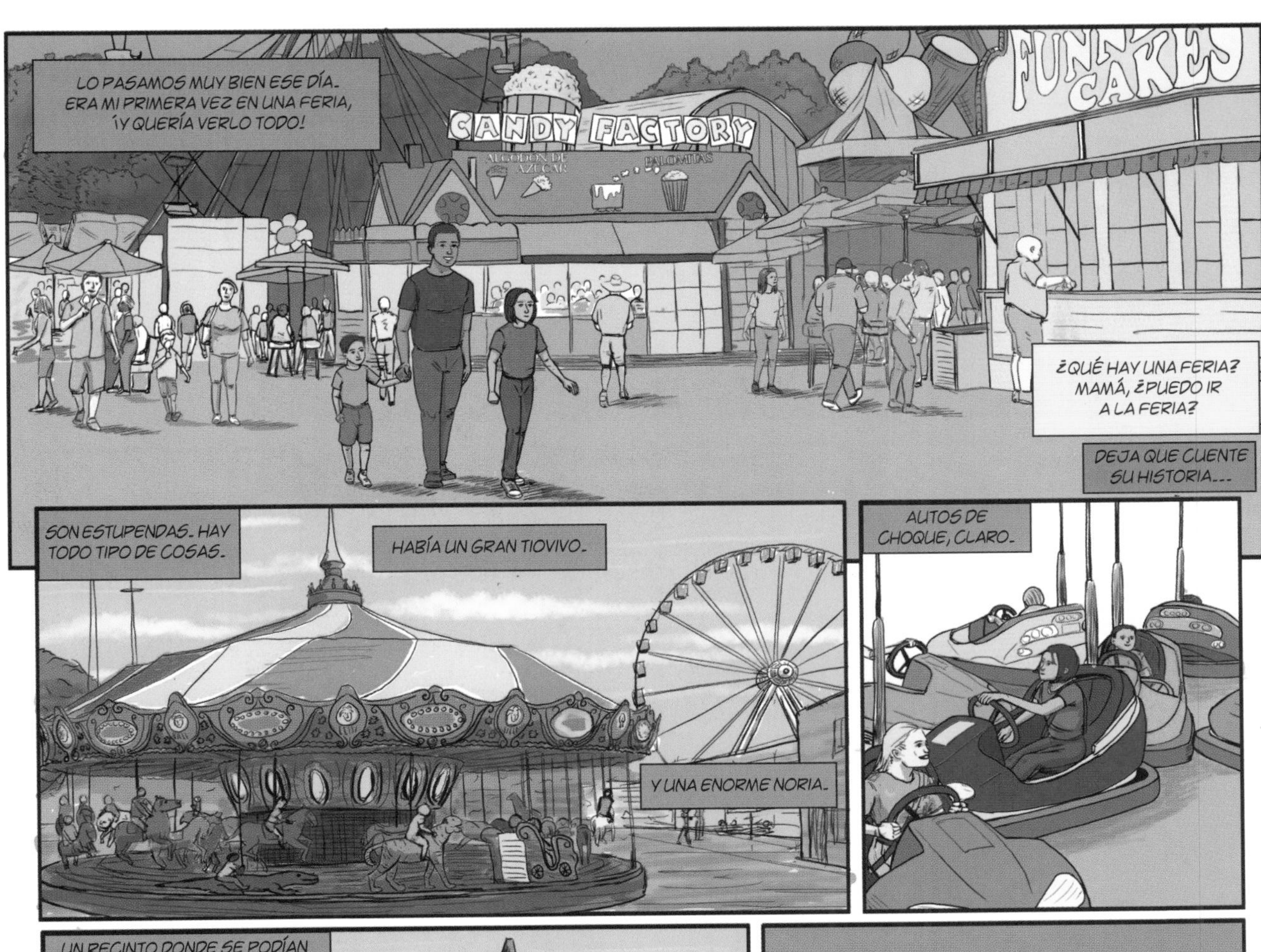
LO PASAMOS MUY BIEN ESE DÍA. ERA MI PRIMERA VEZ EN UNA FERIA, ¡Y QUERÍA VERLO TODO!
CANDY FACTORY
FUNNEL CAKES
¿QUÉ HAY UNA FERIA? MAMÁ, ¿PUEDO IR A LA FERIA?
DEJA QUE CUENTE SU HISTORIA...
SON ESTUPENDAS. HAY TODO TIPO DE COSAS.
HABÍA UN GRAN TIOVIVO.
Y UNA ENORME NORIA.
AUTOS DE CHOQUE, CLARO.

UN RECINTO DONDE SE PODÍAN TOCAR ANIMALES DE GRANJA...

Y TODA CLASE DE COSAS SABROSAS PARA COMER...
TODO FRITO PEPINILLOS
TODO FRITO HELADO
TRIPLE HAMBURGUESA
TODO FRITO ROLLITO DE BACON
TODO FRITO GALLETA
MANZANA DE CARAMELO
PALOMITAS
ALGODÓN DE AZÚCAR
Funnel-Cakes
Limonada
FunnelCakes

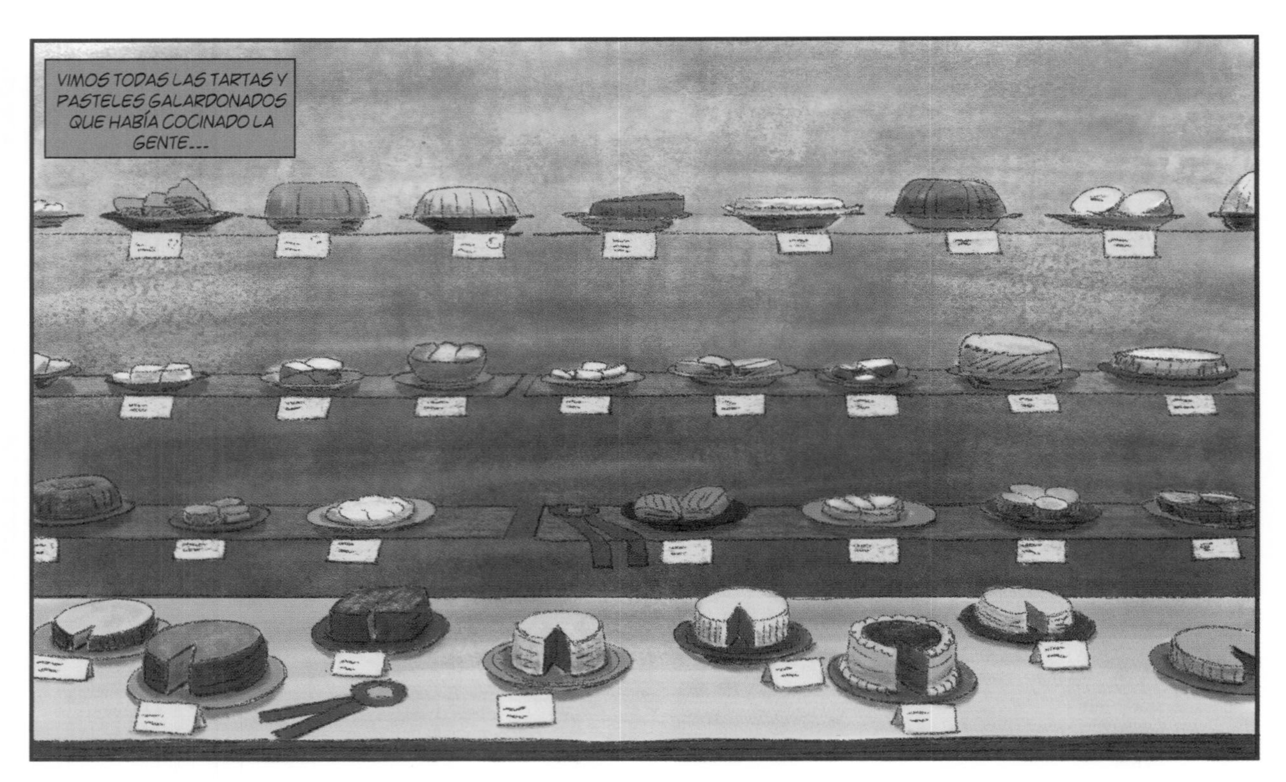
VIMOS TODAS LAS TARTAS Y PASTELES GALARDONADOS QUE HABÍA COCINADO LA GENTE...

Y DISTINTOS ARTÍCULOS DE ARTESANÍA TAMBIÉN PREMIADOS...

SE PODÍA PARTICIPAR EN JUEGOS Y GANAR PREMIOS...

¿QUÉ CLASE DE PREMIOS?
SOBRE TODO ANIMALES DE PELUCHE, SI NO RECUERDO MAL...
LOS POBRES PADRES ERAN QUIENES ACABABAN CARGANDO CON LOS ENORMES OSOS, LEONES Y PÁJAROS... TODO EL DÍA.
AÚN RECUERDO UNO DE LOS JUEGOS.
PORQUE, CUANDO LO VI, INCLUSO CON TODA LA GENTE QUE HABÍA A MI ALREDEDOR QUERIENDO JUGAR, ESTUVE SEGURA DE QUE PODRÍA GANAR.
¡¿QUÉ JUEGO ERA?!

¡ADIVINEN EL NÚMERO DE GOMINOLAS EN EL TARRO!
¡QUIEN SE ACERQUE MÁS, SE LLEVA EL OSO POLAR!
TUVE UNA IDEA DE CÓMO PODRÍAMOS CALCULARLO. NO SERÍA UNA ESTIMACIÓN. NOS HARÍAMOS CON EL OSO POLAR.
LA FORMA DEL TARRO ERA BÁSICAMENTE UN CILINDRO SENCILLO.
DE TODOS LOS TARROS QUE PODRÍA HABER ESCOGIDO...

... ESTE SERÍA EL MÁS FÁCIL DE USAR.
¿POR QUÉ?
EN CLASE DE MATEMÁTICAS HABÍA ESTADO ESTUDIANDO VARIAS FORMAS GEOMÉTRICAS...

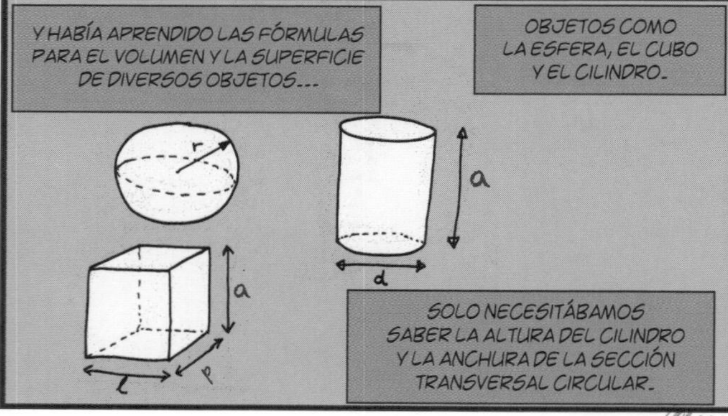
Y HABÍA APRENDIDO LAS FÓRMULAS PARA EL VOLUMEN Y LA SUPERFICIE DE DIVERSOS OBJETOS...
OBJETOS COMO LA ESFERA, EL CUBO Y EL CILINDRO.
r
a
d
a
l
p
SOLO NECESITÁBAMOS SABER LA ALTURA DEL CILINDRO Y LA ANCHURA DE LA SECCIÓN TRANSVERSAL CIRCULAR.

¿Y NECESITABAN UNA REGLA PARA MEDIRLO?

PERO ¿NO RESULTARÍA SOSPECHOSO QUE EMPEZARAN A TOMAR MEDICIONES?

DE HECHO, SOLO TUVIMOS QUE HACER UN CONTEO RÁPIDO.
¿CÓMO?

NO LO ENTIENDO.
NECESITÁBAMOS SABER LAS MEDIDAS EN CANTIDAD DE GOMINOLAS...
LA **ALTURA** EN GOMINOLAS
Y LA **ANCHURA** EN GOMINOLAS.

Y DESPUÉS METER LOS NÚMEROS EN LA FÓRMULA PARA EL VOLUMEN DEL CILINDRO.

¿NO NECESITABA SABER EL TAMAÑO DE UNA GOMINOLA?
SOLO SI QUERÍAMOS SABER CUÁNTOS **CENTÍMETROS** CUADRADOS CABEN EN EL TARRO...

PERO QUERÍAMOS SABER CUÁNTAS GOMINOLAS CABÍAN...
MMM...
ASÍ QUE BASTABA CON MEDIRLO TODO EN GOMINOLAS.
PERO AUN ASÍ TENÍAMOS QUE DARNOS PRISA.
EL GRAN PREMIO ESTABA EN JUEGO...

... Y YA ESTABA APUNTANDO VALORES.
NUESTRA OTRA ARMA SECRETA ERA MI PADRE, CAPAZ DE HACER MULTIPLICACIONES MENTALES A TODA VELOCIDAD...

ASÍ QUE MI HERMANO Y YO NOS PUSIMOS A MEDIR LA ALTURA Y LA ANCHURA EN GOMINOLAS...

LE DIMOS LOS NÚMEROS A MI PADRE, Y RÁPIDAMENTE LE DIJE QUÉ FÓRMULA DEBÍA USAR.
ÉL HIZO EL CÁLCULO...

¡2.138!

¿DE VERDAD? ¿ESTÁS SEGURA? ¿EXACTAMENTE 2.138?
TODO EL MUNDO SE RIO DE MÍ, PERO NO ME IMPORTÓ.
¿NO 2.139?
ÉL TOMÓ NOTA DE NUESTRO RESULTADO.

ESTABA SEGURA DE QUE NUESTRO VALOR SERÍA EL MÁS PRÓXIMO.
NO HABÍAMOS ESTIMADO, NO NOS HABÍA HECHO FALTA. ERA UNA CUESTIÓN DE GEOMETRÍA, QUE TENÍA UNA SOLUCIÓN, Y LA HABÍAMOS CALCULADO.
¿Y QUÉ PASÓ?
ESO, ¿QUÉ PASÓ?

VEAMOS CUÁL ES LA SOLUCIÓN
PARA EL GRAN PREMIO.

¡ES 3.840!
mbre de azul
misa amarilla 1800
bre con sombrero
jer con bolso azul
chica de verde

¡LA NIÑA DE VERDE SE LLEVA EL PREMIO!
GANAMOS, PERO POR LOS PELOS.

HUBO VARIAS ESTIMACIONES DE LOS DEMÁS CERCANAS A NUESTRO VALOR...
PERO NINGUNO NOS ACERCAMOS MUCHO A LA SOLUCIÓN.
ASÍ QUE EL DESENLACE ME DEJÓ BASTANTE FRUSTRADA.
¿POR QUÉ? ¡SI GANASTE!

PERO LA SOLUCIÓN CORRECTA ERA MUCHO MAYOR QUE NUESTRO VALOR.
¿CÓMO PODÍAMOS HABERNOS EQUIVOCADO ASÍ?
PERO... LOS DEMÁS SE EQUIVOCARON AÚN MÁS.

PERO NOSOTROS ERRAMOS POR MUCHO.
HABÍA HABIDO ALGÚN FALLO.
NUESTRO VALOR ESTABA MUCHO MÁS CERCA DE TODOS LOS DEMÁS QUE DE LA SOLUCIÓN CORRECTA.

ELLOS HABÍAN ESTIMADO; NOSOTROS, CALCULADO.

PASÉ MUCHO TIEMPO DÁNDOLE VUELTAS, MIENTRAS VISITAMOS OTRAS PARTES DE LA FERIA.

NO PODÍA DEJAR DE PENSAR EN ELLO...

FINALMENTE, AÚN EN LA FERIA...

LO ENTENDÍ.

SUPE CUÁL HABÍA SIDO MI FALLO.

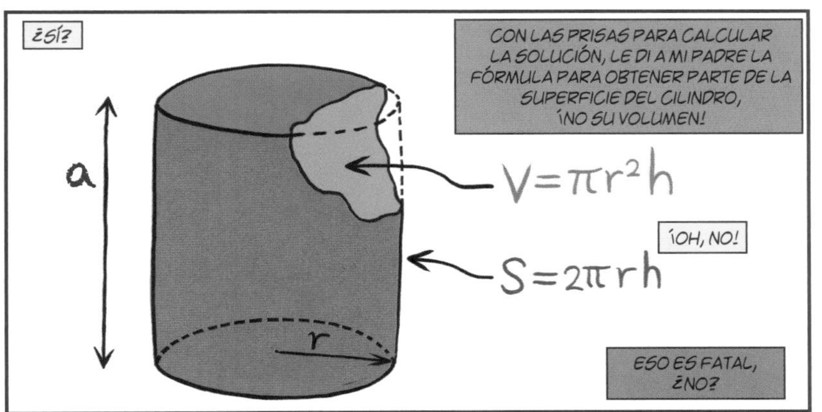
¿SÍ?
CON LAS PRISAS PARA CALCULAR LA SOLUCIÓN, LE DI A MI PADRE LA FÓRMULA PARA OBTENER PARTE DE LA SUPERFICIE DEL CILINDRO, ¡NO SU VOLUMEN!
a
r
V=πr²h
¡OH, NO!
S=2πrh
ESO ES FATAL, ¿NO?

ASÍ QUE GANAMOS DE CHIRIPA, SIN MÁS.

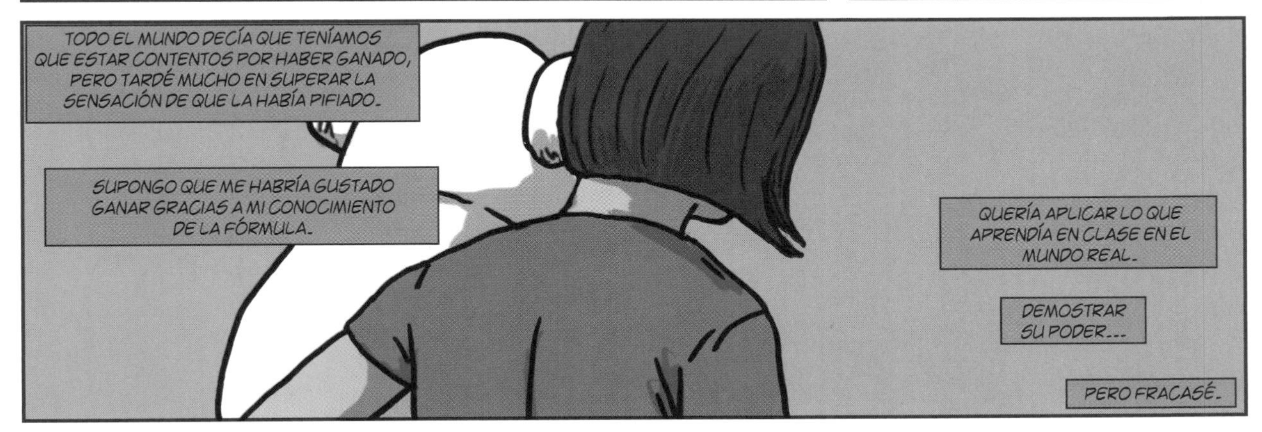
TODO EL MUNDO DECÍA QUE TENÍAMOS QUE ESTAR CONTENTOS POR HABER GANADO, PERO TARDÉ MUCHO EN SUPERAR LA SENSACIÓN DE QUE LA HABÍA PIFIADO.
SUPONGO QUE ME HABRÍA GUSTADO GANAR GRACIAS A MI CONOCIMIENTO DE LA FÓRMULA.
QUERÍA APLICAR LO QUE APRENDÍA EN CLASE EN EL MUNDO REAL.
DEMOSTRAR SU PODER...
PERO FRACASÉ.

AUNQUE LO ACABÉ SUPERANDO...

¿Y QUÉ TIENE TODO ESO QUE VER CON LAS DIMENSIONES ADICIONALES?

AH, SÍ...
MUCHOS AÑOS DESPUÉS, ME DI CUENTA DE QUE HABÍA APRENDIDO OTRA COSA DE ESA HISTORIA.

MUCHAS DE LAS ESTIMACIONES ERAN DE UNA MAGNITUD SIMILAR...
Y POR NUESTRO CÁLCULO Y MEDIDAS SABÍAMOS QUE TAMBIÉN SE PARECÍAN A OTRA COSA...
2000
1800
1900
Mujer con bolso azul 2100
chica de verde 2138
¿LA SUPERFICIE DEL CILINDRO?
¡EXACTO!

¿Y ESO QUÉ NOS DICE?
CREO QUE SIGNIFICA QUE A LA GENTE SE LE DA MUY BIEN ESTIMAR LO QUE PUEDE VER CON LOS OJOS.
Y, POR LO GENERAL, CON LOS OJOS VEMOS EN DOS DIMENSIONES, NO EN TRES, ASÍ QUE ESO NOS RESULTA MUY INTUITIVO.
LA PROFUNDIDAD, LA TERCERA DIMENSIÓN, ES ALGO QUE INFERIMOS...
ES UN POCO MÁS ABSTRACTA, Y POR LO TANTO MENOS INTUITIVA.

AHORA MISMO ESTÁN VIENDO MI CARA Y SABEN QUE TIENE PROFUNDIDAD, QUE ES TRIDIMENSIONAL...
PERO TODO LO QUE HAN VISTO DE MÍ ES UN CONJUNTO DE IMÁGENES EN 2D...
EN SU MENTE LAS COMBINAN PARA VERME EN 3D.
GENERAR LA IMAGEN 3D ES ALGO INDIRECTO QUE APRENDIMOS A HACER A BASE DE PRÁCTICA CUANDO ÉRAMOS BEBÉS.

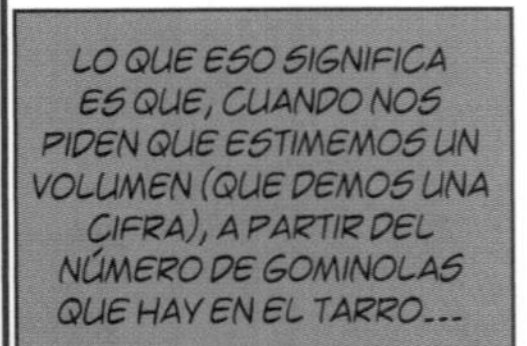
LO QUE ESO SIGNIFICA ES QUE, CUANDO NOS PIDEN QUE ESTIMEMOS UN VOLUMEN (QUE DEMOS UNA CIFRA), A PARTIR DEL NÚMERO DE GOMINOLAS QUE HAY EN EL TARRO...

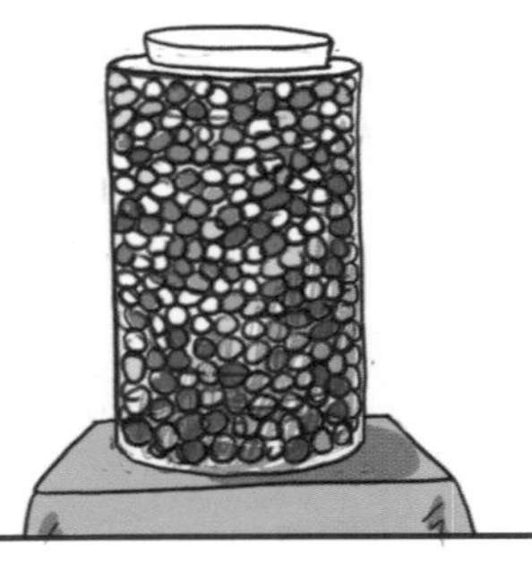
LAS ESTIMACIONES DE LA GENTE SE GUÍAN SOBRE TODO POR LO QUE VE: ESTIMAN BASTANTE BIEN EL NÚMERO DE GOMINOLAS VISIBLES; ESTO ES, EL ÁREA SUPERFICIAL.
EL VOLUMEN (EL INTERIOR DEL TARRO) ES MENOS INTUITIVO, YA QUE EN REALIDAD NO LO VEMOS.

SIGO SIN CAPTAR LA IDEA.
QUIZÁ LO QUE APRENDIÓ FUE QUE LOS ASISTENTES A LA FERIA NO TENÍAN A ALGUIEN CON EL CEREBRO ADECUADO PARA VER MÁS DIMENSIONES.

LO QUE DIGO ES QUE NO SE TRATA DE TENER UN CEREBRO ESPECIAL.
SINO QUE ES SOBRE TODO CUESTIÓN DE PRÁCTICA, Y...
QUE TENEMOS HERRAMIENTAS QUE NOS AYUDAN CON LAS DIMENSIONES QUE NO VEMOS DIRECTAMENTE, COMO LA PROFUNDIDAD DEL CILINDRO.
MÁS TARDE REHICE EL CÁLCULO EN CASA, USANDO LA FÓRMULA DEL VOLUMEN, Y ME ACERQUÉ MUCHO MÁS A LA SOLUCIÓN, ASÍ QUE HABRÍA FUNCIONADO.

CREO QUE ESTO ES CIERTO PARA ESAS DIMENSIONES ESPACIALES ADICIONALES DE LAS QUE HABLA SU LIBRO.
DIMENSIONES MÁS ALLÁ DE LA ALTURA, ANCHURA Y PROFUNDIDAD.
HE HABLADO CON CIENTÍFICOS QUE ESTUDIAN LAS DIMENSIONES ADICIONALES, QUE INTENTAN SABER SI EXISTEN O NO...
NO TIENEN UN CEREBRO ESPECIAL DISTINTO DEL VUESTRO O DEL MÍO.

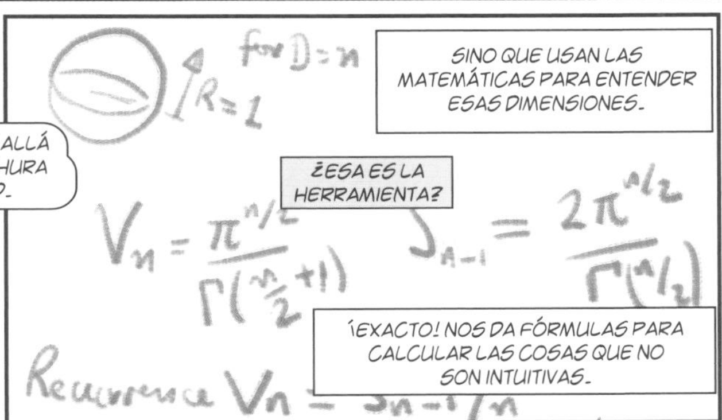
SINO QUE USAN LAS MATEMÁTICAS PARA ENTENDER ESAS DIMENSIONES.
for D = n
R = 1
¿ESA ES LA HERRAMIENTA?
$V_n = \frac{\pi^{n/2}}{\Gamma(\frac{n}{2}+1)}$
$S_{n-1} = \frac{2\pi^{n/2}}{\Gamma(n/2)}$
¡EXACTO! NOS DA FÓRMULAS PARA CALCULAR LAS COSAS QUE NO SON INTUITIVAS.
Recurrence

SUPONGO QUE LO QUE INTENTO DECIR ES QUE LOS CIENTÍFICOS NO SON EXTRATERRESTRES
SINO PERSONAS NORMALES COMO VOSOTRAS O YO...

¡¿ERES CIENTÍFICA?!

NO, PERO ME ENCANTA APRENDER SOBRE CIENCIA, COMO A TI.
ES ALGO QUE ME ENTUSIASMA DESDE QUE ERA NIÑA.

EN FIN.
ESTA ES MI HISTORIA.
LO QUE DIGO ES QUE VEO A LOS CIENTÍFICOS NO COMO PERSONAS ESPECIALES, SINO COMO PERSONAS NORMALES QUE HACEN UNA COSA ESPECIAL: CIENCIA.

QUIERO QUE TE QUEDE CLARO QUE, SI RESULTA QUE QUIERES SER CIENTÍFICA, DEBERÍAS INTENTARLO
Y NO PREOCUPARTE POR SI TIENES UN CEREBRO O UN TALENTO ESPECIAL O NO.

HAY QUE SENTIR INTERÉS, Y PRACTICAR Y ESFORZARSE POR DESARROLLAR LAS HABILIDADES Y HERRAMIENTAS ADECUADAS...

Y ENTONCES PODRÁS EXPLORAR EL MUNDO Y PERSEGUIR TU CURIOSIDAD...
Y RESPONDER A LAS PREGUNTAS QUE SE TE OCURRAN...

¡VAYA!
¡ESTA ES MI PARADA! ¡TENGO QUE IRME!

ESPERO QUE DISFRUTES DEL RESTO DEL LIBRO.

¡GRACIAS POR LA HISTORIA!
CIAO!
¡ADIÓS!

Notas

Desarrollar la intuición para pensar en un número mayor (o menor) de dimensiones se consigue principalmente como cualquier cosa: a base de práctica. La gente llega a este territorio por distintos caminos, a menudo a través de las matemáticas recreativas o de libros de ficción que juguetean con estas ideas. Se trata de encontrar una vía de entrada, lo que quizá haga que uno se interese lo suficiente para pasar un tiempo allí, e incluso quede enganchado.

Una de las obras clásicas de ficción que explora la posibilidad de pensar en otras dimensionalidades es *Flatland*, de Edwin A. Abbott [hay trad. cast.: *Planilandia*, Palma de Mallorca, José J. Olañeta, 2017]. Conviene señalar que el libro pretende ser también una sátira de las actitudes sociales de finales del siglo XIX (en lo relativo al género, la clase, etc.). Se centra en las dos dimensiones: imaginar cómo ven nuestro mundo de tres dimensiones (espaciales) criaturas que existen en dos dimensiones (como insectos que viven en la superficie de un estanque) proporciona muchas claves que nos ayudan a pensar en mundos de dimensionalidad distinta de la nuestra.

Hay muchas versiones anotadas que desentrañan las ideas matemáticas que se exploran en el *Flatland* de Abbott. Dos de ellas son: Edwin A. Abbott, William F. Lindgren y Thomas F. Banchoff, *Flatland; an Edition with Notes and Commentary*, Cambridge, Cambridge University Press, 2009; Edwin A. Abbott, *The Annotated Flatland. A Romance of Many Dimensions; Introduction and Notes by Ian Stewart*, Nueva York, Basic Books, 2008. Una extensión del *Flatland* de Abbott es Ian Stewart, *Flatterland. Like Flatland Only More So*, Nueva York, Basic Books, 2002.

Otro libro notable sobre mundos de menor dimensionalidad es el que trata sobre el planiverso, publicado en 1984. Esta es una reedición: A. K. Dewdney, *The Planiverse. Computer Contact with a Two-Dimensional World*, Nueva York, Copernicus, 2001. El autor, Dewdney, analiza el proyecto y lo compara con otros mundos en A. K. Dewdney, «The Planiverse Project: Then and Now», *The Mathematical Intelligencer*, vol. 22, 2000, p. 46.

Aparte de limitarse a pensar sobre otras dimensionalidades, uno puede divertirse mucho con las matemáticas recreativas. Las colecciones de artículos escritos por Martin Gardner, de las que pueden encontrarse muchos volúmenes, son verdaderamente estimulantes en este sentido. Un excelente punto de partida es Martin Gardner, *The Colossal Book of Mathematics. Classic Puzzles, Paradoxes, and Problems*, Nueva York, W. W. Norton & Co., 2001.

Una excelente biografía de Donald Coxeter, cuyo trabajo estuvo repleto de maravillosa geometría, tanto como parte de investigaciones serias como por pura recreación (y en la amplia zona de solapamiento entre ambos extremos), es esta: Siobhan Roberts, *King of Infinite Space: Donald Coxeter*. The Man Who Saved Geometry, Nueva York, Walker & Co., 2006.

Un libro reciente con abundante material nuevo, además de muy fiel al espíritu de Gardner y una enriquecedora lectura, es Matt Parker, *Things to Make and Do in the Fourth Dimension. A Mathematician's Journey Through Narcissistic Numbers, Optimal Dating Algorithms, at Least Two Kinds of Infinity, and More*, Nueva York, Farrar, Straus and Giroux, 2015.